高等职业教育本科新形态系列教材

人工智能通识
（微课版）

主　编　沈庆磊　　邱影杰　　杨国梁

副主编　李爱军　　崔丽容　　李建刚

机 械 工 业 出 版 社

本书是为职业本科院校、高等职业院校各专业学生精心编写的"人工智能通识"课程教材，旨在帮助学生构建系统的人工智能知识体系，培养跨学科思维与实践能力。

本书内容涵盖从人工智能的起源、发展到前沿技术的多个方面，包括人工智能基础概念、数学素养与计算思维、数据科学与大数据技术、智能体与智能体AI、机器学习、神经网络与深度学习、图像识别与计算机视觉、自然语言处理与大语言模型、生成式人工智能、人工智能技术的应用、机器人及其智能化、群体智能等核心技术，同时结合大量实战练习和项目，强调理论与实践并重。书中特别关注人工智能伦理与安全，探讨其带来的伦理挑战及未来发展方向，引导学生树立正确的价值观，增强责任感。

本书特色在于跨学科融合、聚焦前沿技术，适合作为职业本科院校、高等职业院校"人工智能通识"等相关课程的教材，也适合对人工智能技术感兴趣的读者阅读。

本书配有授课电子课件，需要的教师可登录 www.cmpedu.com 免费注册，审核通过后下载，或联系编辑索取（微信：13146070618，电话：010-88379739）。

图书在版编目（CIP）数据

人工智能通识：微课版 / 沈庆磊，邱影杰，杨国梁主编． -- 北京：机械工业出版社，2025.6． --（高等职业教育本科新形态系列教材）． -- ISBN 978-7-111-78351-0

Ⅰ．TP18

中国国家版本馆 CIP 数据核字第 2025W31J74 号

机械工业出版社（北京市百万庄大街 22 号　邮政编码 100037）
策划编辑：郝建伟　　　　　　　　　　责任编辑：郝建伟　解　芳
责任校对：李　霞　张慧敏　景　飞　　封面设计：张　静
责任印制：单爱军
北京盛通印刷股份有限公司印刷
2025 年 6 月第 1 版第 1 次印刷
184mm×260mm・16.25 印张・411 千字
标准书号：ISBN 978-7-111-78351-0
定价：59.90 元

电话服务　　　　　　　　　　网络服务
客服电话：010-88361066　　机 工 官 网：www.cmpbook.com
　　　　　010-88379833　　机 工 官 博：weibo.com/cmp1952
　　　　　010-68326294　　金 书 网：www.golden-book.com
封底无防伪标均为盗版　　机工教育服务网：www.cmpedu.com

前言

　　人工智能已经成为当今科技领域最具影响力和变革性的力量之一，它不仅推动着技术进步，更深刻地改变了人们的生活方式、工作模式以及对世界的认知。本书旨在为读者提供一个全面、系统且深入的人工智能知识体系，帮助读者更好地理解这一新兴技术，并探索其在各个领域的广泛应用。

　　人工智能的发展历程是人类智慧与技术融合的光辉典范。从早期的计算工具，到现代计算机的诞生，再到如今机器学习、深度学习、强化学习以及自然语言处理等技术的蓬勃兴起，都为人工智能的持续发展奠定了坚实的基础。它不仅能够模拟人类的智能行为，还能通过多模态融合技术实现跨领域的创新应用。这些技术的突破，使得人工智能在文化创意、医疗健康、智慧城市、金融服务以及科学研究等多个领域展现出巨大的潜力和价值。

　　本书在基础理论知识部分深入探讨了人工智能的起源、发展脉络、数学与计算思维基础，以及数据科学与大数据技术等内容，为读者构建一个完整的理论框架。同时，通过对人工智能的定义、实现途径和阶段性发展的介绍，帮助读者了解技术的概念和价值。

　　本书围绕人工智能的核心技术，详细介绍了智能体与智能体AI、机器学习、神经网络与深度学习、图像识别与计算机视觉、自然语言处理与大语言模型、生成式人工智能等核心技术。通过对这些技术的深入剖析，读者能够掌握人工智能的核心技术，了解如何通过技术创新推动其发展。

　　本书展示了人工智能在机器人、计算机视觉、群体智能、智能推荐系统、预测分析等多个领域的广泛应用。通过丰富的案例和实践分析，读者将看到人工智能如何为各个行业带来创新和变革，同时了解到其在实际应用中面临的挑战和未来的发展方向。

　　本书最后探讨了人工智能所带来的伦理、法律和社会问题。从数据隐私保护到知识产权问题，从人工智能伦理原则到人工智能创新发展，本书将引导读者思考如何在推动技术进步的同时，确保其符合人类的价值观和社会利益。

　　本书撰写过程中力求做到内容的全面性、准确性和可读性，希望本书不仅能够成为各专业学生的"人工智能通识"课程教材，也能为对人工智能感兴趣的普通读者提供一个清晰易懂的入门指南。同时，期望读者在阅读本书的过程中，积极参与相关技术的研究和实践，探索人工智能的无限可能。人工智能的未来充满了机遇和挑战。希望本书能够激发更多人对这一领域的兴趣和热情，共同推动人工智能技术的发展，为人类社会的进步贡献力量。

　　对于在校大学生来说，人工智能的概念、技术与应用是一门理论性和实践性都很强的"必修"课程。本书精心设计了课程教学过程，每个项目都针对性地安排了课后"作业"和"实训与思考"环节，要求学生在拓展阅读的基础上，深入理解和掌握人工智能知识。

　　本书的教学进度设计见"课程教学进度表"，该表可作为教师授课参考。实际执行时，教师应按照教学大纲安排教学进度，确定本书的实际教学计划。

本书特色鲜明、易读易学，适合职业本科院校、高等职业院校各专业学生学习，也适合对人工智能以及相关领域感兴趣的读者阅读参考。

本书微课视频二维码的使用方式：

1）刮开教材封底处的"刮刮卡"，获得"兑换码"。

2）关注微信公众号"天工讲堂"，选择"我的"—"使用"。

3）输入"兑换码"和"验证码"，选择本书全部资源并免费结算。

4）使用微信扫描教材中的二维码观看微课视频。

本书的编写工作得到了天津职业大学、天津机电职业技术学院、天津海运职业学院、天津国土资源和房屋职业学院等多所院校师生的支持。本书由沈庆磊、邱影杰、杨国梁任主编，李爱军、崔丽容、李建刚任副主编，参加本书编写工作的还有马莉、付子懿、刘思、周苏。欢迎教师与作者交流并索取与本书配套的相关教学资料：zhousu@qq.com。QQ：81505050。

本书的教学评测建议可以从以下几个方面入手。

（1）每个项目的课后"作业"（14 项）。

（2）每个项目的"实训与思考"（13 项）。

（3）项目 14 的"课程学习与实训总结"。

（4）学生针对每个项目完成的阅读笔记（建议）。

（5）平时考勤情况。

（6）任课老师认为有必要的其他评测方法。

由于作者水平有限，书中难免有疏漏之处，恳请读者批评指正。

编 者
2025 年春

课程教学进度表

（20　—20　学年第　　学期）

课程号：_____　课程名称：__人工智能通识__　学分：_2_　周学时：_2_

总学时：__32__　（实践学时：_____）　主讲教师：_____

序号	校历周次	项目（或实验、习题课等）名称与内容	学时	教学方法	课后作业布置
1	1	项目1　掌握人工智能基础概念	2		作业、实训与思考
2	2	项目2　培养数学素养与计算思维	2		作业、实训与思考
3	3	项目3　熟悉数据科学与大数据技术	2		作业、实训与思考
4	4	项目4　理解智能体与智能体AI	2		作业、实训与思考
5	5	项目5　熟悉机器学习	2		作业、实训与思考
6	6	项目6　理解神经网络与深度学习	2		作业、实训与思考
7	7	项目7　熟悉图像识别与计算机视觉	2	课堂教学	作业、实训与思考
8	8	项目8　熟悉自然语言处理与大语言模型	2		作业、实训与思考
9	9	项目8　熟悉自然语言处理与大语言模型	2		
10	10	项目9　掌握生成式人工智能技术	2		作业、实训与思考
11	11	项目9　掌握生成式人工智能技术	2		
12	12	项目10　掌握人工智能技术的应用	2		作业、实训与思考
13	13	项目11　熟悉机器人及其智能化	2		作业、实训与思考
14	14	项目12　掌握群体智能技术	2		作业、实训与思考
15	15	项目13　理解人工智能伦理与安全	2		作业、实训与思考
16	16	项目14　求索人工智能创新发展	2		作业、课程学习与实训总结

填表人（签字）：　　　　　　　　　　　　　　　　　　日期：

系（教研室）主任（签字）：　　　　　　　　　　　　日期：

目录

掌握人工智能基础概念

学习目标

- 掌握人工智能的基本概念：通过本项目的实施，学生应熟悉并理解人工智能的基本概念及其重要性。
- 了解计算机的发展历程：从古代计算工具到现代计算机的发展历程，以及这些发展如何影响人类思考的方式。

任务 1.1 熟悉计算机基础

人类，又称智人，即有智慧的人，智能对于人类来说尤其重要。几千年来，人们一直在试图理解人类是如何思考和行动的，不断地了解人类的大脑如何凭借它那小部分的物质去感知、理解、预测并操纵一个远比其自身更大更复杂的世界。

人工智能（Artificial Intelligence，AI）是计算机科学的重要分支，它涉及理解和构建智能体，并确保这些机器在各种情况下都能有效和安全地行动。人工智能对世界的影响"将超过迄今为止人类历史上的任何事物"，它包含从学习、推理、感知等通用领域到下棋、数学证明、写诗、驾驶或疾病诊断等具体领域，人工智能可以与任何智能任务产生联系。

1.1.1 计算的渊源

几千年来，人类一直在利用工具帮助其思考。最原始的工具之一可能就是小鹅卵石了。牧羊人会将与羊群数量一致的小石头放在包里随身携带。当他想要确定所有羊是否都在时，只需要数一只羊就掏出一颗石头，如果包里的石头还有剩余，那么一定是有羊走丢了。

从人们用石头代表数字开始，慢慢地，用来代表 5、10、12、20 等不同数字的石头也就出现了，中世纪无处不在的计数板就来源于此，同样的理念还催生了现代算盘。几个世纪以来，人类发明的计算尺和计算器这样的工具，在一定程度上减轻了人们的脑力劳动量。

1. 巨石阵

古人利用机械进行的脑力劳动远不限于计数。

在英格兰威尔特郡索尔兹伯里平原上，建造于公元前 2300 年左右的巨石阵是欧洲著名的史前时代文化神庙遗址，它由一些重约 50t 的巨大石头组成，呈环形屹立在绿色的旷野间，如图 1-1 所示。巨石阵的主轴线、通往石柱的古道和夏至日早晨初升的太阳在同一条线上，其中还有两块石头的连线指向冬至日落的方向。在英国人的心目中，这是一个神圣的地方。

巨石阵遗迹被用来确定冬至和夏至，同时也可以用于预测日食及其他天文事件，其实数字就蕴藏在它们的结构中。比如，遗迹正中呈马蹄形分布的 19 块巨石，太阳和月亮的位置以 19 年为一周期周而复始。按照这种做法，人们只要每个月将标记从一块石头移到另一块石头上，就可以利用它们来预测日食。日食的发生十分不稳定，取决于特定时间内不同长度的几个周期的重合，因此，预测日食需要人们进行大量艰辛的计算，能够追踪这些周期的工具自然就十分珍贵。

不过，并没有证据表明古人曾出于这样的目的使用过这个巨石阵。巨石阵中的数字很可能只是用于展现"神的力量"。

2. 安提基特拉机械

1900 年，一群海洋潜水员在希腊的安提基特拉岛附近发现了一艘位于海平面以下约 45m 的罗马船只残骸。当地政府知道后派考古学家对沉船进行了为期一年的考察，还原了许多物件。在这些物件中，人们发现了许多目前认为是天体观测仪的金属残片，这些残片被严重腐蚀，只是表面上还留有转盘的痕迹，被称为安提基特拉机械残片，如图 1-2 所示。

图 1-1 巨石阵　　　　　　　　　　　图 1-2 安提基特拉机械残片

人们花了相当长的时间才揭开这个机械的秘密。1951 年拍摄的 X 光片证明它比人们原想的要复杂得多。直到 21 世纪，人们才得以利用先进科技辨别它的细节设计，这一探索过程至今仍在进行当中。

安提基特拉机械可追溯至公元前 150—前 100 年，它包含至少 36 个手工齿轮，只需要设置日期盘，就能够预测太阳和月亮的位置以及某些恒星的上升和下降。该机械可能还曾被用于预测日食，因为人们发现在一块残片上，19 年这一周期被刻成了螺旋状，此外，很有可能它还展示了当时所知的五颗行星的位置。它的操作可谓神奇，只要简单地转动手柄就可以查看天际旋转，工艺如此复杂的机械恐怕再过一千年都很难被复刻，其价值难以估量。

3. 阿拉伯数字

传说在 13 世纪左右，一个德国商人告诉他的儿子，如果他只是想学加法和减法，在德国上大学就足够了，但如果他还想要学乘法和除法，就必须去意大利才行。数千年甚至数万年来，人类智商并没有什么突破性的变化，简单的算术何以变得如此困难？这是因为当时所有的数字都是用罗马数字表示的，只要想象一下将Ⅵ（6）乘以Ⅶ（7）得到XLII（42）的复杂程度，就能想到像今天一样在纸上计算几乎是不可能的，这种复杂的操作需要依赖计数板才能进行。计数板的表面标有网格，有表示个位、十位、百位等的竖列。人们将计数器放在板上，按照规则进行计算，与现在的长除法和长乘法大致相同，才让这一计算成为可能。但正如上面的故事表现出来的那样，这个过程并不容易。

然而，古印度很早就想出了解决这些难题的方法。印度数学家使用一套十位数码，规定每个位置的数字所代表的数位，按个、十、百依次类推。这一规则与今天的进位制一致，在读到"234"这个数字时，可以知道它包含了 2 个 100、3 个 10 以及 4 个 1。

这个概念经过阿拉伯传到了欧洲，途中遭遇了无数质疑和抵制的目光。遭受非议最多的就是数字"0"，在那之前这个数字几乎没有被提及。有时候"0"没有实际意义，例如，出现在数字"3"前面构成"03"时，"03"和"3"在本质上没有区别。但有些时候它可以与其他数字相组合，构成十位数、百位数，甚至更大数位的数字，例如，"30"和"3"就完全不同。与印度数码不同，每一个罗马数字的值都是恒定不变的，"Ⅰ"就代表 1，"X"就代表 10。一开始，"0"不是被当成数字对待，而是不伦不类的"外来者"。然而，随着时间的推移，新方法的优势逐渐显现出来，并最终取代了原来的体系，从而大幅提高了计算速度和解答复杂问题的能力。

1.1.2　计算机的出现

科学家创造出了汽车、火车、飞机、收音机等无数的技术系统，它们模仿并拓展了人类身体器官的功能。但是，技术系统能不能模仿人类大脑的功能？到目前为止，人们对其大脑还知之甚少，仅仅知道它是由 100 亿～1000 亿个神经细胞组成的器官，模仿它或许是天下最困难的事情。

20 世纪 40 年代还没有"计算机"（Computer）这个词。在 Z3 计算机、离散变量自动电子计算机和小规模实验机面世之前，Computer 指的是做计算的人，即计算员。这些计算员在桌子前一坐就是一整天，面对一张纸、一份打印的指示手册，可能还有一台机械加法机，按照指令一步步地费力工作，最后得出一个结果。只有他们足够仔细，结果才可能正确。

1.　巴贝奇与数学机器

1821 年，英国数学家兼发明家查尔斯·巴贝奇开始了对数学机器的研究，这也成为他几乎奋斗一生的事业。不像今天的便携式计算器和智能手机，当时人们还没有办法快速解决复杂计算问题，只能通过纸笔运算，过程漫长并且极有可能出错。于是，人们针对一些特殊应用制成了相应的速算表格，例如，可以根据给定的贷款利率确定还款额，计算一定范围内的枪支射角和装载量。但由于这些表格需要手工排版和描绘，所以出错还是在所难免。

一次，巴贝奇在与好友约翰·赫歇尔费尽心思检查这样的函数表时，不禁感叹：如果这些计算能通过蒸汽动力执行该有多好！这位天才数学家也立志要实现这一目标。

在英国政府的资金支持下，巴贝奇创造了差分机。只能进行诸如编制表格这样简单计算的差分机体积庞大且结构复杂，重达 4t。然而，由于巴贝奇与工匠在机器零部件方面产生了分歧，英国政府在支出 1.75 万英镑后对该项目失去了信心，因此差分机没能最终完成。

在差分机工程停歇的时候，巴贝奇遇见了时年 17 岁的数学家埃达·拜伦，她是诗人拜伦勋爵的女儿。巴贝奇折服于埃达的数学能力，邀请埃达参观差分机，埃达也痴迷上了这类机器。

巴贝奇继续进行他的工作，不过不再是差分机，而是一项被称为分析机（见图 1-3）的更加宏大的工程。分析机利用了与提花织机类似的凿孔卡纸，可以胜任当时所有数学计算，本有希望成为真正的机械计算机。

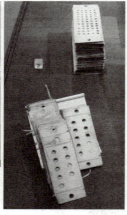

图 1-3　巴贝奇发明的分析机

1801 年，提花织机首次面世，这是第一台使用凿孔卡纸来记录数据的设备。它的结构特点是利用纸带凿孔控制顶针穿入，以代替经纬线。提花织机能够编织出复杂精美的花样，大幅提高了纺织效率。

1842 年，巴贝奇请求埃达帮他将一篇与机器相关的法文文章翻译成英文，并按照她的理解添加注解。埃达在注解中包含了一套机器编程系统，这也被认为是人类首个计算机程序，埃达因此被人们称为第一位计算机程序员。可以很确定地说，埃达对分析机的了解程度不比除巴贝奇之外的任何人低，然而她却对机器能带来智能产物这一点深感怀疑。

分析机的制造最终没有完成，甚至设计都不完整，自始至终只是一系列局部图表而已。然而，在研究分析机的过程中，巴贝奇总结了一些原则和提升空间，从而提出了一套全新的差分机设计方案。缺乏资金支持的第二代差分机后来被制作了出来。1985—2002 年，伦敦科学博物馆根据巴贝奇的设计方案，利用 19 世纪可以得到的材料，在容差范围内完成了第二代差分机的制作，机器也正如巴贝奇预料的那样能正常工作。

2．为战争而发展的计算机器

面对全球冲突，战争的双方都会通过无线电发送命令和战略信息，而这些信号同样可以被敌方截获。为了防止信息泄露，军方会对信号进行加密。能否破解敌方编码关乎成千上万人的性命，自动化破解过程显然大有裨益。于是，一群数学家开始致力于尽可能快地解决复杂数学问题。第二次世界大战结束时，人们已经制造出两台机器，它们可以被看作现代计算机的源头。其中一台是美国的电子数字积分计算机（ENIAC，见图 1-4），它被誉为世界上第一台通用电子数字计算机，专为美国陆军军械部队所造，主要用于计算大炮射程，对氢弹研制背后的数学计算也做出了重要贡献；另一台是英国的巨人计算机（Colossus）。这两台计算机都不能像今天的计算机一样进行编程，配置新任务时需要进行移动电线和推动开关等一系列操作。

图 1-4 世界上第一台通用电子数字积分计算机（ENIAC）

早期计算机，如英国曼彻斯特大学研制的小规模实验机（SSEM）和美国陆军弹道研究实验室研制的离散变量自动电子计算机（EDVAC）已经具备了真正计算机的特性，它们是通用的，其存储器还可以对程序和数据进行存储。Z3 计算机是第二次世界大战期间由德国研制成功的，比同盟国所有计算机都要先进，作为通用计算机，它与现代计算机唯一不同之处是其利用纸带而非存储器来存储程序。1943 年，Z3 计算机在盟军对柏林的空袭中被毁。

3. 计算机无处不在

今天，计算机几乎存在于所有电子设备之中，通常这是因为它比其他选项都要价廉，这类计算机被称为嵌入式计算机（见图 1-5），它只用一个简单芯片就可以实现各种功能。这类计算机运行速度不同、体积大小不一，但从根本上讲其功用都是一样的。烤面包机内嵌的计算机存储器可能无法运行电子制表程序，也没有显示屏、键盘和鼠标供人机交互使用，但这些都是物理限制。如果为其配备更高级的存储器和合适的外围设备，它同样能够用来运行指定的任何程序。事实上，这类计算机大部分只在工厂进行一次编程，这是为了对运行的程序进行加密，同时降低可能因改编程序引起的售后服务成本。与台式计算机相比，嵌入式计算机的运行速度一般要慢得多。

图 1-5 嵌入式计算机

机器人其实就是配有特殊外围设备的电子设备，诸如手臂和轮子，以帮助其与外部环境进行交互。机器人内部的计算机能够运行程序，在摄像头拍摄物体影像后，相关程序通过数据中心的图片库就可以对影像进行区分，帮助机器人在现实环境中辨认物体。

1.1.3 通用计算机

电子计算机简称计算机，是一种通用的信息处理机器，它能执行可以详细描述的任何过程。用于描述解决特定问题的步骤序列称为算法，算法可以变成软件（程序）以确定硬件（物理机）能做什么。创建软件的过程称为程序设计，也称为编程。

我国的第一台电子计算机诞生于 1958 年。在 2023 年 6 月公布的全球超算前十强的超级计算机榜单中，我国的"神威·太湖之光"（见图1-6）和天河二号分别位列第七和第十。

图1-6 我国的"神威·太湖之光"超级计算机

量子计算机是一类遵循量子力学规律进行高速数学和逻辑运算、存储及处理量子信息的物理装置。当某个装置处理和计算的是量子信息、运行的是量子算法时，它就是量子计算机。量子计算机的特点主要有运行速度较快、处理信息能力较强、应用范围较广等。与一般计算机相比，信息处理量愈多，对于量子计算机实施运算就愈加有利，也就更能确保运算具备的精准性。

全球100多家量子计算公司投入了巨大的人力物力研制量子计算机。加拿大的量子计算公司2011年出售了其第一台量子计算机，美国IBM公司2019年将其商用量子计算机交付部署。中国科学院量子信息重点实验室的科技成果转化平台本源量子计算科技（合肥）股份有限公司（简称"本源量子"），2020年已上线国内首台国产超导量子计算机"本源悟源"（见图1-7），并通过云平台面向全球用户提供量子计算服务；2021年2月8日，具有自主知识产权的量子计算机操作系统"本源司南"发布。至今，本源量子已研发出多台国产量子计算机，并成功交付给用户使用，使我国成为世界上第三个具备量子计算机整机交付能力的国家，这是我国继实现"量子优越性"之后，又一次牢固确立在国际量子计算研究领域的领先地位。2022年，本源量子发布国内首个量子计算机和超级计算机协同计算系统解决方案，该方案可以双向发挥量子计算机和超级计算机的优势。

图1-7 "本源悟源"超导量子计算机

2022年6月9日，英国国防部宣布，获得政府首台量子计算机。2022年8月25日，百度发布集量子硬件、软件平台，以及量子应用于一体的产业级超导量子计算机"乾始"。

量子计算机已经成为各国竞争的焦点之一，越来越多的研究单位和大型公司企业的加入，将加速可实用化通用量子计算机研制的进程。

计算机到底是什么机器？一台计算设备怎么能执行这么多不同的任务？现代计算机可以

被定义为"**在可改变的程序的控制下，存储和操纵信息的机器**"。该定义有两个关键要素：

第一，计算机是用于操纵信息的设备。这意味着人们可以将信息存入计算机，计算机将信息转换为新的、有用的形式，然后显示或以其他方式输出。

第二，计算机在可改变的程序控制下运行。计算机不是唯一能操纵信息的机器。人们用简单的计算器运算一组数字时，就执行了输入信息（数字）、处理信息（如计算连续数字的总和）、输出信息（如显示）的操作。另一个简单的例子是加油机，给油箱加油时，加油机利用某些输入（当前汽油的价格和来自传感器的信号）读取汽油流入汽车油箱的速率，加油机再将这个输入转换为加了多少汽油和应付多少钱的信息。但是，计算器或加油机并不是完整的计算机，尽管这些设备实际可能包含嵌入式计算机，但与通用计算机不同，它们被构建为执行单个特定任务的专用设备。

1.1.4　计算机语言

在读取-执行周期中，存储器内的指令会被依次读取并执行，计算机理解的指令组决定了编程的有效性。所有计算机都能完成一样的工作，但有些只需要一个指令就能执行，有的可能需要好几个指令才能执行。普通台式计算机可用的指令成百上千，其中还包括一些可用于解决复杂的数学或图形问题的指令。但制造单一指令计算机也是有可能的。

就像词汇构成语言一样，计算机理解的指令构成了计算机语言，也就是机器代码，这是一种用二进制数值表示的复杂语言，由人类写入则十分困难。

小规模实验机、离散变量自动电子计算机以及后来出现的大多数计算机都将程序和程序运行数据存储在同一存储器中，这就意味着有些程序可以编写和修改其他一些程序。在计算机的帮助下，人们可以设计出更有表现力、更加优雅的语言，并指示机器将其翻译为读取-执行周期能够理解的模式。

有些计算机语言有助于操控文本，有些则能够有效处理结构化数据或是简明应用数学概念。大部分计算机语言（但并非所有）都由规则和计算构成，这也是大部分人理解的计算机。

计算机科学家常常会谈及建立某个过程或物体的模型，这并不是说要拿卡纸和软木来制作一个实际的复制品。这里，"模型"是一个数学术语，意思是写出事件运作的所有方程式并进行计算，这样就可以在没有真实模型的情况下完成实验测试。由于计算机的运行十分迅速，因此，与真正的实验操作相比，计算机建模能够更快得出答案。在某些情况下，进行实验可能是不实际的，气候变化就是一个典型例子，因为没有第二个地球或是时间可供人们进行实验。计算机模型可以非常简单也可以非常复杂，完全取决于人们想要探索的信息是什么。

人工智能最根本也最宏伟的目标之一就是建立人脑般的计算机模型。完美模型固然最好，但精确性稍逊的模型同样十分有效。

1.1.5　计算机的智能行为

🎬 微视频
计算机的智能行为

研究人员曾经研究过几种不同版本的人工智能：一些人根据对人类行为的复刻来定义智能；另一些人喜欢用"理性"来抽象地定义智能，直观上的理解是做"正确的事情"。智能主题的本身也各不相同：一些人将智能视为内部思维过程和推理的属性；另一些人则关注智能的外部特征，也就是智能行为。

从人与理性以及思想与行为这两个维度来看，有 4 种可能的组合，即类人行为、类人思考、理性思考和理性行为。追求类人智能（前两者）必须在某种程度上是与心理学相关的经验科学，包括对真实人类行为和思维过程的观察与假设；而理性主义方法（后两者）涉及数学和工程的结合，并与统计学、控制理论和经济学相联系。

1. 类人行为：图灵测试

图灵测试是由艾伦·图灵提出的（1950 年），它被设计成一个思维实验，用以回避"机器能思考吗"这个哲学上模糊的问题。如果人类提问者在提出一些书面问题后无法分辨书面回答是来自人还是来自计算机，那么计算机就能通过测试。目前，为计算机编程使其能够通过严格的应用测试尚有大量工作要做。计算机需要具备下列能力。

（1）自然语言处理，以使用人类语言成功地交流。

（2）知识表示，以存储它所知道或听到的内容。

（3）自动推理，以回答问题并得出新的结论。

（4）机器学习，以适应新的环境，并检测和推断模式。

图灵认为，没有必要对人进行物理模拟来证明智能。然而，其他研究人员提出了完全图灵测试，该测试需要与真实世界中的对象和人进行交互。为了通过完全图灵测试，机器还需要具备下列能力。

（1）计算机视觉和语音识别功能，以感知世界。

（2）机器人学，以操纵对象并行动。

以上 6 个方面构成了人工智能的大部分内容。然而，人工智能研究人员很少把精力用在通过图灵测试上，他们认为研究智能的基本原理更为重要。例如，当工程师和发明家停止模仿鸟类，转而使用风洞并学习空气动力学时，对"人工飞行"的探索取得了成功。不过，航空工程学著作并未将其领域的目标定义为制造"能像鸽子一样飞行，甚至可以骗过其他真鸽子的机器"。

2. 类人思考：认知建模

只有知道人类是如何思考的，才能说程序像人类一样思考。可以通过 3 种方式来了解人类的思维。

（1）内省：试图在自己进行思维活动时捕获思维。

（2）心理实验：观察一个人的行为。

（3）大脑成像：观察大脑的活动。

一旦有了足够精确的心智理论，就有可能把这个理论表达为计算机程序。如果程序的输入/输出行为与相应的人类行为相匹配，那就表明程序的某些机制也可能在人类活动中存在。

认知科学本身是一个引人入胜的领域。人们偶尔会评论人工智能技术和人类认知之间的异同，但真正的认知科学必须建立在对人类或动物实验研究的基础上。

计算机视觉领域将神经生理学证据整合到计算模型中。此外，将神经影像学方法与分析数据的机器学习技术相结合，开启了查明人类内心思想的语义内容的研究，这种能力反过来可以进一步揭示人类认知的运作方式。

3. 理性思考：思维法则

希腊哲学家亚里士多德（公元前 384—公元前 322 年）是最早试图法则化"正确思维"的人之一，他将其定义为无可辩驳的推理过程。他的"三段论"为论证结构提供了模式。当给出正确的前提时，总能得出正确的结论。举个经典的例子，当给出前提"苏格拉底是人"和"所有人都是凡人"时，可以得出结论苏格拉底是凡人。这些思维法则被认为支配着思想的运作，他们的研究开创了一个称为逻辑的领域。

19 世纪的逻辑学家建立了一套精确的符号系统，用于描述世界上物体及其之间的关系。这与普通算术表示系统形成对比，后者只提供关于数的描述。

按照常规的理解，逻辑要求关于世界的认知是确定的，而实际上这很难实现。例如，人们对政治或战争规则的了解远不如对国际象棋或算术规则的了解。概率论填补了这一鸿沟，允许人们在掌握不确定信息的情况下进行严格的推理，原则上，它允许人们构建全面的理性思维模型，从原始的感知到对世界运作方式的理解，再到对未来的预测。它无法做到的是形成智能行为。

4．理性行为：理性智能体

智能体（Agent）是指某种能够采取行动的物体。当然，所有计算机程序都可以完成一些任务，但人们期望计算机智能体能够完成更多的任务：自主运行、感知环境、长期持续存在、适应变化，以及制定和实现目标。理性智能体需要为取得最佳结果或存在不确定性时取得最佳期望结果而采取行动。

基于人工智能的"思维法则"方法重视正确的推断。做出正确的推断有时是理性智能体的一部分，因为采取理性行为的一种方式是推断出某个给定的行为是最优的，然后根据这个结论采取行动。

通过图灵测试所需的所有技能也使智能体得以采取理性行为。知识表示和推理能让智能体做出较好的决策。人们需要具备生成易于理解的自然语言句子的能力，以便在复杂的社会中生存。人们学习不仅是为了博学多才，也是为了提升自身产生高效行为的能力，尤其是在新环境下，这种能力更加重要。

与其他方法相比，基于人工智能的理性智能体方法有两个优点。第一，它比"思维法则"方法更普适，因为正确的推断只是实现理性行为的几种可能机制之一。第二，它更适合科学发展。理性的标准在数学上是明确定义且完全普适的。人们经常可以从这个标准规范中得出被证明能够实现的智能体设计，而把模仿人类行为或思维过程作为目标的设计在很大程度上是不可能的。

由于上述原因，在人工智能领域的发展中，基于理性智能体的方法都占据了上风。在最初的几十年里，理性智能体建立在逻辑的基础上，并为了实现特定目标制定了明确的规划。后来，基于概率论和机器学习的方法使智能体可以在不确定性下做出决策，以获得最佳期望结果。

简而言之，人工智能专注于研究和构建做正确的事情的智能体，其中正确的事情是人们提供给智能体的目标定义。这种通用范式非常普遍，它不仅适用于人工智能，也适用于其他领域。在控制理论中，控制器使代价函数最小化；在运筹学中，策略使奖励的总和最大化；在统计学中，决策规则使损失函数最小；在经济学中，决策者追求效用或某种意义的社会福利最大化。

然而，在复杂的环境中，完美理性（总是采取精确的最优动作）是不可行的，它的计算代价太高了，因此需要对标准模型做一些重要的改进，也就是在没有足够时间进行所有可能的计算的情况下适当地采取行动。但是，完美理性仍然是理论分析的良好出发点。

任务 1.2　定义人工智能

　　人工智能是计算机科学的一个分支，它试图了解智能的实质，并生产出一种新的能以人类智能相似的方式做出反应的智能机器。自诞生以来，人工智能的理论和技术日益成熟，应用领域也不断扩大，可以设想，未来人工智能带来的科技产品将会是人类智慧的"容器"。

1.2.1　"人工"与"智能"

　　显然，人工智能就是人造的智能，它是科学和工程的产物。人们也会进一步考虑什么是人力所能及的，或者人自身的智能程度有没有达到可以创造人工智能的地步等。不过，生物学不在这里的讨论范围之内，因为基因工程与人工智能的科学基础全然不同。人们可以在器皿中培育脑细胞，但这只能算是天然大脑的一部分。

　　"智能"涉及诸如意识、自我、思维（包括无意识的思维）等问题。事实上，人应该了解的是人类本身的智能，但人们对自身智能的理解有限，对构成人的智能的必要元素的了解也有限，很难准确定义什么是"人工"制造的"智能"。因此，人工智能的研究往往涉及对人的智能本身的研究（见图1-8），其他关于动物或人造系统的智能也普遍被认为是与人工智能相关的研究课题。

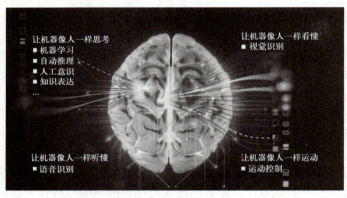

图 1-8　研究人的智能

　　1906 年，法国心理学家阿尔弗雷德·比奈这样定义智能："……判断，又或称为判断力强，实践感强，首创精神，适应环境的能力。良好决策、充分理解、正确推论……但记忆与判断不同且独立于判断。"《牛津英语词典》对智能的定义为"获取和应用知识与技能的能力"，这显然取决于记忆。人工智能已经影响了人们对智力的一般性认识，因此人们会根据知识对实际情况的指导作用来判断知识的重要程度。人工智能的一个重要领域就是存储知识，以供计算机使用。

　　例如，棋局是程序员研究的早期问题之一。他们认为，就国际象棋而言，只有人类才能获胜。1997 年，IBM 公司的机器"深蓝"击败了国际象棋大师加里·卡斯帕罗夫，但"深蓝"并没有显示出任何人类特质，仅仅是对这一任务进行快速、有效的编程而已。

1.2.2　人工智能的定义

微视频
人工智能的定义

　　作为计算机科学的一个分支，人工智能是一门研究、开发用于模拟、延伸和扩展人的智能的理论、方法、技术及应用系统的新的技术科学，是一门自然科学、社会科学和技术科学交叉的边缘学科，它涉及的学科内容包括哲学和认知科学、数学、神经生理学、心理学、计算机科学、信息论、控制论、不定性论、仿生学、社会结构学与科学发展观等。

1. 人工智能是关于知识的学科

人工智能研究领域的一个较早流行的定义，是由约翰·麦卡锡在 1956 年的达特茅斯会议上提出的，即：**人工智能就是要让机器的行为看起来像是人类所表现出的智能行为一样。** 另一个定义指出：**人工智能是人造机器所表现出来的智能性。** 总体来讲，对人工智能的定义大多可划分为四类，即机器"像人一样思考""像人一样行动""理性地思考"和"理性地行动"。这里，"行动"应广义地理解为采取行动或制定行动的决策，而不是肢体动作。

尼尔逊教授对人工智能的定义为："**人工智能是关于知识的学科——怎样表示知识以及怎样获得知识并使用知识的科学。**"而温斯顿教授认为："**人工智能就是研究如何使计算机去做过去只有人才能做的智能工作。**"这些说法反映了人工智能学科的基本思想和基本内容，即人工智能是研究人类智能活动的规律，构造具有一定智能的人工系统，研究如何让计算机去完成以往需要人的智力才能胜任的工作，也就是研究如何应用计算机的软/硬件来模拟人类某些智能行为的基本理论、方法和技术。

可以把人工智能定义为一种工具，用来帮助或者替代人类思维。它是一个计算机程序，可以独立存在于数据中心、个人计算机，也可以通过诸如机器人之类的设备体现出来。它具备智能的外在特征，有能力在特定环境中有目的地获取和应用知识与技能。人工智能是对人的意识、思维的信息过程的模拟。人工智能不是人的智能，但能像人那样思考，甚至可能超过人的智能。

20 世纪 70 年代以来，人工智能被称为世界三大尖端技术（即空间技术、能源技术、人工智能）之一，也被认为是 21 世纪三大尖端技术（即基因工程、纳米科学、人工智能）之一，这是因为近几十年来人工智能获得了迅速的发展，在很多学科领域都获得了广泛应用，取得了丰硕成果。

"AlphaGo 之父"哈萨比斯表示："**我提醒诸位，必须正确地使用人工智能。正确的两个原则是：人工智能必须用来造福全人类，而不能用于非法用途；人工智能技术不能仅为少数公司和少数人所使用，必须共享。**"

2. 人工智能大师

艾伦·图灵（1912—1954 年，见图 1-9），出生于英国伦敦帕丁顿，毕业于普林斯顿大学，是英国数学家、逻辑学家，被誉为"计算机科学之父""人工智能之父"，他是计算机逻辑的奠基者。1950 年，图灵在其论文"计算机器与智能"中提出了著名的图灵机和图灵测试等重要概念，首次提出了机器具备思维的可能性。他还预言，到 20 世纪末一定会出现可以通过图灵测试的计算机。图灵的思想为现代计算机的逻辑工作方式奠定了基础。为了纪念图灵对计算机科学的巨大贡献，1966 年，由美国计算机协会（ACM）设立一年一度的"图灵奖"，以表彰在计算机科学事业中做出重要贡献的人。图灵奖被誉为"计算机界的诺贝尔奖"。

冯·诺依曼（1903—1957 年，见图 1-10），出生于匈牙利，毕业于苏黎世联邦工业大学，数学家，现代计算机、博弈论、核武器和生化武器等领域内的科学全才，被后人称为"现代计算机之父"和"博弈论之父"。他在泛函分析、遍历理论、几何学、拓扑学和数值分析等众多数学领域，以及计算机学、量子力学和经济学中都有重大成就，也为第一颗原子弹和第一台电子计算机的研制做出了巨大贡献。

图 1-9 "计算机科学之父"艾伦·图灵　　　图 1-10 "现代计算机之父"冯·诺依曼

1.2.3　人工智能实现途径

对于人的思维模拟的研究可以从两个方向进行，一是结构模拟，仿照人脑的结构机制，制造出类人脑的机器；二是功能模拟，从人脑的功能过程进行模拟。现代电子计算机便是对人脑思维功能的模拟，是对人脑思维的信息过程的模拟。

实现人工智能有三种途径，即强人工智能、弱人工智能和实用型人工智能。

1. 强人工智能

强人工智能，又称多元智能。研究人员希望人工智能最终能成为多元智能，并且超越大部分人类的能力。有些人认为要达成以上目标，可能需要拟人化的特性，如人工意识或人工大脑，这被认为是人工智能的完整性：为了解决其中一个问题，必须解决全部的问题。即使是一个简单和特定的任务，如机器翻译，也要求机器按照作者的论点（推理），知道人们谈论的是什么（知识），忠实地再现作者的意图（情感计算）。因此，机器翻译被认为具有人工智能完整性。

强人工智能的观点认为有可能制造出真正能推理和解决问题的智能机器，并且这样的机器将被认为是有知觉的、有自我意识的。强人工智能有两类：

（1）类人的人工智能，即机器的思考和推理就像人的思维一样。

（2）非类人的人工智能，即机器产生了和人完全不一样的知觉与意识，使用和人完全不一样的推理方式。

强人工智能即便可以实现，也很难被证实。为了创建具备强人工智能的计算机程序，首先需要清楚地了解人类思维的工作原理，而想要实现这样的目标，还有很长的路要走。

2. 弱人工智能

弱人工智能即认为不可能制造出能真正地推理和解决问题的智能机器，这些机器只不过看起来像是智能的，但并不真正拥有智能，也不会有自主意识。

弱人工智能只要求机器能够拥有智能行为，具体的实施细节并不重要。"深蓝"就是在这样的理念下产生的，它没有试图模仿国际象棋大师的思维，仅仅遵循既定的操作步骤。倘若人类和计算机遵循同样的步骤，那么比赛时间将会大大延长，因为计算机每秒验算的可能走位就高达 2 亿个，就算思维惊人的象棋大师也不太可能达到这样的速度。人类拥有高度发达的战略意识，这种意识将需要考虑的走位限制在几步或是几十步以内，而计算机考虑的走位数以百万计。就弱人工智能而言，这种差异无关紧要，能证明计算机比人类更会下象棋就足够了。

如今，主流的研究活动都集中在弱人工智能上，并且一般认为这一研究领域已经取得可观的成就，而强人工智能的研究则处于停滞不前的状态。

3. 实用型人工智能

研究者们将目标放低，不再试图创造出像人类一般智慧的机器。眼下人们已经知道如何创造出能模拟昆虫行为的机器人，如图 1-11 所示。机械家蝇看起来似乎并没有什么用，但即使是这样的机器人，在完成某些特定任务时也是大有裨益的。例如，一群大小如狗、具备蚂蚁智商的机器人在清理碎石和在灾区找寻幸存者时就能够发挥很大的作用。

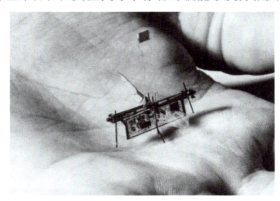

图 1-11　华盛顿大学研制的由激光束供电的 RoboFly 昆虫机器人

随着模型变得越来越精细，机器能够模仿的生物越来越高等，最终，人们可能必须接受这样的事实：机器似乎变得像人类一样智慧了。也许实用型人工智能与强人工智能殊途同归，但考虑到复杂性，通常不会相信机器人会有自我意识。

1.2.4　人工智能发展中的"中国风"

🎬微视频
人工智能发展中的
"中国风"

近年来，我国在人工智能领域取得显著进展，成为全球人工智能研究和应用的重要力量。我国政府高度重视人工智能的发展，2017 年 7 月 20 日，国务院印发《新一代人工智能发展规划》，设定到 2030 年成为世界主要人工智能创新中心的努力目标。此后，我国的研究者在全球顶级会议和期刊上发表了大量的人工智能相关论文，被引用次数也名列前茅，在人工智能专利申请数量方面，我国占据了世界领先地位。

1. 世界 AI 发展的排头兵

根据 2025 年初的统计数据，我国的人工智能核心产业规模已经达到 5000 亿元人民币，拥有超过 4300 家人工智能企业，涵盖了从基础硬件到应用场景的全产业链。人工智能技术在我国的应用场景非常广泛，包括智能制造、智慧城市、自动驾驶、医疗健康、金融科技等各个领域。

凭借着庞大的国内市场，我国企业能够快速迭代产品和服务，推动技术创新。我国拥有海量的数据资源，为人工智能模型训练提供了丰富的素材。我国积极推动人工智能与其他行业的深度融合，"人工智能+"的战略加速了产业升级和转型。

我国还积极参与国际人工智能标准制定和技术交流，在国际市场上展示了强大的竞争力。例如，我国企业 DeepSeek（深度求索）在算法优化、深度学习等方面打破了某些技术瓶颈。随着人工智能教育的普及和相关专业课程的增设，我国正在培养出一批又一批的专业人才，为全球人工智能行业输送新鲜血液。通过持续投入和创新，我国有望在未来几年内进一步巩固其在人工智能领域的领先地位。

2. AI 领域的"东方神秘力量"

2024 年年末，多家中国 AI 公司顶着"东方神秘力量"的光环，被密集置于国内外的聚光灯下。在国外网友热议的背景下，有国内网友敏锐地发现，这些"东方神秘力量"的 AI 企业都身处杭州，一时间，"杭州 x 小龙"的说法不胫而走。

梳理这些"小龙"们的发展历程，人们会发现被称为"人工智能元年"的 2018 年是关键节点。2018 年，群核科技（杭州）和英国帝国理工大学、美国南加州大学、浙江大学等高校联手推出 InteriorNet 数据集，为室内环境理解、3D 重构、机器人交互等研究提供数据基础。2018 年年初，宇树科技熬过了发展的至暗时刻。几乎同一时间，《黑神话：悟空》立项，半年后游戏科学公司的精锐团队搬到了杭州。也是 2018 年的年底，强脑科技落户杭州 AI 小镇，它收获了一位特殊的员工——手部有残疾的倪敏成，后来他佩戴假肢用意念控制写毛笔字，完成了强脑科技在国内的首秀，如图 1-12 所示。这家比马斯克的 Neuralink 成立还早一年的脑机接口公司驶上了快车道，越来越多身患残疾、热爱生活的人戴着他们的假肢弹起钢琴、举起火炬。

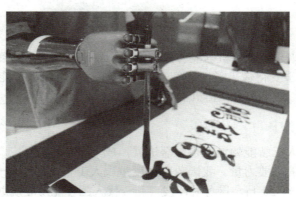

图 1-12　强脑科技在国内的首秀：戴假肢用意念控制写毛笔字

2018 年，杭州也叩开了通向未来的大门，正式提出并动员"中国数字经济第一城"的建设，为如今高水平重塑全国数字经济第一城、数字经济和人工智能的双向奔赴埋下伏笔。

也是在 2018 年，谷歌基于 Transformer 推出了 Bert 模型，人工智能初创公司 OpenAI 推出了一个 GPT 系列模型，让机器"看得懂"也"说得顺"。不过，2018 年，即使 AI 算力方面的业务大幅增长，英伟达还是被资本抛弃，到年底股价只剩 3 美元，差不多是 2024 年最高价的五十分之一，不过它还是坚持给出了关于未来的一系列预言。这些在当时看上去像魔法的技术，最终影响了包括"杭州 x 小龙"在内的所有与 AI、计算、数据相关的科技公司日后的发展轨迹。

3. 基于量化"幻方"的"深度求索"

2018 年，当时方兴未艾的量化江湖出现了一支名为"幻方"的新锐，全年取得了正收益。所谓量化，通常指的是量化交易或量化投资，它是利用数学模型和计算机技术来进行交易或投资决策的过程，而不是依赖个人的主观判断。而"幻方"二字源于我国传统算术，常见的九宫格就是幻方的一种。如果光看幻方量化的团队构成，很难想象它是一家金融公司。

公司 CEO 徐进是浙江大学信号与信息处理专业博士，研究方向是机器人自主导航、立体视觉等，公司实际控制人梁文锋毕业于浙江大学软件工程专业，主修软件工程、人工智能方向，2008 年开始研究量化交易。

2016 年，幻方在交易系统里融入 AI，两年后把 AI 确定为公司的主要发展方向。2019 年，幻方管理规模超过 100 亿，成为国内量化私募"四巨头"之一。幻方开始研究怎么构建大规模 GPU 集群。从 2019 年开始，幻方每年会购买大批 GPU，到 2021 年，幻方量化对超算集群系统的投入增加到 10 亿元，并且搭载了超 10 000 张英伟达 A100 显卡。网络上盛传中国持有高性能 GPU 最多的机构不是人工智能公司，而是幻方。

2023 年 7 月，梁文锋在杭州创立 DeepSeek（深度求索），专注于 AI 大模型的研究和开发。很快，来自中国的大模型创业公司 DeepSeek 上线并同步开源 DeepSeek-V3 模型，公布了长达 53 页的训练和技术细节——用不到同行十分之一的成本训练出的大模型，在多项指标上领先全球包括 OpenAI 的 GPT-4o 在内的其他大模型。

DeepSeek 大模型给人工智能技术带来的最大贡献如下。

（1）降低了大规模训练对 GPU 资源的依赖，缓解了人工智能产业链中的关键瓶颈，推动了人工智能价值链的重塑。

（2）针对英伟达 PTX 进行优化以实现最大性能，显著提高了运行效率，并允许在非英伟达的显示芯片上运行。

（3）降低了训练和部署成本，使得人工智能技术的应用更加广泛和可持续。

（4）在数据和成本上具有显著优势，标志着人工智能投资需求的转折点。

4. 全球最大可交互三维能力的群核科技

本科就读于浙江大学竺可桢学院的黄晓煌博士的研究方向是 GPU 高性能计算，回国后与两位室友创立了群核科技，这一名字来源于他们搭建的 GPU 架构多核心处理器。最初他们的想法是把 GPU 放到云端，支持渲染等需要高性能计算的应用，家居设计成了最佳落地场景。很长一段时间，旗下"酷家乐"这个 SaaS 产品要比"群核"更有名。

得益于前期在家装领域、中期在工业 4.0 领域的长期沉淀，群核科技积累了大量物理世界的数据。在 AI 逐步从数字世界走入物理世界的过程中，合成的数据不仅质量高，还遵循了物理规律。2024 年 11 月 20 日，群核科技首次对外公开了其两大技术引擎：群核启真（渲染）引擎和群核矩阵（CAD）引擎，一个对应的是拥有超级算力支持的万卡集群，另一个对应的是由海量数据组成的物理世界模拟器。后者比 OpenAI 对 Sora 世界模拟器的定义多了两个字，更强调真实。

5. 中国 AI 企业应有的自信

当人们谈到 DeepSeek 时，许多业内人士会提到另一款来自杭州的开源模型，阿里云旗下的 Qwen；提到机器狗、宇树科技时，还有家名字很有诗意的公司"云深处"，其创始人朱秋国也来自浙江大学，他们的轮足机器人"山猫"比宇树科技的 B2-W 发布更早，同样引发了轰动；在全新的 AR/AI 眼镜赛道，也挤满了浙江大学的精英创业者，而光电本身就是浙江大学的传统优势专业。除了 Rokid，这份名单里的杭州面孔包括被字节跳动投资的李未可，凭借技术切入泳镜细分赛道的光粒科技，从脑机接口跨界来的 Looktech 等。

面对国外科技巨头的竞争，DeepSeek 的梁文锋说："中国的企业应该要自信，要学会引领技术创新，学会组织和培养自己的高密度人才。"宇树科技的王兴兴说："高学历并不代表一切，没有人特别天才，大家其实都差不多。"游戏科技的冯骥希望大家都能继续怀着自信与雄心，保持勇敢、诚实和善良，踏实做好每一件具体的小事，坦然接受结果，一直在取经的路上，直至生命最后一刻。

这些关于自信、勇敢的叙事对冲着现实的困难，在 2024 年岁末，"杭州小龙"们让许多人再次听到了新力量破土而出的声音。

【作业】

1．人工智能是计算机科学的一个重要分支，这个领域涉及理解，也涉及构建（　　），这些机器需要在各种各样新奇的情况下，计算如何有效和安全地行动。

  A．综合部件　　B．实体算法　　C．智慧软体　　D．智能实体

2．人类一直在利用工具帮助其思考，计算的最原始工具之一甚至可以追溯到（　　）。

  A．算盘　　B．小鹅卵石　　C．计算机　　D．计算器

3．一般认为，地处英格兰威尔特郡索尔兹伯里平原上的史前时代文化神庙遗址巨石阵，是古人用来（　　）的。

  A．预测天文事件　　　　B．进行科学计算

  C．装饰大自然　　　　D．构筑军事工事

4．1900 年人们在希腊安提基特拉岛附近的罗马船只残骸上找到的机械残片，被认为是（　　）。

  A．帆船的零部件　　　　B．外星人留下的物件

  C．天体观测仪的残片　　D．海洋生物的化石

5．传说在 13 世纪左右，想学加法和减法上德国的学校就足够了，但如果还想要学乘法和除法，那就必须去意大利才行，这是因为当时（　　）。

  A．德国没有大学　　　　B．意大利人更聪明

  C．意大利文化比德意志文化更高明

  D．所有的数字都是用罗马数字写成的，使计算变得很复杂

6．1821 年，英国数学家兼发明家查尔斯·巴贝奇开始了对数学机器的研究，他研制的第一台数学机器叫作（　　）。

  A．计算机　　B．计算器　　C．差分机　　D．分析机

7．1842 年，巴贝奇请求埃达帮他将一篇与机器相关的法文文章翻译成英文。埃达在翻译注解中包含了一套机器编程系统，埃达也被后人誉为第一位（　　）。

  A．计算机程序员　　　　B．法文翻译家

  C．机械工程师　　　　D．数据科学家

8．"机器人（Robot）"的称呼最初源于（　　）。

  A．1946 年图灵的一篇论文　　B．1920 年卡雷尔·恰佩克的一部舞台剧

  C．1968 年冯·诺依曼的一部手稿　　D．1934 年卡斯特罗的一次演讲

9．最初，"计算机（Computer）"这个词指的是（　　）。

  A．计算的机器　　B．做计算的人　　C．计算机　　D．计算桌

10．被誉为世界上第一台通用电子数字计算机的是（　　）。

  A．ENIAC　　B．Colossus　　C．Ada　　D．SSEM

11．今天，计算机几乎存在于所有电子设备之中，这是因为它比其他选项都要（　　），这类计算机通常被称为嵌入式计算机。

　　A．易用　　　　B．稳定　　　C．快速　　　　D．价廉

12．现代计算机可以被定义为"在可改变的程序的控制下，存储和操纵信息的机器"。该定义有两个关键要素，即（　　）。

　　① 计算机是用于操纵信息的设备

　　② 计算机复杂，难懂，难以被仿制

　　③ 计算机是唯一能操纵信息的机器

　　④ 计算机在可改变的程序的控制下运行

　　A．②③　　　　B．①④　　　　C．①②　　　　D．③④

13．就像词汇构成语言一样，计算机理解的（　　）构成了计算机语言，也就是机器代码，这是一种用数值表示的复杂语言。

　　A．指令　　　　B．编号　　　C．符号　　　　D．函数

14．计算机科学家常常会谈及建立某个过程或物体的模型，这个"模型"指的是（　　）。

　　A．类似航模这样的手工艺品　　　B．机械制造业中的模具

　　C．写出事件运作的所有方程式并进行计算

　　D．拿卡纸和软木制作的一个复制品

15．人工智能最根本也最宏伟的目标之一就是建立（　　）的计算机模型。完美模型固然最好，但精确性稍逊的模型也同样十分有效。

　　A．模拟自然　　B．复杂机器　　C．动物智慧　　D．人脑那样

16．历史上，研究人员研究过几种不同版本的人工智能。追求（　　）必须在某种程度上是与心理学相关的经验科学，包括对真实人类行为和思维过程的观察与假设。

　　A．动物智慧　　B．理性主义　　C．类人智能　　D．灵活浪漫

17．研究人员曾经研究过几种不同版本的人工智能。追求（　　）涉及数学和工程的结合，并与统计学、控制理论和经济学相联系。

　　A．动物智慧　　B．理性主义　　C．类人智能　　D．灵活浪漫

18．目前，为计算机编程使其能够通过严格的图灵测试尚有大量工作要做。除了自然语言处理之外，计算机还需要具备（　　）能力。

　　① 知识表示　　② 节约成本　　③ 自动推理　　④ 机器学习

　　A．①②④　　　B．②③④　　　C．①②③　　　D．①③④

19．其他研究者提出的完全图灵测试需要与真实世界中的对象进行交互。为了通过完全图灵测试，除了达到图灵测试的要求之外，"对象"还需要具备（　　）能力。

　　① 计算机视觉和语音识别功能，以感知世界

　　② 机器人学，以操纵对象并行动

　　③ 简化运算，以减少运行成本　　④ 自动编程，以提高运筹与数据分析水平

　　A．①②　　　　B．③④　　　　C．①③　　　　D．②④

20．只有知道人类是如何思考的，才能评价程序是否像人类一样思考。可以通过（　　）这3种方式来了解人类的思维。

　　① 外延　　　　② 内省　　　　③ 心理实验　　　④ 大脑成像

A．①②④　　B．①③④　　C．②③④　　D．①②③

【实训与思考】深入理解人工智能与人类思考

本次实训活动旨在引导学生通过实训和思考，深入理解人工智能的发展历程及其对人类思考工具的演变和影响，培养学生的创新能力和批判性思维，帮助学生更好地理解人工智能的发展历程及其对人类思考和生活方式的影响。

1．实训任务：探索古代计算工具

任务描述： 选择一种古代计算工具（如算盘、巨石阵、安提基特拉机械等），制作一个简单的模型或使用数字工具进行模拟。

- 选择算盘。可以使用木棍和珠子制作一个简易算盘，并尝试用它进行简单的加减运算。
- 选择巨石阵。可以使用纸板或积木搭建一个小型模型，并模拟其天文观测功能。
- 选择安提基特拉机械，可以使用 3D 打印软件设计一个简单的齿轮模型，尝试理解其基本原理。

实训要求：

- 记录下你对这种工具的理解和操作过程。
- 拍摄一些实践过程的照片或视频，以便在课堂上分享。

思考问题：

（1）这种古代计算工具在当时解决了什么问题？

（2）它与现代计算机有哪些相似和不同之处？

（3）你认为这种工具对现代技术的发展有哪些启示？

记录： _____

_____

2．思考任务：人工智能与人类思考

任务描述： 阅读以下材料并回答问题。

- 人工智能的发展经历了多个阶段，从最初的简单计算工具到如今的深度学习和智能机器人。思考人工智能的发展对人类思考方式的影响。
- 选择一个具体的人工智能应用（如自动驾驶汽车、语音助手、智能医疗等），分析它如何改变了人类的生活方式和思考模式。

思考问题：

（1）人工智能的发展是否改变了人们对"智能"的定义？为什么？

（2）你认为人工智能在未来可能带来哪些新的思考工具？这些工具会如何影响人们的生活和工作？

（3）讨论人工智能与人类思考之间的关系。人工智能是否能够完全替代人类思考？为什么？

写作要求： 根据上述思考，撰写一篇不少于 800 字的短文，阐述你的观点和理由。在文中引用本项目中的相关内容，以支持你的观点。

3．小组讨论：人工智能的伦理与未来

任务描述： 与小组成员一起讨论以下问题，并准备一个简短的汇报。

- 人工智能的快速发展引发了诸多伦理问题，如隐私保护、算法偏见、机器的道德责任等。选择一个伦理问题，讨论它对社会和个人的影响。
- 你认为应该如何解决这些伦理问题？提出一些具体的建议。

讨论要求：

- 每个小组成员都要积极参与讨论，并记录下讨论的主要观点。
- 准备一个 5min 的汇报，总结讨论结果。

思考问题：

（1）在讨论过程中，思考人工智能的发展是否应该受到某些限制？为什么？

（2）你认为人工智能的未来发展方向是什么？它将如何塑造人类的未来？

提交要求：

- 实践任务：提交实践过程的照片或视频，并附上一份不少于 300 字的实践报告，回答上述思考问题。
- 思考任务：提交一篇不少于 800 字的短文，回答上述思考问题。
- 小组讨论：小组成员共同完成一个 5min 的汇报，并提交一份讨论记录。

4. 实训总结

---

5. 实训评价（教师）

项目 2
培养数学素养与计算思维

学习目标

● 理解数学素养与计算思维的重要性：通过本项目的实施，学生应能认识到数学素养和计算思维在现代社会中的关键作用，特别是在人工智能和数据科学领域。

● 掌握数学的基础概念及其应用：了解数学的美学价值以及它如何帮助我们理解和解决实际问题。

● 培养解决问题的能力：通过实训练习和案例分析，提升学生的逻辑推理、数据分析和抽象思维能力。

任务 2.1 理解数学素养与计算思维

数学素养与计算思维是现代教育中两个非常重要的组成部分，尤其是在人工智能、数据科学等技术领域。这两者不仅帮助人们掌握必要的技能和知识，还培养了他们解决问题的能力和逻辑思考的方式。

2.1.1 数学是美的

🎬 **微视频**
数学是美的

数学之美体现在其简洁、对称与和谐的形式中，通过优雅的公式和深刻的定理揭示了自然界的内在规律与结构。它不仅有着严格的逻辑框架，还蕴含着令人惊叹的创造力和普遍性，激发人们对抽象思维的欣赏与探索。而数学素养则是指个体理解和运用数学概念的能力，包括逻辑推理、问题解决及数据分析等技能，是培养批判性思维和创新能力的基础。拥有良好的数学素养不仅能让人领略数学之美，还能在日常生活和专业领域中更有效地解决问题，促进个人和社会的发展。

数学之所以被认为是美的，是因为它不仅揭示了自然界和宇宙的深层次结构与规律，还通过简洁、对称、和谐的形式展现了抽象思维的魅力。

（1）简洁性。数学之美首先体现在其简洁性上。复杂的自然现象往往可以用非常简单的数学公式或原理来描述。例如，爱因斯坦的质能方程 $E=mc^2$，仅用三个字母就表达了能量与质量之间的关系，展示了深刻的物理真理。

（2）对称性。这是自然界中普遍存在的现象，也是数学之美的一个重要特征。无论是几何图形中的轴对称、中心对称，还是代数方程中的对称性，都给人以视觉上的美感和逻辑上的满足感。比如，正多边形和晶体结构体现了高度的对称美。

（3）和谐性。数学中的和谐体现在不同概念之间的内在联系以及它们如何共同作用形成一个完整的体系。例如，欧拉公式 $e^{i\pi}+1=0$ 将 5 个最重要的量（e、i、π、1、0）以极其优雅的方式连接起来，体现了数学内部的统一性与和谐美。

（4）惊奇性。数学常常带来意想不到的结果，这种出乎意料的发现同样构成了它的美学价值。例如，费马大定理经过三百多年的努力才被证明，其过程充满曲折与惊喜，成功令人赞叹。

（5）普遍性。数学定律具有普遍适用性，无论是在地球上还是在遥远的星系，数学的基本原则都是相同的。这种跨越时空的一致性赋予了数学一种超越文化的永恒之美。

（6）创造性。虽然数学基于严格的逻辑推理，但它也是一门极具创造性的学科。数学家们不断探索新的理论、提出新的猜想，并通过创新的方法解决问题。这种创造力使得数学不仅是科学的基础，也是一种艺术形式。

2.1.2　数学素养内涵

数学素养是指一个人能够理解并应用数学概念、技能和思维方式来解决实际问题的能力。它不仅是记住公式或执行计算，更重要的是理解数学背后的原理、数学的本质及其在日常生活中的广泛应用，并能够灵活运用这些知识。

（1）基础知识。包括算术、代数、几何与测量、概率论与统计学、微积分等基本数学领域的知识。

- 算术：包括加、减、乘、除等基本运算，是所有高级数学的基础。
- 代数：涉及变量、方程和函数的概念，帮助人们理解和解决未知数的问题。
- 几何与测量：研究形状、大小、相对位置及空间属性，如面积、体积、角度等。
- 概率论与统计学：处理不确定性，学习收集、分析和解释数据，评估风险和做出决策。
- 微积分：探讨变化率（导数）和累积量（积分），广泛应用于科学、工程和经济学等领域。

（2）抽象思维。能够将现实世界的问题转换为数学模型，并通过数学方法进行分析。

- 模式识别：识别数字、图形或其他对象之间的规律和关系。
- 逻辑推理：基于已知条件推导结论的能力，构建严密的论证过程，这是证明定理和解决复杂问题的核心。
- 符号表示：使用符号系统（如数学符号）简化复杂的表达式和概念。

（3）问题解决能力。

- 分解复杂问题：将大问题拆解为更小、更容易管理的部分。
- 制定策略：选择适当的工具和技术来解决问题。
- 检验答案：验证解决方案的有效性和合理性。

（4）数据分析能力。指收集、分析和结果解读，这对于现代的数据驱动决策至关重要。

- 数据收集：了解如何有效地获取相关信息。
- 数据分析：运用统计方法分析数据，提取有价值的信息。
- 结果解读：根据分析结果做出合理的判断和决策。

（5）空间想象力。特别是在几何学和图形理论中，它有助于理解和解决三维或多维问题。

- 三维想象：能够在脑海中操作和转换三维物体的形象。
- 几何直观：通过视觉化的方式理解和解决几何问题。

（6）批判性思维。

- 质疑假设：检查和挑战既定的前提条件。
- 评估证据：对信息来源和质量进行评估，确保结论的可靠性。

此外，数学素养的重要性在于它不仅帮助人们理解和解决实际问题，还培养了逻辑思维、分析能力和创新精神，这些都是在快速变化的世界中取得成功的关键。

（1）职业发展：许多行业，如金融、科技、医疗、教育等，都需要高水平的数学能力。具备良好数学素养的人更容易找到高薪工作，并且在职业生涯中有更多的机会。

（2）日常生活：从购物时计算折扣到规划家庭预算，再到理解新闻报道中的统计数据，数学素养有助于提高生活质量。

（3）科学研究：几乎所有科学领域都依赖于数学模型来进行预测、模拟和分析。无论是物理、化学还是生物学，数学都是不可或缺的工具。

（4）技术创新：现代技术的进步，特别是人工智能、大数据和量子计算等领域的发展，都需要深厚的数学背景作为支撑。

2.1.3　培养和发展数学素养

培养和发展数学素养需要通过持续学习基础数学知识、积极参与实践应用、不断解决实际问题以及锻炼逻辑思维和抽象能力来实现。由此，可以有效地提升个人的数学素养，不仅有助于学术成就和个人成长，也为未来的职业生涯奠定了坚实的基础。

（1）早期教育。应从小培养孩子对数学的兴趣，通过游戏、拼图等活动激发他们的好奇心和探索精神。强调数学的实际应用，让孩子明白数学不仅仅是课本上的习题，还是解决真实世界问题的关键。

（2）持续学习。鼓励终身学习，参加在线课程、研讨会或读书俱乐部，不断更新自己的知识体系。可以利用开放教育资源平台提供的免费或低成本课程。

（3）实践练习。定期做数学练习题，保持大脑活跃，提高解决问题的能力。可以参与数学竞赛或项目，通过团队合作来解决复杂问题，提升实战经验。

（4）跨学科整合。将数学与其他学科结合起来，如物理学的力学原理、经济学的供需模型，深化对数学概念的理解。探索编程语言（如 Python、R）的数学库，体验用代码实现数学算法。

（5）反思与讨论。经常回顾自己解决问题的过程，思考哪些方法有效，哪些方法需要改进。与他人交流想法，听取不同的观点，拓宽思路。

2.1.4　数学素养对人工智能的意义

数学素养对人工智能的意义在于它提供了理解算法原理、优化模型性能及解决复杂问题所需的理论基础和逻辑思维能力，是推动人工智能技术发展的核心要素。

（1）提供理论基础。

- 线性代数：在机器学习和深度学习中，矩阵运算、向量空间等概念用于表示数据和模型参数。例如，神经网络中的权重更新过程依赖于线性代数的原理。
- 概率论与统计学：这些学科帮助理解不确定性，并用于数据分析、模式识别和预测建模。贝叶斯定理、随机变量和分布函数等是构建和评估人工智能模型的关键工具。

- 微积分：特别是在优化算法中，如梯度下降法，通过微积分来最小化损失函数，从而调整模型参数以提高准确性。

（2）支持算法设计。

- 数值分析：确保算法在实际应用中的稳定性和效率。例如，在求解大型线性方程组或进行数值积分时，需要考虑数值方法的精度和收敛性。
- 优化理论：许多人工智能问题可以归结为优化问题，如寻找最优决策路径或最大化某种效用函数。掌握优化理论有助于设计高效的算法。

（3）增强问题解决能力。

- 逻辑推理：人工智能系统需要基于已知条件推导结论的能力，尤其是在知识表示和推理方面。形式逻辑为人工智能提供了严谨的框架。
- 抽象思维：将复杂问题简化为可处理的形式，这在特征提取、模型选择等过程中尤为重要。

2.1.5　模糊逻辑的定义

计算机的二进制逻辑通常只有两种状态，要么是真要么是假。然而，现实生活中却很少有这么一刀切的情况。一个人如果不饿不一定就是饿，还有有点饿和饿昏头等情况，有点冷比冻僵了的程度要轻得多。如果将含义的所有层次都纳入考虑范畴，那么写入计算机程序的规则将会变得十分复杂。

所谓模糊逻辑，是一种处理不确定性和模糊性的数学方法，它允许变量在真与假之间取值，从而更贴近现实世界的复杂情况。模糊逻辑模仿人脑的不确定性概念来判断和推理思维方式，对于模型未知或不确定的描述系统等，应用模糊集合和规则进行推理，表达过渡性界限或定性知识经验，实行模糊综合判断，推理解决常规方法难于应对的规则型模糊信息问题，如图 2-1 所示。

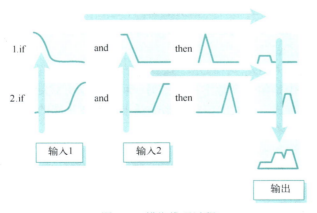

图 2-1　模糊推理过程

1．甲虫机器人的规则

昆虫有许多帮助其应对不同环境的本能。它可能倾向于远离光线、隐藏在树叶和岩石下，这样不容易被捕食者发现。然而，它也会向食物移动，否则就会饿死。如果我们要制作一个甲虫机器人，可以考虑赋予其如下规则：

如果光线亮度高于50%，食物质量低于50%，那么远离，否则接近。

如果食物和光线所占百分比一致会怎么样？吃饱的昆虫会为了保持安全继续藏匿在黑暗中，而饥饿的昆虫就会冒险去接近食物。光越亮，越危险；食物质量越高，昆虫越容易冒险。我们可以根据这一情况制定出更多规则，例如：

如果饥饿且光线高于75%，食物质量低于25%，那么远离，否则接近。

但是这些规则都无法很好把握极值。如果光线为76%，食物质量为24%，昆虫就会饿死，虽然这仅仅与所设置的规则相差1%。当然，我们也可以设置更多规则来应对极值和特殊情况，但这样的操作很快就会把程序变得无法理解。可是，在不让其变复杂的前提下，怎么才能处理所有变数？

2. 模糊逻辑的发明

假设我们正经营着一家婚姻介绍所。一个客户的要求是高个子但不富有的男子。我们的记录中有一名男子，身高1.78m，年收入是全国平均水平的两倍。应该将这名男子介绍给客户吗？如何判断什么是个子高？什么是富有？怎样对资料库中的男子进行打分来找到最符合的对象？身高和收入之间不能简单加减，就像苹果和橙子不能混为一谈一样。

模糊逻辑的发明就是为了解决这类问题。在常规逻辑中，上述规则的情况只有两种，不是对就是错，即不是1就是0。要么贫穷要么富有，要么高要么不高。而在模糊逻辑中，每一种情况的真值可以是0~1的任何值。假定身高超过2m的男子是绝对的高个子，身高低于1.7m的为不高，那么1.78m高的客户可以算作0.55高，既不是特别高但是也不矮。要计算他不高的程度，用1减去高的程度即可。因此，该男子是0.55高，也就是0.45不高。

同样可以对"矮"的范畴进行界定。身高低于1.6m是矮个子，身高超过1.75m为不矮。由此可以发现"高"和"矮"的定义有一部分是重叠的，也就意味着处于中间值的人在某种程度上来说是高，而在另一种程度上来说是矮。"矮"和"不高"是两个概念，"高""矮""不高"和"不矮"对应的值都是不同的。

类似地，也可以说他是0.2富有，也就是0.8不富有。客户的要求是"高AND（和）不富有"，所以我们需要计算"0.55 AND 0.8"，结果是0.44。通过检索所有选项，找到得分最高者就可以介绍给客户了。

在模糊逻辑中进行"AND"与"OR"运算时的计算方法不同，如何选择应当根据数字所起的作用决定。本例中是将两个数字相乘。另一种纯数学方式就是选择二者中的最小值。然而，如果采取这样的方式，较大的值将不影响结果。同样身高的男子，一个0.5不富有，另一个0.8不富有，其运算结果都是一样的。

同样，也可以为甲虫机器人设置规则，如果饥饿并且光线不太亮，那么就朝食物进发。这些例子展示了可以利用模糊逻辑解决的问题类型。

3. 模糊逻辑的定义

所谓模糊逻辑，是建立在多值逻辑基础上，运用模糊集合的方法来研究模糊性思维、语言形式及其规律的科学。模糊逻辑善于表达界限不清晰的定性知识与经验，它可以区分模糊集合、处理模糊关系、模拟人脑实施规则型推理、解决种种不确定问题。

模糊逻辑十分有趣的原因有两点。首先，它运作良好，是将人类专长转化为自动化系统的有力途径。利用模糊逻辑建立的专家系统和控制程序能够解决利用数学计算和常规逻辑系统难以解决的问题。其次，模糊逻辑与人类思维运作模式十分匹配。它能够成功吸收人类专长，因为专家们的表达方式恰好与其向程序注入信息的模式相符。模糊逻辑以重叠的模糊类别表达世界，这也正是人类思考的方式。

可以看到，传统的人工智能是基于一些"清晰"的规则，这个"清晰"给出的结果往往是很详细的，如一个具体的房价预测值。而模糊逻辑模拟人的思考方式，对预测的房价值给出一个类似于高了还是低了的结果。许多创建智能的途径，都是依赖人类程序员以不同形式编写的系列规则。程序员能够参与不同领域程序的编写，归根结底还是依赖规则的执行。这些规则的存在也正是试图以人类理解的思考过程建立起一个思考程序，如图 2-2 所示。

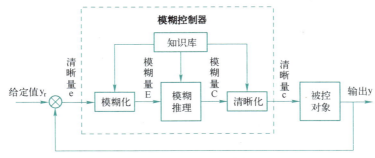

图 2-2 模糊逻辑系统

任务 2.2 掌握计算思维与学科基础

计算思维是一种解决问题的思维方式，它借鉴了计算机科学中的概念和技术，用来设计系统和理解人类行为。计算思维不仅仅是编程或使用计算机的能力，还是一种系统化的思考方式，能够帮助人们有效地分析问题、设计解决方案，并将这些解决方案自动化。这种思维方式不仅适用于信息技术领域，还广泛应用于日常生活、科学研究、工程学等多个领域。

2.2.1 人工智能学科基础

人工智能（AI）作为一个跨学科的领域，为其提供思想、观点和技术，主要涉及哲学、数学、经济学、神经科学、心理学、计算机工程、控制论以及语言学等多个学科的基础理论和技术。以下是一些关键的学科基础，它们共同支撑了现代人工智能的研究与应用。

（1）计算机科学。
- 编程与软件工程：编写高效的算法和程序是实现人工智能功能的基础。掌握至少一种编程语言（如 Python、Java 或 C++），并了解软件开发的基本原则对于从事人工智能开发工作至关重要。
- 数据结构与算法：理解如何高效地存储和处理数据及设计解决特定问题的算法，是人工智能系统性能优化的关键。
- 操作系统与分布式计算：随着人工智能模型规模的增长，如何利用多核处理器、GPU 集群等硬件资源变得尤为重要。

（2）数学。
- 线性代数：矩阵运算、向量空间等概念在机器学习和深度学习中广泛应用，尤其是在神经网络的权重更新过程中。

- 概率论与统计学：用于数据分析、模式识别和预测建模。贝叶斯定理、随机变量、分布函数等都是理解和构建人工智能模型的重要工具。
- 微积分：特别是梯度下降法等优化技术，依赖于微积分来最小化损失函数。

（3）逻辑与认知科学。

- 形式逻辑：为知识表示和推理提供框架，帮助人工智能系统进行决策制定和问题解决。
- 认知心理学：研究人类思维过程如何影响信息处理方式，有助于设计更人性化的交互界面和用户体验。

（4）工程学。

- 机器人学：涉及机械设计、传感器技术和控制系统，制造能够执行复杂任务的物理设备。
- 信号处理：音频、图像和其他类型信号的分析与合成，在语音识别、计算机视觉等领域有着重要作用。

（5）语言学。其中的自然语言处理（NLP），结合语言学理论与计算机科学技术，使计算机能够理解、生成人类语言，支持聊天机器人、自动翻译等应用。

（6）伦理学与法律。

- 人工智能伦理：探讨人工智能系统的道德责任，确保技术进步不会损害社会利益或侵犯个人隐私。
- 法律法规：了解相关法规对人工智能产品和服务的影响，保障合规运营。

（7）经济学与管理学。

- 决策理论：通过数据分析做出最优选择，广泛应用于推荐系统、市场预测等领域。
- 项目管理：有效组织和管理人工智能项目的生命周期，确保按时交付高质量成果。

（8）物理学。其中的量子计算，探索使用量子比特代替传统二进制位的可能性，以期突破现有计算能力限制，加速某些类型的人工智能计算。

在实际的人工智能项目中，这些学科并不是孤立存在的，而是相互交织、互相支持的。例如：

（1）自动驾驶汽车需要结合计算机视觉（工程学）、传感器融合（物理学）、路径规划（数学与逻辑）、用户界面设计（认知科学）等多个领域的知识。

（2）智能客服系统可能涉及自然语言处理（语言学）、情感分析（心理学）、对话管理（逻辑学）等方面的技术。

因此，一个成功的人工智能专家不仅需要扎实的专业技能，还需要具备跨学科的知识背景和灵活运用这些知识的能力。这使得他们能够在快速变化的技术环境中持续创新，并推动人工智能技术不断向前发展。

2.2.2　计算思维的概念

第一次明确使用"计算思维"这一概念的是美国卡内基梅隆大学计算机科学系主任周以真教授。2006 年 3 月，周教授在美国计算机权威期刊《ACM 通讯》上给出并定义了计算思维。

周以真教授认为：计算思维是运用计算机科学的基础概念进行问题求解、系统设计以及人类行为理解等涵盖计算机科学的广度的一系列思维活动。

为了让人们更易于理解，周教授又将它进一步定义为：通过约简、嵌入、转化和仿真等方法，把一个看来困难的问题重新阐释成一个人们知道问题怎样解决的方法；是一种递归思维、并行处理、把代码译成数据又能把数据译成代码的方法，是一种多维分析、推广的类型检查方法；是一种采用抽象和分解来控制庞杂的任务或进行巨大复杂系统设计的方法，是基于关注分离的方法，即在系统中为达到目的而对软件元素进行划分与对比，通过适当的关注分离，将复杂的东西变成可管理的。计算思维也是一种选择合适的方式去陈述一个问题或对一个问题的相关方面建模使其易于处理的思维方法；是按照预防、保护及通过冗余、容错、纠错的方式，并从最坏情况进行系统恢复的一种思维方法；是利用启发式推理寻求解答，也即在不确定情况下的规划、学习和调度的思维方法；是利用海量数据来加快计算，在时间和空间之间、在处理能力和存储容量之间进行折中的思维方法。

计算思维建立在计算过程的能力和限制之上。计算方法和模型使人们敢于去处理那些原本无法由个人独立完成的问题求解和系统设计。计算思维直面机器智能的不解之谜：什么事人类比计算机做得好？什么事计算机比人类做得好？最基本的问题是：什么是可计算的？

计算思维最根本的内容，即其本质是抽象和自动化。计算思维中的抽象完全超越物理的时空观，并完全用符号来表示，其中，数字抽象只是一类特例。

与数学和物理科学相比，计算思维中的抽象显得更为丰富，也更为复杂。数学抽象的最大特点是抛开现实事物的物理、化学和生物学等特性，而仅保留其量的关系和空间的形式，而计算思维中的抽象却不仅仅如此。

2.2.3　计算思维的核心要素

计算思维强调分解问题、模式识别、抽象化、算法设计和自动化思维，它通常包含以下几个核心要素。

（1）分解问题：将复杂的问题拆解为更小、更容易管理的部分。例如，在编写软件时，大型项目会被分解为多个模块或函数；解决实际问题时，可以将大任务分成几个子任务逐步完成。通过分解，可以使复杂问题变得可操作，便于理解和解决。

（2）模式识别：找出不同问题之间的相似性和重复出现的模式，以便于找到通用的解决方案。例如，在数据分析中，识别数据集中的趋势和规律；编程时，识别代码片段中的重复结构，以便重用代码。模式识别有助于找到通用的解决方案，减少重复工作，提高效率。

（3）抽象化：忽略不必要的细节，专注于关键特征，从而简化问题描述。例如，在设计算法时，只关注影响结果的主要变量，忽略次要因素；在建模过程中，提取系统的本质特性，忽略具体实现细节。抽象化有助于从复杂的现实中提炼出简洁的模型，便于理解和处理。

（4）算法设计：制定一系列步骤来解决问题，并评估这些步骤的有效性和效率。例如，设计排序算法（如快速排序、归并排序）以高效地对数据进行排序；制定流程图或伪代码来描述解决问题的具体步骤。良好的算法设计可以确保问题得到高效且正确的解决。

（5）自动化思维：考虑如何使用工具或程序自动执行某些任务或过程。

计算思维是每个人的基本技能（见图 2-3），在培养解析能力时，不仅要掌握阅读、写作和算术，还要学会计算思维。正如印刷出版促进了 3R（阅读、写作和算术）的普及，计算和计算机也以类似的正反馈促进了计算思维的传播。

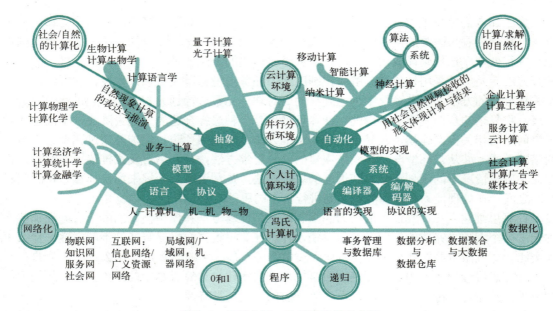

图 2-3　计算之树：计算思维教育空间

当人们必须求解一个特定问题时，首先会问：解决这个问题有多么困难？怎样才是最佳的解决方法？计算机科学根据坚实的理论基础来准确地回答这些问题。表述问题的难度就是工具的基本能力，必须考虑的因素包括机器的指令系统、资源约束和操作环境。

为了有效地求解一个问题，可能要进一步问：一个近似解是否就够了，是否可以利用随机化，以及是否允许误报和漏报。计算思维就是通过约简、嵌入、转化和仿真等方法，把一个看来困难的问题重新阐释成一个人们知道怎样解决的问题。

计算思维通过抽象和分解来迎接庞杂的任务或者设计复杂的系统。它选择合适的方式去陈述一个问题，或者选择合适的方式对一个问题的相关方面建模使其易于处理。它是利用不变量简明扼要且表述性地刻画系统的行为。它使人们在不必理解每一个细节的情况下就能够安全地使用、调整和影响一个大型复杂系统的信息。

计算思维利用启发式推理来寻求解答，即在不确定情况下的规划、学习和调度。它通过搜索、搜索、再搜索，结果是一系列的网页、一个赢得游戏的策略或者一个反例。

计算思维将渗透到每个人的生活之中，诸如算法和前提条件这些词汇将成为每个人日常语言的一部分。

人们见证了计算思维在其他学科中的影响。例如，机器学习改变了统计学。就数学尺度和维数而言，统计学习用于各类问题的规模仅在几年前还是不可想象的。各种组织的统计部门都聘请了计算机科学家。

2.2.4　培养计算思维

培养计算思维需要通过学习编程基础、实践算法设计、分解复杂问题、识别模式并进行抽象化，以及不断反思和优化解决方案来实现。

（1）早期教育。引入编程教育，从小开始接触编程语言（如 Scratch、Python），培养逻辑思维和问题解决能力。鼓励学生参与机器人竞赛、黑客马拉松等活动，在实践中学习和成长。

（2）项目式学习。解决现实世界问题，让学生面对现实生活中的挑战，如环境保护、城市规划等，运用计算思维提出解决方案。团队合作，分组合作完成项目，促进交流与协作，同时也能从同伴那里学到不同的思考方式。

（3）反思与讨论。定期回顾，反思自己解决问题的过程，思考哪些方法有效，哪些需要改进。分享经验，与他人交流想法，听取不同的观点，拓宽思路，增强批判性思维能力。

（4）持续学习。利用在线资源平台提供的免费或低成本课程，不断更新知识体系。加入开源社区或技术论坛，参与讨论，获取最新的行业动态和技术趋势。

计算思维作为一种强大的问题解决工具，不仅能帮助人们在技术和科学领域取得突破，还能提升人们处理日常事务的能力。通过系统的学习和实践，人们可以逐步掌握这一思维方式，将其应用于各个领域，推动个人和社会的进步。无论是对于学生还是专业人士，培养和发展计算思维都是一项值得投资的重要技能。

2.2.5　计算思维对人工智能的意义

计算思维对人工智能的意义在于它通过系统化的分析和解决问题的方法，支持算法设计、模式识别及自动化流程的实现，是构建高效智能系统的必备能力。

（1）促进问题分解。
- 模块化设计：将复杂的人工智能系统拆分为多个独立但相互协作的模块，便于维护和扩展。例如，深度学习框架通常由多个层次组成，每个层次负责不同的任务。
- 逐步实现：通过分阶段完成项目，可以在早期发现并解决问题，减少后期调试的工作量。

（2）提升模式识别能力。
- 数据挖掘：从大量数据中识别出有用的模式和趋势，这是机器学习的核心。例如，聚类分析可以帮助发现客户群体的共同特征。
- 自动化流程：利用模式识别技术自动执行重复性任务，提高工作效率。例如，在图像分类中使用卷积神经网络（CNN）识别不同类型的物体。

（3）推动算法设计与优化。
- 高效算法：设计能够快速处理大规模数据集的算法，对于实时应用至关重要。例如，快速排序算法比简单的冒泡排序在处理大数据时更有效。
- 迭代改进：采用敏捷开发方法持续优化算法性能，以适应不断变化的需求和技术环境。

（4）培养抽象化技能。
- 模型简化：忽略不必要的细节，专注于关键特征，以便更好地理解和解决问题。例如，在自然语言处理中，词袋模型简化了文本表示，忽略了词汇顺序的影响。
- 通用解决方案：找到适用多种场景的通用算法，减少针对特定问题重新设计算法的需求。

【作业】

1. 作为一个跨学科的领域，为人工智能提供思想、观点和技术的，主要涉及（　　）、经济学、神经科学、心理学、控制论以及语言学等多个学科的基础理论和技术。

① 哲学　　　　② 数学　　　　③ 化学　　　　④ 计算机工程

A．①②③　　　B．①③④　　　C．①②④　　　D．②③④

2．编写高效的算法和程序是实现人工智能功能的基础。掌握至少一种编程语言，如（　　），并了解软件开发的基本原则，对于从事人工智能开发工作至关重要。

① Ada　　　　② Python　　　③ Java　　　　④ C++

A．①②④　　　B．②③④　　　C．①②③　　　D．①③④

3．（　　）是人工智能系统性能优化的关键，需要理解如何高效地存储和处理数据，以及设计解决特定问题的算法。

A．概率论与统计学　　　　　　B．经济学与管理学

C．逻辑与认知科学　　　　　　D．数据结构与算法

4．（　　）用于数据分析、模式识别和预测建模。贝叶斯定理、随机变量、分布函数等都是理解和构建人工智能模型的重要工具。

A．概率论与统计学　　　　　　B．经济学与管理学

C．逻辑与认知科学　　　　　　D．数据结构与算法

5．（　　）包括形式逻辑和认知心理学等，它们为知识表示和推理提供框架，帮助人工智能系统进行决策制定和问题解决，以及研究人类思维过程如何影响信息处理方式。

A．概率论与统计学　　　　　　B．经济学与管理学

C．逻辑与认知科学　　　　　　D．数据结构与算法

6．（　　）包括决策与项目管理理论，通过数据分析做出最优选择，以及有效组织和管理人工智能项目的生命周期，确保按时交付高质量成果。

A．概率论与统计学　　　　　　B．经济学与管理学

C．逻辑与认知科学　　　　　　D．数据结构与算法

7．数学之美体现在其（　　）的形式中，通过优雅的公式和深刻的定理揭示自然界的内在规律与结构。它不仅有着严格的逻辑框架，还蕴含着令人惊叹的创造力和普遍性。

① 深邃　　　　② 简洁　　　　③ 对称　　　　④ 和谐

A．①②④　　　B．①③④　　　C．①②③　　　D．②③④

8．数学素养是指个体理解和运用数学概念的能力，包括（　　）等技能，是培养批判性思维和创新能力的基础。

① 逻辑推理　　② 素材堆砌　　③ 问题解决　　④ 数据分析

A．①③④　　　B．①②④　　　C．①②③　　　D．②③④

9．（　　）在于它能够以最纯粹的形式表达复杂的思想，揭示世界的本质规律。它既有严谨的逻辑框架，又不失为一门充满想象力和创造力的艺术。

A．数据充盈　　B．语言丰富　　C．数学的美　　D．信息繁复

10．数学素养的重要性在于它不仅帮助人们理解和解决实际问题，还培养了（　　），这些都是在快速变化的世界中取得成功的关键。

① 逻辑思维　　② 分析能力　　③ 脑力训练　　④ 创新精神

A．①③④　　　B．①②④　　　C．①②③　　　D．②③④

11．培养和发展数学素养需要通过（　　）以及锻炼逻辑思维和抽象能力来实现。可以有效地提升个人的数学素养，有助于学术成就和个人成长。

① 持续学习基础数学知识　　　　② 积极参与实践应用

③ 不断解决实际问题　　　　　④ 丰富个人形象思维能力

　　A．①②③　　　B．②③④　　　C．①②④　　　D．①③④

12．数学素养对人工智能的意义在于它提供了（　　）所需的理论基础和逻辑思维能力，是推动人工智能技术发展的核心要素。

① 美化运算环境　　　　　　② 理解算法原理

③ 优化模型性能　　　　　　④ 解决复杂问题

　　A．①②④　　　B．①③④　　　C．①②③　　　D．②③④

13．模糊逻辑模仿人脑的不确定性概念判断和推理思维方式，实行模糊综合判断，推理解决常规方法难以应对的（　　）型模糊信息问题。

　　A．随机　　　B．规则　　　C．条理　　　D．逻辑

14．计算机的二进制逻辑通常只有两种状态：要么是真要么是假，现实生活中（　　）这么一刀切的情况。

　　A．很少有　　　B．常见　　　C．基本都是　　　D．完全都是

15．所谓模糊逻辑，是建立在（　　）逻辑基础上，运用模糊集合的方法来研究模糊性思维、语言形式及其规律的科学。

　　A．单值　　　B．多值　　　C．形式　　　D．数理

16．模糊逻辑善于表达界限不清晰的定性知识与经验，它可以区分模糊集合、处理模糊关系、模拟人脑实施规则型推理、解决种种（　　）问题。

　　A．不确定　　　B．确定　　　C．精确　　　D．重要

17．计算思维是一种解决问题的思维方式，它能够帮助人们有效地（　　）。这种思维方式广泛应用于信息技术、日常生活、科学研究、工程学等多个领域。

① 分析问题　　② 设计解决方案　　③ 实现自动化　　④ 丰富内涵

　　A．①②④　　　B．①③④　　　C．②③④　　　D．①②③

18．（　　）是运用计算机科学的基础概念进行问题求解、系统设计以及人类行为理解等涵盖计算机科学的广度的一系列思维活动。

　　A．逻辑思维　　　B．模糊思维　　　C．计算思维　　　D．形象思维

19．计算思维建立在计算过程的能力和限制之上。它强调（　　）、算法设计和自动化思维等核心要素。

① 枚举条件　　② 分解问题　　③ 模式识别　　④ 抽象化

　　A．①②③　　　B．②③④　　　C．①②④　　　D．①③④

20．培养计算思维需要通过（　　）、识别模式并进行抽象化，以及不断反思和优化解决方案来实现。

① 学习编程基础　　　　　　② 实践算法设计

③ 培养形象思维　　　　　　④ 分解复杂问题

　　A．①②④　　　B．①③④　　　C．①②③　　　D．②③④

【实训与思考】培养数学素养与计算思维

本项目"实训与思考"能够帮助学生更好地理解和应用所学的知识，提升数学素养和计算思维能力。

1. 数学素养实践

（1）数学之美探索。选择一个你感兴趣的数学公式或定理（如欧拉公式、费马大定理等），查阅相关资料，了解其发现过程、证明方法以及在实际生活或科学中的应用。然后，用 PPT 或手抄报的形式展示你的研究成果，并在班级内进行 5min 的分享。

思考： 在探索过程中，你认为这个公式或定理的"美"体现在哪些方面？它给你带来了怎样的启发？

目的： 帮助学生深入理解数学的美，激发他们对数学的兴趣和探索精神，同时锻炼他们的资料收集和表达能力。

记录： _____

_____

（2）数学素养应用。选择一个日常生活中的问题（如规划家庭旅行预算、分析某项体育比赛的数据等），运用你在本项目学到的数学素养相关知识（如数据分析、逻辑推理等）来解决这个问题。将问题的描述、解决过程和最终结果写成一篇报告（不少于 800 字）。

思考： 在解决问题的过程中，你遇到了哪些困难？你是如何克服这些困难的？通过这次实践，你对数学素养的重要性有了哪些新的认识？

目的： 让学生将数学素养应用到实际生活中，提高他们解决实际问题的能力，同时加深对数学素养内涵的理解。

记录： _____

_____

2. 计算思维实践

（1）编程实践。选择一个简单的编程项目（如用 Python 编写一个简单的计算器程序、一个猜数字游戏等），自己动手编写代码并调试运行。在编程过程中，注意运用计算思维的核心要素（如分解问题、模式识别、算法设计等）。

思考： 在编程过程中，你是如何运用计算思维来解决问题的？遇到的错误是如何通过计算思维的方法找到并解决的？通过这次编程实践，你对计算思维有了哪些新的体会？

目的： 通过编程实践，让学生亲身体验计算思维在解决实际问题中的作用，培养他们的编程能力和逻辑思维能力。

记录： _____

_____

（2）计算思维案例分析。选择一个人工智能或计算机科学领域的实际案例（如自动驾驶汽车的决策系统、智能客服系统的对话管理等），分析其中涉及的计算思维要素（如问题分解、模式识别、算法设计等）。将案例的描述、分析过程和结论写成一篇报告（不少于 1000 字）。

思考： 在这个案例中，计算思维是如何帮助人们解决复杂问题的？你认为计算思维在这个领域还有哪些潜在的应用？通过案例分析，你对计算思维在人工智能中的重要性有了哪些新的认识？

目的： 让学生通过分析实际案例，深入理解计算思维在人工智能等领域的应用，提高他们的分析能力和创新思维能力。

记录：_____

_____

3．综合思考

（1）跨学科融合思考。结合本项目所学的数学素养和计算思维知识，思考它们在其他学科（如物理学、生物学、经济学等）中的应用。选择一个学科，举例说明数学素养和计算思维在该学科中的具体应用，并写一篇不少于 800 字的短文。

思考：通过这次思考，你认为数学素养和计算思维对于跨学科学习与研究有什么重要意义？它们如何帮助人们更好地理解和解决复杂的跨学科问题？

目的：引导学生思考数学素养和计算思维的跨学科价值，培养他们的跨学科思维能力和综合应用能力。

（2）未来展望。思考数学素养和计算思维在未来社会中的发展趋势与重要性。结合人工智能、大数据、量子计算等前沿技术，预测它们在未来可能带来的变革和挑战。将你的思考写成一篇不少于 1000 字的短文。

思考：在未来社会中，数学素养和计算思维将如何影响人们的生活和工作？如何通过提升自己的数学素养和计算思维能力来适应未来的变化？

目的：激发学生对未来的思考和探索精神，鼓励他们积极学习数学素养和计算思维相关知识，为未来的发展做好准备。

记录：_____

_____

4．实训总结

_____

_____

5．实训评价（教师）

_____

项目 3
熟悉数据科学与大数据技术

学习目标

- 理解数据科学与大数据技术的基本概念：通过本项目的实施，学生应能掌握数据科学与大数据技术的基础知识及其在现代社会中的应用。
- 培养数据分析能力：提升学生处理大量数据的能力，包括数据收集、清洗、预处理、分析和可视化等方面。
- 探索大数据思维和机械思维的区别：了解大数据思维是如何改变传统的机械思维模式，并学会在不同场景下选择合适的方法。

任务 3.1　从机械思维到数据思维

对于整个社会来说，大数据与人工智能所代表的不仅仅是一种技术革命，更是一种由技术引发的思维革命。在社会影响力上，只有始于英国的第一次工业革命、始于欧美等国家和地区的第二次工业革命以及摩尔定律带来的信息技术革命能够与其相比。而在人类认识世界的方法上，只有引发了工业革命的机械思维才能够与之相比。

3.1.1　机械思维是现代文明的基础

说起机械思维，人们可能会将其与死板、僵化等贬义词联系在一起。但是在过去的三个多世纪里，机械思维算得上是人类总结出的最重要的思维方式，如同大数据思维、互联网思维在今天的地位。甚至从某种意义上说，近代工业革命得益于机械思维，其影响力也一直延续至今。

对机械思维做出最大贡献的是牛顿，他用几个简单而优美的公式破解了自然之谜，如图 3-1 所示。持机械思维的科学家们认为，世界确定无疑，就像一个精密的钟表，依据几个简单公式可以推算事物未来发展变化的趋势。时至今日，仍然可以利用牛顿的

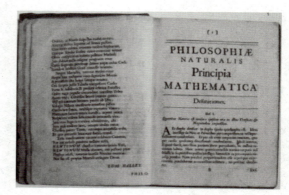

图 3-1　牛顿的《自然哲学的数学原理》

理论，精确地预测出一千年后日食和月食的时间。

机械思维是欧洲之所以能够在科学上领先于世界的重要原因，其核心方法论是笛卡儿建立的"通过正确的证据、正确的推理，得到正确的结论"的科研方法，概括地说，就是"大胆假设，小心求证"。这种思维方式造就了从欧几里得到托勒密再到牛顿等一位位科学巨匠，将人类带入科学时代，让人们相信世界万物的运动遵循着某种确定性的变化规律，而这些规律又是可以被认知的，为人类带来了前所未有的自信。

机械思维以及因其而发明的各种各样的机械，直接推动了工业革命，极大地增加了社会财富、延长了人类寿命，为人类文明带来了前所未有的进步，其核心思想如下。

（1）世界变化的规律是确定的。

（2）因为有确定性，因此规律可以被认知，而且可以用简单的公式或者语言描述清楚。

（3）这些规律应该是放之四海皆准的，可以应用到各种未知领域来指导实践。

概括来说，机械思维就是确定性（可预测性）和因果关系。例如，牛顿可以把所有天体运动的规律用几个定律讲清楚，并且应用到任何场合都正确，这就是确定性。类似地，当给物体施加一个外力时，它就获得一个加速度，而加速度的大小取决于外力和物体本身的质量，这是一种因果关系。机械思维的所有逻辑都建立在确定性的基础上，它决定了机械思维的适用性。

3.1.2   解决不确定性问题的思维

人们发现，这个世界是确定的，但也充满了不确定性。

对于不确定性，最好的例子就是股市预测。如果统计一下各种专家对股市的预测，会发现它们基本上是对错各一半。一方面是由于影响股市的因素太多，即使是最好的经济学家也很难将这些因素都研究透彻，有太多的不确定因素是人们所考虑不到的，因此无法准确预测股票市场。另一方面，还有很多因素是目前人们尚未发现的或者发现了但是被忽略了的，这就使得预测的准确率进一步下降。

预测活动本身也影响了被测量的结果，当有人按照某个理论买卖股票时，就给股市带来了一个相反的推动力，导致股市在微观上的走向和理论预测的方向相反，从而也推动了股市的不可预测性。

世界不确定性有两个主要来源。第一，当人们对这个世界的方方面面了解得越细致时，就会发现影响世界的变量其实非常多，无法通过简单方法或者公式计算出结果，因此，人们宁愿采用一些针对随机事件的方法来处理，人为地把它归为不确定的一类。第二，来自客观世界本身，它是宇宙的一个特性。例如，在宏观层面，行星围绕恒星运动的速度和位置是可以准确计算的，从而可以画出它的运动轨迹。但是在微观世界里，电子在围绕原子核做高速运动时，不可能准确测定出它在某一时刻的位置和运动速度，当然也就不能描绘它的运动轨迹了。

要解决不确定性问题，这在过去可能很难，因为因素太多，确定它的成本太高且收益并没有想象中的那么大（见图3-2）。得益于由摩尔定律带来的信息技术革命，从数据的产生、存储、传输和处理各个环节的成本都极大地降低，数据量呈现出爆炸性增长，使得收集各个维度的数据成为可能，这就为解决不确定性问题奠定了基础。概括来讲，是用不确定性的眼光看待世界，再用信息消除不确定性，将很多智能问题转换为信息处理问题。具体到操作方法上，就是用寻找事物的强相关性关系代替原来的寻找因果关系来解决问题。

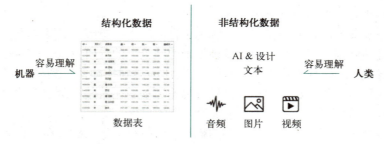

图 3-2　机器无法很好理解非结构化数据

大数据思维是从大量数据中直接找到答案（即使不知道原因）的思维方法，这为人们寻找解决问题的方法提供了捷径。大数据思维和机械思维并不是对立的，前者是后者的补充。对于能够找到确定性和因果关系的事物，机械思维依然是最好的方法。但是面对不确定的世界，当无法确定因果关系时，大数据思维将为人们提供新的方法。

3.1.3　数据科学的核心要素

所谓数据素养，是指具备数据意识和数据敏感性，能够有效且恰当地获取、分析、处理、利用和展现数据，它是对统计素养、媒介素养、信息素养的一种延伸和扩展。可以从 5 个方面的维度来思考数据素养，即数据敏感性、数据收集能力、数据分析和处理能力、利用数据进行决策的能力、对数据的批判性思维。

数据科学是一门融合多学科知识的交叉领域，它结合统计学、信息科学、计算机科学等多个领域的知识和技术，旨在从大量数据中提取有价值的信息，并将其转换为可操作的知识或决策支持。随着大数据时代的到来，数据科学的重要性日益凸显，成为推动科技进步和社会发展的关键力量之一。

数据科学的核心要素包括数据收集、数据存储与管理、数据清洗与预处理、数据分析与建模、数据可视化以及模型评估与优化，旨在从数据中提取有价值的信息并转换为可操作的知识。

（1）数据收集。数据可以从多种渠道获取，包括传感器网络、社交媒体平台、交易记录、日志文件等。采用自动化工具（如 Web 爬虫）、API 接口调用、问卷调查等方式进行数据收集。

（2）数据存储与管理。

- 数据库技术：关系型数据库（如 MySQL）、NoSQL 数据库（如 MongoDB）用于存储结构化和非结构化数据。
- 大数据平台：Hadoop、Spark 等框架提供了分布式存储和计算能力，适合处理大规模数据。

（3）数据清洗与预处理。

- 缺失值处理：填补或删除含有缺失值的记录。
- 异常值检测：识别并处理异常数据点，确保数据质量。
- 标准化/归一化：将不同量级的数据转换到相同尺度，便于后续分析。

（4）数据分析与建模。

- 描述性统计：总结数据的基本特征，如均值、中位数、标准差等。
- 探索性数据分析（EDA）：通过可视化手段（如直方图、箱线图）探索数据分布规律及潜在模式。

- 预测建模：使用机器学习算法（如回归分析、分类树、神经网络）构建预测模型。

（5）数据可视化。

- 图表绘制：利用 Matplotlib、Seaborn、Tableau、Excel 等工具生成直观的图形展示，帮助理解和传达复杂的数据关系。
- 交互式仪表盘：创建动态报告，允许用户根据需要调整参数，实时查看结果变化。

（6）模型评估与优化。

- 交叉验证：通过划分训练集和测试集来评估模型性能，避免过拟合现象。
- 超参数调优：运用网格搜索、随机搜索等方法寻找最优参数组合，提升模型准确性。

3.1.4　数据科学的应用场景

数据科学的应用场景涵盖商业智能、医疗健康、金融科技、智能制造和智慧城市等领域，通过数据分析和模型预测来支持决策制定、优化流程及创新服务。

（1）商业智能。

- 市场趋势分析：帮助企业理解消费者行为，制定精准营销策略。
- 客户细分：基于购买历史、浏览行为等因素对客户群体进行分类，提供个性化服务。

（2）医疗健康。

- 疾病预测：通过分析患者病历、基因组数据预测疾病风险，辅助早期诊断。
- 药物研发：加速新药发现过程，降低研发成本。

（3）金融科技。

- 信用评分：利用大数据评估个人或企业的信用状况，防范金融风险。
- 欺诈检测：实时监控交易活动，识别可疑行为，保障资金安全。

（4）智能制造。

- 生产优化：分析生产线上的传感器数据，提高效率、降低成本。
- 质量控制：通过图像识别技术自动检测产品缺陷，确保产品质量。

（5）智慧城市。

- 交通管理：整合多源交通数据，优化信号灯设置，缓解拥堵。
- 能源管理：预测用电需求，合理调配资源，促进节能减排。

进一步地，数据科学的未来发展趋势如下。

（1）自动化与智能化。自动化机器学习技术将进一步简化模型开发流程，使得非专业人士也能轻松上手。

（2）隐私保护与伦理考量。随着数据泄露事件频发，如何在充分利用数据价值的同时保护用户隐私成为亟待解决的问题。需要加强数据伦理教育，制定严格的行业规范，防止滥用数据造成不良后果。

（3）边缘计算与物联网。边缘设备的普及促使数据处理更加靠近源头、减少延迟、提高响应速度。物联网产生的海量数据为数据科学提供了丰富的素材，同时也提出了更高的处理要求。

3.1.5　从数据到知识

如今，现实社会有大量的数据唾手可得。就不同领域来说，大部分数据都十分有用，但前提是人们有能力从中提取出感兴趣的内容。例如，一家大型连锁店有关于其数百万顾客购物习惯的数据，社会媒体和其他互联网服务提供商有成千上万用户的数据，但这只是记录谁在什么时候购买了什么物品的原始数字，似乎毫无用处。

1. 重新认识数据

数据不等于信息，而信息也不等于知识。了解数据（将其转换为信息）并利用数据（再将其转换为知识）是一项巨大的工程。如果需要处理 100 万人的数据，每个人仅用时 30s，这项任务还是需要一年才能完成。由于每个人可能一周要买几十件产品，数据分析产生结果的时间会很长，这种人们需要花费大量时间才能完成的任务可以交由计算机来完成，但往往人们并不确定到底想要计算机寻找什么样的答案。

数据存储在称为数据库的计算机系统中，数据库程序具有内置功能，可以分析数据，并按用户要求呈现出不同形式。假如人们拥有充足的时间和敏锐的直觉，就可以从数据中分析出有用的规律来调整经营模式，从而获取更高的利润。

2. 决策树分析

所有人工智能方法都可以用于数据挖掘，特别是神经网络及模糊逻辑，但有一些技术比较特殊，其中一种技术就是决策树（见图 3-3），它是数据挖掘时常用的技术，可用于市场定位，找出最相关的数据来预测结果。如果想要得到购买意大利通心粉的人口统计数据，首先，将数据库切分为购买意大利通心粉的顾客和不买的顾客，再检查每个独立个体的数据，从中找到最不平均的切分。可能会发现最具差异的数据就是购买者的性别，与女性相比，男性更倾向于购买意大利通心粉，然后可以将数据库按性别分割，再分别对每一半数据重复同样的操作。

图 3-3　用于预测结果的决策树示例

计算机可能会发现男性中差异最大的因素是年龄，而女性中差异最大的因素是平均收入。继续这一过程将数据分析变得更加详细，直到每一类别里的数据都少到无法再次利用为止。可以发现，30%的意大利通心粉买家为 20 多岁的男子，职业女性则买走了另外 20%的意大利通心粉。针对这些人口统计数据设计广告和特价优惠一般会卓有成效。至于拥有大学学历的 20 多岁未婚男子买走 5%的意大利通心粉这样的数据，可能就无关紧要了。

3. 购物车分析

购物车分析可以帮助人们找到顾客经常一起购买的商品。假设研究发现，许多购买面条的顾客会同时购买辣酱，这样就可以确定那些只买了面条但没有买辣酱的个体，在他们下次购物时可以向其提供辣酱的折扣。此外，还可以优化货物的摆放位置，既保证顾客能找到自己想要的产品，又能让他们在寻找的过程中路过可能会冲动购物的商品。

购物车分析面临的问题是人们需要考虑大量可能的产品组合。一个大型超市可能有成千上万种产品，仅仅是考虑所有可能的配对就有上亿种可能性，而三种产品组合的可能性将超过万亿。很明显，采取这样的方式是不实际的，但有两种可以让这一任务变简单的方法。

第一种是放宽对产品类别的定义。我们可以只考虑散装啤酒和特色啤酒，而不是追踪每一个独立品牌。

第二种是只考虑购买量充足的产品。如果仅有 10%的顾客购买尿布，所有尿布与其他产品的组合购买率最多只有 10%。大大削减需要考虑的产品数量后，就可以把握所有的产品组合，放弃那些购买量不足的产品即可。

现在，有了成对的产品组合，可能设计三种产品的组合耗时更短，这时只需要考虑存在共同产品的两组产品对。比如，知道顾客会同时购买啤酒和红酒，并且也会同时购买啤酒和零食，那么就可以思考啤酒、红酒和零食是否有可能被同时购买。接着，可以合并有两种共同商品的三种商品组合，并依此类推。在此过程中，可以随时丢弃那些购买量不足的组合方式。

4.　贝叶斯网络

在众多的分类模型中，应用最为广泛的两种是决策树模型和朴素贝叶斯模型（NBC）。朴素贝叶斯模型发源于古典数学理论，有着坚实的数学基础以及稳定的分类效率。同时，朴素贝叶斯模型所需估计的参数很少，对缺失数据不太敏感，算法也比较简单。理论上，朴素贝叶斯模型与其他分类方法相比具有最小的误差率。但是实际上并非总是如此，这是因为朴素贝叶斯模型假设属性之间相互独立，这个假设在实际应用中往往是不成立的，这给朴素贝叶斯模型的正确分类带来了一定影响。在属性个数比较多或者属性之间相关性较大时，朴素贝叶斯模型的分类效率比不上决策树模型。而在属性相关性较小时，朴素贝叶斯模型的性能最为良好。

了解哪些数据常常共存固然有用，但有时更需要理解为什么会发生这样的情况。假设我们经营一家婚姻介绍所，想要知道促成成功配对的因素有哪些。数据库中包含所有客户的信息以及用于评价约会经历的反馈表。我们可能会猜想，两个高个子的人会不会比两个身高差距悬殊的人相处得更好？为此，形成一个假说，即身高差对约会是否成功具有影响。有一种验证此类假说的统计方法叫作贝叶斯网络，其数学计算极其复杂，但自动化操作相对容易得多。

贝叶斯网络的核心是贝叶斯定理，该公式可以将数据的概率转换为假设的概率。就本例而言，首先建立两条相互矛盾的假设，一条认为两组数据相互影响，另一条认为两组数据彼此独立，再根据收集到的信息计算两条假设的概率，选择可能性最大的作为结论。

鉴于计算机的强大功能，我们不必手动设计每一条假设，而是可以通过计算机来验证所有假设。

购物车分析和贝叶斯网络都是机器学习技术，计算机正在逐渐发掘以前未知的信息。

任务 3.2　大数据思维与思维变革

生产资料是人类文明的核心。农业时代的生产资料是土地，工业时代的生产资料是机器，数字时代的生产资料是数据。智能时代则基于数字劳动而不断推动和丰富着"数字文明"。

　　"数字文明"折射出以大数据、人工智能等为代表的数字技术对世界和人类的影响，在广度和深度上有了质的飞跃，到了塑造一种人类文明新形态的高度。数字技术正以新理念、新业态、新模式全面融入人类经济、政治、文化、社会、生态文明建设各领域和全过程，给人类生产生活带来广泛而深刻的影响。以数字技术为基座的互联网，正在促进交流、提高效率，也在重塑制度、催生变革，更影响着社会思潮和人类文明进程，这是不可逆转的时代趋势。

3.2.1　大数据的定义

　　半个世纪以来，随着计算机技术全面和深度地融入社会生活，信息爆炸已经积累到了引发变革的程度。它不仅使世界充斥着比以往更多的信息，而且其增长速度也在加快。信息总量的变化还导致了信息形态的变化——量变引起了质变。

　　如今，人类存储信息量的增长速度比世界经济的增长速度快 4 倍，而计算机数据处理能力的增长速度则比世界经济的增长速度快 9 倍，每个人都感受到这种极速发展的冲击。大数据的科学价值和社会价值正是体现在这里。一方面，对大数据的掌握程度可以转化为经济价值的来源。另一方面，大数据已经撼动了世界的方方面面，从商业科技到医疗、政府、教育、经济、人文以及社会的各个领域。

　　以前，一旦达成了收集的目的，数据就会被认为没有用处了。例如，在飞机降落之后，票价数据就没有用了，也就是说，如果没有大数据的理念，人们可能会丢失掉很多有价值的数据。数据已经成为一种商业资本、一项重要的经济投入，可以创造新的经济利益。事实上，一旦思维转变过来，数据就能被巧妙地用来激发新产品和新服务。今天，大数据是人们获得新的认知、创造新的价值的源泉，还是改变市场、组织机构以及政府与公民关系的方法。大数据时代对人们的生活和与世界交流的方式都提出了挑战。

　　所谓大数据，狭义上可以定义为：**用现有的一般技术难以管理的大量数据的集合**。这实际上是指用目前在企业数据库占据主流地位的关系型数据库无法进行管理的、具有复杂结构的数据。或者也可以说，是指由于数据量的增大，导致对数据的查询响应时间超出了允许的范围。

　　全球知名的管理咨询公司麦肯锡认为："大数据指的是所涉及的数据集规模已经超过了传统数据库软件获取、存储、管理和分析的能力。这是一个被故意设计成主观性的定义，并且是一个关于多大的数据集才能被认为是大数据的可变定义，即并不定义大于一个特定大小的数据集才叫大数据。因为随着技术的不断发展，符合大数据标准的数据集容量也会增长；并且定义随不同的行业也有变化，这依赖于在一个特定行业通常使用何种软件和数据集有多大。因此，大数据在不同行业中的范围可以从几十 TB 到几 PB。"

　　IBM 认为："可以用三个特征相结合来定义大数据：数量（或称容量）、种类（或称多样性）和速度，或者就是简单的 3V（见图 3-4），即庞大容量、极快速度和种类丰富的数据。"

　　（1）Volume（数量、容量）。存储的数据量正在急剧增长中，人们存储的数据包括环境数据、财务数据、医疗数据、监控数据等，数据量不可避免地会转向 ZB 级别。此外，随着可供使用的数据量不断增长，可处理、理解和分析的数据的比例却在不断下降。

　　（2）Variety（种类、多样性）。随着传感器、智能设备以及社交协作技术的激增，数据也变得更加复杂，因为它不仅包含传统的关系型（结构化）数据，还包含来自网页、互联网日志文件（流数据）、搜索索引、社交媒体、电子邮件、文档、主动和被动系统的传感器数据等原始、半结构化和非结构化数据。和过去不同的是，除了存储数据，还需要分析并从中获得有用的信息。

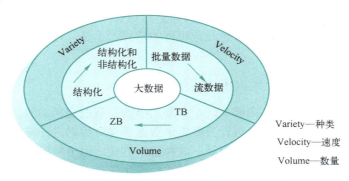

图 3-4　按数量、种类和速度来定义大数据

（3）Velocity（速度）。数据产生和更新的频率也是衡量大数据的一个重要特征。这里，速度的概念不仅是与数据存储相关的增长速率，还包括数据流动的速度。有效地处理大数据，需要在数据变化的过程中动态地对它的数量和种类进行分析。

在 3V 的基础上，IBM 又归纳总结了第四个 V——Veracity（真实和准确）。"只有真实而准确的数据才能让对数据的管控和治理真正有意义。"

可见，大数据是个动态的定义，不同行业根据其应用的不同有着不同的理解，其衡量标准也在随着技术的进步而改变。

3.2.2　思维转变之一：样本=总体

微视频
大数据思维变革

很长时间以来，因为记录、存储和分析数据的工具不够好，为了让分析变得简单，当面临大量数据时，通常都依赖于采样分析。但是，采样分析是信息缺乏时代和信息流通受限制的模拟数据时代的产物。如今信息技术已经取得显著进步，虽然人类可以处理的数据依然是有限的，但是可以处理的数据量已经大幅提升，而且未来会越来越多。

大数据时代的第一个转变是要分析与某事物相关的所有数据，而不是分析少量的数据样本。

采样的目的是用最少的数据得到更多的信息，而当人们可以处理海量数据的时候，采样就没有什么意义了。如今，计算和制表已经不再困难，感应器、手机导航、网站和微信等被动地收集了大量数据，而计算机可以轻易地对这些数据进行处理。但是，数据处理技术已经发生了翻天覆地的改变，而人们的方法和思维却没有跟上这种改变。

在很多领域，从收集部分数据到收集尽可能多的数据的转变已经发生。如果可能的话，人们会收集所有的数据，即"样本=总体"，从而对数据进行深度探讨。

例如，流感趋势的预测不是依赖于随机样本，而是分析了全地区几十亿条互联网检索记录；是分析整个数据库，而不是对一个小样本进行分析，能够提高微观层面分析的准确性，甚至能够推测出某个特定城市的流感状况。

需要使用所有的数据，如若不然将会出现在大量数据中被淹没掉的情况。例如，信用卡诈骗是通过观察异常情况来识别的，只有掌握了所有的数据才能做到这一点。在这种情况下，异常值是最有用的信息，用户可以把它与正常交易情况进行对比。而且，因为交易是即时的，所以数据分析也应该是即时的。

因为大数据是建立在掌握所有数据（至少是尽可能多的数据）的基础上的，所以就可以正确地考查细节并进行新的分析。在任何细微层面，都可以用大数据去论证新的假设。当然，有时候还可以使用样本分析法，毕竟我们仍然活在一个资源有限的时代。但是更多时候，利用手中掌握的所有数据是最好也是最可行的选择。于是，慢慢地，人们会完全抛弃采样分析。

3.2.3 思维转变之二：接受数据的混杂性

当测量事物的能力受限时，需要关注最重要的事情和获取最精确的结果。直到今天，数字技术依然建立在精准的基础上。假设只要电子数据表格对数据进行排序，数据库引擎就可以找出和检索的内容完全一致的检索记录。这种思维方式适用于掌握"小数据量"的情况，因为需要分析的数据很少，所以必须尽可能精准地量化记录。在某些方面，人们已经意识到了差别。例如，一个小商店在晚上打烊的时候要把收银台里的每分钱都数清楚，但是人们不会也不可能用"分"这个单位去精确度量国民生产总值。随着数据规模的扩大，对精确性的痴迷将减弱。

针对小数据量和特定事情，追求精确性依然是可行的，比如一个人的银行账户上是否有足够的钱开具支票。但是，在大数据时代，很多时候，追求精确性已经变得不可行，也不受欢迎了。拥有了大数据，人们不再需要对一个现象刨根究底，只要掌握大体的发展方向即可。当然，这并不意味着完全放弃了精确性，只是不再沉迷于此。适当忽略微观层面上的精确性会让人们在宏观层面拥有更好的洞察力。

大数据时代的第二个转变，是人们乐于接受数据的纷繁复杂，而不再一味追求其精确性。在越来越多的情况下，使用所有可获取的数据变得更为可能，但为此也要付出一定的代价。数据量的大幅增加会造成结果的不准确，与此同时，一些错误的数据也会混进数据库。然而，重点是人们能够努力避免这些问题。

大数据在多大程度上优于算法，这个问题在自然语言处理上表现得很明显。2000 年，微软研究中心的米歇尔·班科和埃里克·布里尔一直在寻求改进 Word 程序中语法检查的方法。但是他们不能确定是努力改进现有的算法、研发新的方法，还是添加更加细腻精致的特点更有效。所以，在实施这些措施之前，他们决定向现有的算法中添加更多的数据，看看会有什么不同的变化。很多对计算机算法的研究都建立在百万字左右的语料库基础上，最后，他们决定向 4 种常见的算法中逐渐添加数据，先是一千万字，再到一亿字，直到十亿字。

结果有点令人吃惊。他们发现，随着数据的增多，4 种算法的表现都大幅提高了。当数据只有 500 万字的时候，有一种简单的算法表现得很差；但当数据达 10 亿字的时候，它变成了表现最好的，准确率从原来的 75%提高到了 95%以上。与之相反，在少量数据情况下运行得最好的算法，当加入更多的数据时，也会像其他的算法一样有所提高，但是却变成了在大量数据条件下运行得最不好的，它的准确率从 86%提高到了 94%。后来，他们在发表的研究论文中写到："如此一来，我们得重新衡量更多的人力物力是应该消耗在算法发展上，还是在语料库发展上。"

3.2.4 思维转变之三：数据的相关关系

第三个转变是因前两个转变而促成的。寻找因果关系是人们长久以来的习惯，即使确定因果关系很困难而且用途不大，人们还是习惯性地寻找缘由。相反，在大数据时代，人们无须再紧盯事物之间的因果关系，而应该寻找事物之间的相关关系，这会给人们提供非常新颖且有价值的观点。相关关系也许不能准确地告知人们某件事情为何会发生，但是它会提醒人们这件事情正在发生。这些思想上的重大转变导致了第三个变革。

例如，如果数百万条电子医疗记录都显示橙汁和阿司匹林的特定组合可以治疗某种疾病，那么找出具体的药理机制就没有这种治疗方法本身来得重要。同样，只要人们知道什么时候是买机票的最佳时机，就算不知道机票价格疯狂变动的原因也无所谓了。大数据告诉人们"是什么"，而不是"为什么"。在大数据时代，人们不必知道现象背后的原因，只要让数据自己发声，就可以注意到很多以前从来没有意识到的联系的存在。

不像因果关系，证明相关关系的实验耗资少，费时也少。与之相比，分析相关关系，既有数学方法，也有统计学方法，同时，数学工具也能帮人们准确地找出相关关系。

相关关系分析本身意义重大，同时它也为研究因果关系奠定了基础。通过找出可能相关的事物，可以在此基础上进行进一步的因果关系分析。如果存在因果关系，可以再进一步找出原因。这种便捷的机制通过实验降低了因果分析的成本。人们也可以从相互联系中找到一些重要的变量，这些变量可以用于验证因果关系的实验中。

如果把以确凿数据为基础的相关关系和通过快速思维构想出的因果关系相比的话，前者就更具有说服力。但在越来越多的情况下，快速清晰的相关关系分析甚至比慢速的因果分析更有用和更有效。慢速的因果分析集中体现为通过严格控制的实验来验证的因果关系，这是非常耗时耗力的。在大多数情况下，一旦人们完成了对大数据的相关关系分析，而又不再满足于仅仅知道"是什么"时，就会继续向更深层次研究因果关系，找出背后的"为什么"。

3.2.5　数据挖掘分析方法

数据挖掘是一种决策支持过程，它主要基于人工智能、机器学习、模式识别、统计学、数据库、可视化技术等，高度自动化地分析企业的每个数据，从大量数据中寻找其规律，做出归纳性的推理，从中挖掘出潜在的模式，帮助决策者调整市场策略，减少风险，做出正确的决策。知识发现过程由三个阶段组成（见图 3-5）：数据准备、数据挖掘（规律寻找）、结果（规律）表达和解释。数据挖掘可以与用户或知识库交互。

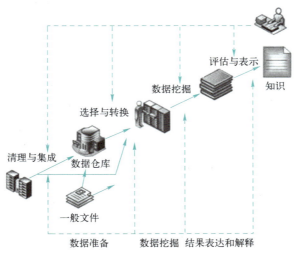

图 3-5　知识发现过程

　　数据准备是从相关的数据源中选取所需的数据并整合成用于数据挖掘的数据集；规律寻找是使用某种方法将数据集所包含的规律找出来；规律表示是尽可能以用户可理解的方式（如可视化）将找出的规律表示出来。数据挖掘的任务有关联分析、聚类分析、分类分析、异常分析、特异群组分析和演变分析等。

　　数据挖掘的对象可以是任何类型的数据源，可以是关系数据库，其中包含结构化数据的数据源；也可以是数据仓库、文本、多媒体数据、空间数据、时序数据、Web 数据，其中包含半结构化数据甚至异构性数据的数据源。

　　数据挖掘过程模型主要包括定义问题、建立数据挖掘库、分析数据、准备数据、建立模型、评价模型和实施。

　　（1）定义问题。在开始知识发现之前首先的也是最重要的就是了解数据和业务问题，必须要对目标有一个清晰且明确的定义，即决定到底想干什么。比如，想提高电子信箱的利用率时，想做的可能是"提高用户使用率"，也可能是"提高一次用户使用的价值"，要解决这两个问题而建立的模型几乎是完全不同的，必须做出决定。

　　（2）建立数据挖掘库。包括以下几个步骤：数据收集、数据描述、选择、数据质量评估和数据清理、合并与整合、构建元数据、加载数据挖掘库、维护数据挖掘库。

　　（3）分析数据。目的是找到对预测输出影响最大的数据字段，并决定是否需要定义导出字段。如果数据集包含成百上千的字段，那么浏览分析这些数据将是一件非常耗时且累人的事情，这时需要选择一个具有好的界面和功能强大的工具软件来协助用户完成这些事情。

　　（4）准备数据。这是建立模型之前的最后一项数据准备工作。可以把此步骤分为四个部分：选择变量、选择记录、创建新变量、转换变量。

　　（5）建立模型。建立模型是一个反复的过程。需要仔细考查不同的模型以判断哪个模型对面对的商业问题最有用。先用一部分数据建立模型，然后再用剩下的数据来测试和验证这个得到的模型。有时还有第三个数据集，称为验证集，因为测试集可能受模型的特性的影响，这时需要一个独立的数据集来验证模型的准确性。训练和测试数据挖掘模型需要把数据至少分成两个部分，一个用于模型训练，另一个用于模型测试。

　　（6）评价模型。模型建立好之后，必须评价得到的结果、解释模型的价值。从测试集中得到的准确率只对用于建立模型的数据有意义。在实际应用中，需要进一步了解错误的类型和由此带来的相关费用的多少。经验证明，有效的模型并不一定是正确的模型。造成这一点的直接原因就是模型建立中隐含了各种假定，因此，直接在现实世界中测试模型很重要，先在小范围内应用，取得测试数据，觉得满意之后再向大范围推广。

　　（7）实施。模型建立并经验证之后，有两种主要的使用方法。第一种是提供给分析人员做参考；另一种是把此模型应用到不同的数据集上。

　　例如，按上述思路建立的一个数据挖掘系统原型示意如图 3-6 所示。

　　数据挖掘有很多用途，例如可以在患者群的数据库中查出某药物和其副作用的关系。这种关系可能在 1000 人中也不会出现一例，但药物学相关的项目就可以运用此方法减少对药物有不良反应的病人数量，还有可能挽救生命；但这当中还是存在着数据库可能被滥用的问题。

　　数据挖掘用其他方法不可能实现的方法来发现信息，但它必须受到约束，应当在适当的说明下使用。如果数据是收集自特定的个人，那么就会出现一些涉及保密、法律和伦理的问题。

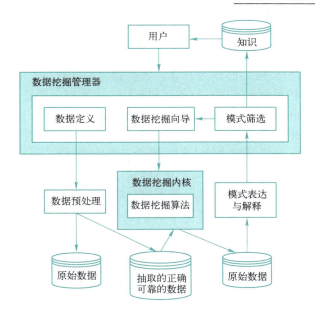

图 3-6　一个数据挖掘系统原型示意

　　数据挖掘还存在隐私保护问题，例如，一个雇主可以通过访问医疗记录来筛选出那些有糖尿病或者严重心脏病的人，从而意图削减保险支出。对于政府和商业数据的挖掘，可能会涉及国家安全或者商业机密之类的问题，这对于保密也是一个很大的挑战。

3.2.6　大数据与人工智能的联系

　　人工智能和大数据是紧密相关的热门技术，二者既有联系，又有区别。人工智能的发展要早于大数据，在 20 世纪 50 年代就已经开始，而大数据的概念直到 2010 年左右才形成。人工智能受到国人关注要远早于大数据，其影响力也要大于大数据。

1.　人工智能与大数据的联系

　　在大数据时代，面对海量数据，传统的人工智能算法所依赖的单机存储和单机算法已经无能为力，建立在集群技术之上的大数据技术（主要是分布式存储和分布式计算）可以为人工智能提供强大的存储能力和计算能力。

　　人工智能，特别是机器学习，需要数据来建立其智能。例如，机器学习图像识别应用程序可以查看数以万计的飞机图像，了解飞机的构成，以便将来能够识别出它们。人工智能应用的数据越多，其获得的结果就越准确。如今，大数据为人工智能提供了海量数据，使人工智能技术得以长足发展，甚至可以说，没有大数据就没有人工智能。

　　人工智能技术立足于神经网络，同时发展出多层神经网络，从而可以进行深度学习，决定了它更为灵活且可以根据不同的训练数据而拥有自优化的能力。机器学习、深度学习、强化学习等技术的发展推动着人工智能的进步。以计算机视觉为例，作为一个数据复杂领域，传统的浅层算法识别准确率并不高。自深度学习出现以后，通过寻找合适特征来让机器识别物体，计算机视觉的图像识别准确率从 70% 提升到 95%。人工智能的快速演进，不仅需要理论研究，还需要大量的数据作为支撑。

2. 人工智能与大数据的区别

人工智能与大数据存在明显的区别，人工智能是一种计算形式，它允许机器执行认知功能，对输入起作用或做出反应。而作为计算，大数据只是寻找结果，不会根据结果采取行动。此外，二者要达成的目标和实现目标的手段不同。大数据主要是为了获得洞察力，通过数据的对比分析来掌握和推演出更优的方案。以视频推送为例，人们之所以会接收到不同的推送内容，是因为大数据会根据人们日常观看的内容，综合考虑观看习惯，推断出哪些内容更可能产生同样的感觉，并将其推送给人们。而人工智能的开发，是为了辅助和代替人们更快、更好地完成某些任务或进行某些决定。不管是汽车自动驾驶、软件自我调整，亦或是医学样本检查工作，完成相同的任务，人工智能总是比人类速度更快、错误更少，它能通过机器学习的方法掌握人们日常进行的重复性的事项，并以计算机的处理优势来高效地达成目标。

大数据定义了非常大的数据集和极其多样的数据。在大数据集中，可以存在结构化数据（如关系数据库中的事务数据）以及非结构化数据（如图像、电子邮件数据、传感器数据等）。大数据需要在数据变得有用之前进行清洗、结构化和集成等预处理步骤；而人工智能则是输出，即处理数据而生成智能。两者有着本质上的不同。

虽然有很大区别，但人工智能和大数据仍然能够很好地协同工作，这是因为人工智能需要数据来建立其智能，特别是机器学习。

3. 人工智能深化大数据应用

人工智能与大数据密不可分。随着人工智能的快速应用和普及，大数据不断积累，深度学习和强化学习等算法不断优化。大数据技术将与人工智能技术更紧密地结合在一起，具有理解、分析、发现数据和对数据做出决策的能力，从而能够从数据中获得更准确、更深入的知识，挖掘数据背后的价值，并产生新的知识。

支持人工智能的机器旨在分析和解释数据，然后根据这些解释解决问题。通过机器学习，计算机会学习如何对某个结果采取行动或做出反应，并在未来会采取相同的行动。

人工智能实现的最大飞跃是大规模并行处理器的出现，特别是 GPU，它是具有数千个内核的大规模并行处理单元，而不是 CPU 中的几十个并行处理单元，这大大加快了现有的人工智能算法的速度。大数据可以采用这些处理器，机器学习算法可以学习如何重现某种行为，包括收集数据以加速机器。人工智能不会像人类那样推断出结论，它通过试验和错误学习，而这需要大量的数据来训练。人工智能是总的概念，机器学习、深度学习是实现人工智能的重要途径，大数据是重要的推动力。

【作业】

1. 所谓数据素养，是指具备数据意识和数据敏感性，能够有效且恰当地获取、分析、处理、利用和展现数据，它是对（　　）的一种延伸和扩展。

　　① 统计素养　　　② 媒介素养　　　③ 文明素养　　　④ 信息素养

　　A. ①③④　　　　B. ①②④　　　　C. ①②③　　　　D. ②③④

2. 可以从 5 个方面的维度来思考数据素养，即（　　）以及数据的分析和处理能力、对数据的批判性思维等。

　　① 数据敏感性　　　　　　　　② 数据的欣赏能力

③ 数据收集能力　　　　　④ 利用数据进行决策的能力

A．①②③　　　B．①②④　　　C．①③④　　　D．②③④

3．大数据是人工智能的基础。大数据时代，人们对待数据的思维方式会发生（　　）三个变化。

① 人们更加重视数据的精确性，重视个别关键数据

② 人们处理的数据从样本数据变成全部数据

③ 由于是全样本数据，人们不得不接受数据的混杂性，而放弃对精确性的追求

④ 人类通过对大数据的处理，放弃对因果关系的渴求，转而关注相关关系

A．②③④　　　B．①②④　　　C．①③④　　　D．①②③

4．对于社会来说，大数据与人工智能所代表的不仅仅是一种技术革命，更是由技术引发的思维革命。在对人类认识世界的方法上，只有引发工业革命的（　　）能够与之相匹配。

A．逻辑思维　　B．简单思维　　　C．形象思维　　　D．机械思维

5．对机械思维做出最大贡献的是科学家（　　），他用几个简单而优美的公式破解了自然之谜。机械思维观点认为，世界确定无疑，就像一个精密的钟表。

A．蔡伦　　　　B．牛顿　　　　C．贝多芬　　　　D．法拉第

6．机械思维是欧洲之所以能够在科学上领先于世界的重要原因，其核心方法论是笛卡儿建立的"（　　）"的科研方法，概括地说，就是"大胆假设，小心求证"。

① 正确的证据　② 正确的精神　　③ 正确的推理　　④ 正确的结论

A．②③④　　　B．①②④　　　C．①③④　　　D．①②③

7．概括来说，机械思维就是确定性（可预测性）和因果关系。机械思维的核心思想是（　　）。

① 世界变化的规律是确定的　　　② 规律可以被认知

③ 预测活动导致不确定性存在　　④ 这些规律应该是放之四海皆准的

A．①②④　　　B．①③④　　　C．①②③　　　D．②③④

8．大数据思维和机械思维并非对立，它更多的是后者的（　　）。对于确定性和因果关系的事物，机械思维依然是最好的方法。但对于不确定的世界，大数据思维为人们提供了新的方法。

A．裁剪　　　　B．补充　　　　C．提高　　　　D．反向

9．数据科学结合了（　　）等多个领域的知识和技术，旨在从大量数据中提取有价值的信息，并将其转换为可操作的知识或决策支持。

① 经济学　　　② 统计学　　　③ 信息科学　　　④ 计算机科学

A．①③④　　　B．①②④　　　C．①②③　　　D．②③④

10．数据科学的核心要素包括（　　）、数据可视化以及模型评估与优化，旨在从数据中提取有价值的信息并转换为可操作的知识。

① 数据收集与管理　　　　　② 数据清洗与预处理

③ 数据分析与建模　　　　　④ 数据分类与聚合

A．①②③　　　B．②③④　　　C．①②④　　　D．①③④

11．数据科学家是具备（　　）的专家，他们运用数据分析、机器学习等技术从大量数据中提取有价值的信息，以支持决策制定和创新解决方案。

      ① 语言学   ② 统计学   ③ 计算机科学   ④ 领域知识

      A．①③④   B．①②④   C．②③④   D．①②③

12．生产资料是人类文明的核心。农业时代的生产资料是土地，工业时代的生产资料是机器，数字时代的生产资料是（　　　）。

      A．能源   B．数据   C．信息   D．物资

13．劳动方式是人类文明的重要表征。智能时代基于数字劳动而不断推动和丰富着"（　　　）"。

      A．信息文明   B．机器文明   C．数字文明   D．手工文明

14．当面临大量数据时，社会都依赖于采样分析。但是采样分析是（　　　）时代的产物。

      A．计算机   B．青铜器   C．模拟数据   D．云

15．因为大数据是建立在（　　　），所以就可以正确地考查细节并进行新的分析。

      A．掌握所有数据（至少是尽可能多的数据）的基础上的

      B．掌握少量精确数据的基础上，尽可能多地收集其他数据

      C．掌握少量数据，至少是尽可能精确的数据的基础上的

      D．尽可能掌握精确数据的基础上的

16．直到今天，数字技术依然建立在精准的基础上，这种思维方式适用于掌握（　　　）的情况。

      A．小数据量 B．大数据量   C．无数据   D．多数据

17．寻找（　　　）是人们长久以来的习惯，即使确定这样的关系很困难而且用途不大，人们还是习惯性地寻找缘由。

      A．相关关系 B．因果关系   C．信息关系   D．组织关系

18．在大数据时代，人们无须再紧盯事物之间的（　　　），而应该寻找事物之间的（　　　），这会给人们提供非常新颖且有价值的观点。

      A．因果关系，相关关系   B．相关关系，因果关系

      C．复杂关系，简单关系   D．简单关系，复杂关系

19．人工智能技术同时发展出多层神经网络，从而可以进行（　　　），决定了它更为灵活且可以根据不同的训练数据而拥有自优化的能力，推动人工智能的进步。

      ① 深度学习   ② 逆向学习   ③ 强化学习   ④ 机器学习

      A．①②③   B．②③④   C．①②④   D．①③④

20．虽然有很大区别，但人工智能和大数据仍然能够很好地协同工作。人工智能特别是机器学习，需要（　　　）来建立其智能，甚至可以说，没有它就没有人工智能。

      A．网络   B．算法   C．数据   D．专家

【实训与思考】数据素养与大数据技术

本项目的"实训与思考"能够帮助学生更好地理解和应用所学知识，提升他们的数据素养和大数据技术能力，同时培养他们的综合思维能力和创新精神。

1．数据素养实践

（1）数据收集与分析实践。选择一个你感兴趣的话题（如某部电影的观众评价、某款产

品的用户反馈等），通过网络调查、问卷等方式收集相关数据。然后，运用数据分析工具（如 Excel、Python 的 Pandas 库等）对数据进行清洗、预处理、描述性统计分析，并尝试找出其中的规律或趋势。最后，将你的实践过程和结果写成一篇报告（不少于 1000 字）。

　　思考：在数据收集过程中，你遇到了哪些问题？你是如何解决这些问题的？在数据分析过程中，你发现了哪些有趣的现象？这些现象是否符合你的预期？通过这次实践，你对数据素养有了哪些新的认识？

　　目的：通过实际的数据收集和分析过程，让学生深入理解数据素养的重要性，提高他们的数据收集、处理和分析能力，同时培养他们的批判性思维和问题解决能力。

　　记录：_____

_____

　　（2）数据可视化实践。选择一个公开的数据集（如 Kaggle 上的数据集或国家统计局发布的数据等），运用数据可视化工具（如 Matplotlib、Seaborn、Tableau 等）绘制至少三种不同类型的数据可视化图表（如柱状图、折线图、散点图等），并解释每种图表所展示的数据特征和意义。然后，将你的实践过程和结果制作成一个 PPT，并在班级内进行 5min 的分享。

　　思考：在数据可视化过程中，如何选择合适的图表类型来展示数据？不同的图表类型对数据的表达效果有何不同？通过这次实践，你认为数据可视化在数据分析中起到了哪些重要作用？

　　目的：通过数据可视化实践，让学生掌握常用的数据可视化工具和方法，提高他们的数据表达能力，同时加深对数据可视化在数据分析中重要性的理解。

　　记录：_____

_____

2. 大数据技术实践

　　（1）大数据处理实践。选择一个适合初学者的大数据处理框架（如 Apache Spark 的 PySpark），安装并配置好相关环境。然后，使用该框架对一个中等规模的数据集（如包含数十万条记录的 CSV 文件）进行简单的数据处理操作（如数据筛选、聚合、排序等）。将你的实践过程和遇到的问题及解决方案写成一篇报告（不少于 800 字）。

　　思考：在使用大数据处理框架的过程中，你遇到了哪些技术难题？你是如何解决这些难题的？通过这次实践，你对大数据处理框架的优势和局限性有了哪些新的认识？你认为在实际应用中，如何选择合适的大数据处理框架？

　　目的：通过对大数据处理框架的实际操作，让学生了解大数据处理的基本流程和技术要点，提高他们的编程能力和问题解决能力，同时培养他们对大数据技术的兴趣和探索精神。

　　记录：_____

_____

　　（2）数据挖掘实践。选择一个数据挖掘算法（如决策树、k 均值聚类、Apriori 关联规则挖掘），使用 Python 实现该算法，并在一个公开的数据集上进行应用。然后，对挖掘出的结果进行分析和解释，探讨其实际意义。将你的实践过程和结果写成一篇报告（不少于 1000 字）。

　　思考：在数据挖掘过程中，如何选择合适算法来解决实际问题？挖掘出的结果是否符合预期？如果不符合，你认为可能的原因是什么？

目的： 通过数据挖掘实践，让学生深入理解数据挖掘算法的原理和应用方法，提高他们的算法实现能力和数据分析能力，同时培养他们的创新思维和实践能力。

记录： _____

_____

3. 综合思考

（1）数据科学与大数据技术的结合思考。结合本项目所学的数据科学知识，思考它们在实际应用中的结合方式和应用场景。选择一个具体的应用领域（如金融风险预测、医疗健康监测、智能交通管理等），分析该领域的应用现状和存在问题，将思考写成一篇短文（不少于1000字）。

思考： 在你选择的应用领域中，数据科学与大数据技术是如何相互配合的？它们各自发挥了哪些重要作用？在实际应用中，还存在哪些问题需要解决？你认为未来的发展趋势是怎样的？

目的： 引导学生思考数据科学与大数据技术的综合应用，培养他们的跨学科思维能力和综合分析能力，同时激发他们对前沿技术应用的探索精神。

记录： _____

_____

（2）大数据时代的伦理与隐私思考。随着大数据技术的广泛应用，数据隐私和伦理问题日益突出。请思考大数据时代数据隐私和伦理问题的表现形式、产生的原因以及可能带来的危害，然后提出你认为可行的解决方案或应对措施。将你的思考写成一篇短文（不少于1000字）。

思考： 在大数据时代，数据隐私和伦理问题为什么变得如此重要？如何在充分利用数据价值的同时保护个人隐私？政府、企业和个人在这个问题上应该承担哪些责任？

目的： 引导学生关注大数据时代的伦理和隐私问题，培养他们的社会责任感和伦理意识，同时提高他们对数据安全和隐私保护的重视程度。

记录： _____

_____

4. 实训总结

_____

_____

5. 实训评价（教师）

_____

_____

項目 4
理解智能体与智能体 AI

- 理解智能体与智能体人工智能的基本概念，包括智能体定义、特性及其与环境的交互方式。
- 掌握智能体的性能度量方法，学会如何根据任务环境设计合理的性能度量标准。
- 熟悉智能体的任务环境分类，能够根据任务环境的属性选择合适的智能体设计策略。
- 了解智能体的结构与程序设计，掌握不同类型智能体程序的特点和应用场景。
- 掌握学习型智能体的基本原理，理解其在未知环境中的适应能力和学习机制。
- 理解智能代理的定义和工作过程，并熟悉其在不同领域的典型应用。
- 培养智能体设计与分析能力，通过实践项目提升对智能体技术的应用和创新能力。

任务 4.1　理解智能体和环境

智能体（Agent）是人工智能领域中一个很重要的概念，它本质上是一个能自主活动的软件或者硬件实体，任何独立的能够思考并可以同环境交互的实体都可以抽象为智能体。因此，人工智能可以进一步被定义为"对从环境中接收感知并执行行动的智能体的研究"。智能体概念既能概括为以机器为载体的人工智能，也能概括为以有机体为载体的生物智能——生物就是感知环境并适应环境的有机智能体。更一般地，"智能是系统通过获取和加工信息而获得的一种能力，从而实现从简单到复杂的演化"，这也同时涵盖了生物智能和机器智能。

🎬 微视频
智能体和环境

4.1.1　智能体的定义

任何通过传感器感知环境并通过执行器作用于该环境的事物都可以被视为智能体，如图 4-1 所示。通过检查智能体、环境以及它们之间的耦合，可以观察到某些智能体比其他智能体表现得更好，由此可以引出理性智能体的概念，即行为尽可能好。智能体的行为取决于环境的性质。

一个人类智能体以眼睛、耳朵和其他器官作为传感器，以手、腿、声道等作为执行器。而机器人智能体可能以摄像头和红外测距仪作为传感器，各种电动机作为执行器。软件智能体接收文件内容、网络数据包和人工输入（如键盘、鼠标、触摸屏、语音）作为传感输入，并通过写入文件、发送网络数据包、显示信息或生成声音对环境进行操作。环境可以是一切，甚至是整个宇宙。实际上，人们在设计智能体时关心的只是宇宙中某一部分的状态，即影响智能体感知以及受智能体动作影响的部分。

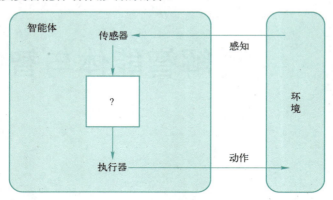

图 4-1   智能体通过传感器和执行器与环境交互

此处使用感知来表示智能体的传感器知觉的内容。一般而言，一个智能体在任何给定时刻的动作选择，可能取决于其内置知识和迄今为止观察到的整个感知序列。通过为每个可能的感知序列指定智能体的动作选择，并由智能体函数描述智能体的行为，将任意给定的感知序列映射到一个动作。

举一个简单例子——真空吸尘器。在一个由方格组成的世界中有一个真空吸尘器智能体，其中的方格可能是脏的，也可能是干净的。考虑只有两个方格的情况——方格 A 和方格 B。真空吸尘器智能体可以感知它在哪个方格中以及该方格中是否干净。智能体从方格 A 开始，可选的操作包括向右移动、向左移动、吸尘或什么都不做（真正的机器人是采用"向前旋转轮子"和"向后旋转轮子"这样的动作）。一个简单智能体函数如下：如果当前方格是脏的，就吸尘；否则，移动到另一个方格。

4.1.2　智能体的性能度量

理性智能体是做正确事情的事物。人工智能通常通过结果来评估智能体的行为。当智能体进入环境时，它会根据接收的感知来产生一个动作序列，从而引发环境状态发生改变。如果序列是理想的，则智能体表现良好，这个概念由性能度量描述，评估任何给定环境状态的序列。

人类有适用于自身的理性概念，它与成功选择产生环境状态序列的行动有关，这些环境状态序列从人类的角度来看是可取的。但是机器没有自己的欲望和偏好，至少在最初，性能度量是在机器设计者的头脑中或者是在机器受众的头脑中。一些智能体设计具有性能度量的显式表示，而在其他设计中，性能度量完全是隐式的，智能体可能会做正确的事情，但它并不知道为什么。

应该确保"施以机器的目的是我们真正想要的目的"，但是正确地制定性能度量可能非常困难。例如，考虑真空吸尘器智能体，可能会建议用单个 8h 班次中清理的灰尘量来度量性能。然而，一个理性的智能体可以通过"清理灰尘→将其全部倾倒在地板上→再次清理"的方式，如此反复，从而最大化这一性能度量值。更合适的性能度量是奖励拥有干净地板的智能体。例如，在每个时间步中，每个干净方格可以获得 1 分（可能会对耗电和产生的噪声进行惩罚）。可见，作为一般规则，设计性能度量更好的做法是根据人们在环境中真正想要实现的目标，而不是根据人们认为智能体应该如何表现。

1．理性

在任何时候，理性取决于以下 4 个方面。

（1）定义成功标准的性能度量。

（2）智能体对环境的先验知识。

（3）智能体可以执行的动作。

（4）智能体到目前为止的感知序列。

对于每个可能的感知序列，给定感知序列提供的证据和智能体所拥有的任何先验知识，理性智能体应该选择一个期望最大化其性能度量的动作。以一个简单真空吸尘器智能体为例，需要说明性能度量是什么、对环境的了解有多少以及智能体具有哪些传感器和执行器。

2．全知、学习和自主

这里需要区分理性和全知。全知的智能体能预知其行动的实际结果，并据此采取行动，但在现实中，全知是不可能的，理性不等同于完美。理性使期望性能最大化，而完美使实际性能最大化。对理性的定义并不需要全知，因为理性决策只取决于迄今为止的感知序列。

首先，考虑到缺乏信息的感知序列是不理性的，例如，过马路时，不观察路况就过马路发生事故的风险太大。其次，理性智能体在上街之前应该选择"观察"动作，因为观察有助于最大化期望性能。通过采取行动来改变未来的感知，有时被称为信息收集，这是理性的一个重要组成部分。

理性智能体不仅要收集信息，还要尽可能多地从它所感知到的东西中学习。智能体的初始配置可以反映对环境的一些先验知识，但随着智能体获得经验，这些先验知识可能会被修改和增强。在一些极端情况下，环境完全是先验已知的和完全可预测的，这种情况下智能体不需要感知或学习，只需正确地运行。当然，这样的智能体是脆弱的。

如果在某种程度上，智能体依赖于其设计者的先验知识，而不是其自身的感知和学习过程，就可以说该智能体缺乏自主性。一个理性的智能体应该是自主的，它应该学习如何弥补部分或不正确的先验知识，如学习预测何时何地会出现额外灰尘的真空吸尘器就比不能学习预测的要好。

实际上，很少从一开始就要求智能体完全自主：除非设计者提供一些帮助，否则当智能体几乎没有经验时，它将不得不随机行动。为智能体提供一些初始知识和学习能力是合理的。在充分体验相应环境后，理性智能体的行为可以有效地独立于其先验知识。因此，可以结合学习来设计单个理性智能体，它能在各种各样的环境中获得成功。

4.1.3　智能体的任务环境

有了理性的定义，构建理性智能体还必须考虑任务环境，它本质上是"问题"，理性智能体是"解决方案"。首先是指定任务环境，然后展示任务环境的多种形式。任务环境的性质直接影响到智能体程序的恰当设计。

1．指定任务环境

讨论简单真空吸尘器智能体的理性时，必须为其指定性能度量、环境以及智能体的执行器和传感器，这些都归于任务环境的范畴，称为 PEAS（Performance 性能，Environment 环境，Actuator 执行器，Sensor 传感器）描述。在设计智能体时，第一步始终是尽可能完整地指定任务环境。接下来考虑一个更复杂的问题：自动驾驶出租车司机任务环境的 PEAS 描述，见表 4-1。

表 4-1 自动驾驶出租车司机任务环境的 **PEAS** 描述

智能体类型	性能	环境	执行器	传感器
自动驾驶出租车司机	安全、速度快、合法、旅程舒适、利润最大化、对其他道路用户的影响最小化	道路、其他交通工具、警察、行人、客户、天气	转向器、加速器、制动、信号、扬声器、显示、语音	摄像头、雷达、速度表、北斗导航、发动机传感器、加速度表、传声器（麦克风）、触摸屏

首先，对于自动驾驶追求的性能度量，理想的标准包括到达正确的目的地、尽量减少油耗和磨损、尽量减少行程时间或成本、尽量减少违反交通法规和对其他驾驶员的干扰、最大限度地提高安全性和乘客舒适度、最大化利润。显然，其中有一些目标是相互冲突的，需要进行权衡。接下来，出租车司机将面临什么样的驾驶环境？出租车司机一般必须能够在各种道路上行驶，道路上有其他交通工具、行人、流浪动物、道路工程、警车、水坑和坑洼。出租车司机还必须与潜在以及实际的乘客互动。另外，还有一些可选项，如很少下雪的南方或者经常下雪的北方。显然，环境越受限，设计问题就越容易解决。

自动驾驶出租车司机的执行器包括可供人类驾驶员使用的器件，如通过加速器控制发动机以及控制转向和制动。此外，它还需要输出到显示屏或语音合成器，以便与乘客进行对话，或许还需要某种方式与其他车辆进行礼貌的或其他方式的沟通。

自动驾驶出租车司机的基本传感器包括一个或多个摄像头以便观察，以及激光雷达和超声波传感器以便检测其他车辆和障碍物的距离。为了避免超速罚单，自动驾驶出租车司机应该有一个速度表，而为了正确控制车辆（特别是在弯道上），它应该有一个加速度表。要确定车辆的机械状态，需要发动机、燃油和电气系统的传感器常规阵列。像许多人类驾驶员一样，它可能需要获取北斗导航信号，这样就不会迷路。最后，乘客需要触摸屏或语音输入才能说明目的地。

2. 任务环境的属性

人工智能中可能出现的任务环境范围非常广泛。然而，人们可以确定少量的维度，并根据这些维度对任务环境进行分类。这些维度在很大程度上决定了恰当的智能体设计以及智能体实现的主要技术的适用性。

（1）**完全可观测与部分可观测**：如果智能体的传感器使它在每个时间点都能访问环境的完整状态，那么可以说任务环境是完全可观测的。如果传感器检测到与动作选择相关的所有方面，那么任务环境就是有效的、完全可观测的，而所谓的相关又取决于性能度量标准。完全可观测的环境很容易处理，因为智能体不需要维护任何内部状态来追踪世界。由于传感器噪声大且不准确或者由于传感器数据中缺少部分状态，环境可能只是部分可观测。例如，自动驾驶出租车司机无法感知其他司机的想法。

（2）**单智能体与多智能体**：单智能体和多智能体环境之间的区别似乎足够简单。例如，下国际象棋的智能体就处于二智能体环境中。然而，这里也有一些微妙的问题。例如，智能体 A（出租车司机）是否必须将对象 B（另一辆车）视为智能体？还是可以仅将其视为根据物理定律运行的对象？关键在于对象 B 的行为是否描述为一个性能度量，而这一性能度量的值取决于智能体 A 的行为。在出租车驾驶环境中，出租车就处在一个部分合作的多智能体环境中。多智能体环境中的智能体设计问题通常与单智能体环境下有较大差异。

（3）确定性与非确定性：如果环境的下一个状态完全由当前状态和智能体执行的动作决定，那么就说环境是确定性的，否则是非确定性的。原则上，在完全可观测的确定性环境中，智能体不需要担心不确定性。然而，如果环境是部分可观测的，那么它可能是非确定性的。

大多数真实情况非常复杂，不可能追踪所有未观测到的方面；出于实际目的，必须将其视为非确定性的。从这个意义上讲，出租车驾驶显然是非确定性的，因为人们永远无法准确地预测交通行为，例如，轮胎可能会意外爆胎，发动机可能会突然失灵。

最后注意，如果环境模型显式地处理概率（如明天的降雨可能性为 25%），那么它是随机的；如果可能性没有被量化，那么它是非确定性的（如明天有可能下雨）。

（4）回合式与序贯：在回合式任务环境中，智能体的经验被划分为原子式的回合，每接收一个感知，然后执行单个动作。许多分类任务是回合式的，重要的是，下一回合并不依赖于前几回合采取的动作。例如，在装配流水线上检测缺陷零件的智能体需要根据当前零件做出每个决策，而无须考虑以前的决策，且当前决策不影响下一个零件是否有缺陷。但是，在序贯环境中，当前决策可能会影响未来所有决策，如国际象棋和出租车驾驶就是序贯的。在回合式环境下，智能体不需要提前思考，所以要比序贯环境简单很多。

（5）静态与动态：如果环境在智能体思考时发生了变化，就可以说该智能体的环境是动态的，否则是静态的。静态环境容易处理，但是动态环境会不断地询问智能体想要采取什么行动，如果它还没有决定，那就等同于什么都不做。如果环境本身不会随着时间的推移而改变，但智能体的性能分数会改变，就可以说环境是半动态的。例如，驾驶出租车显然是动态的，因为驾驶算法在计划下一步该做什么时，其他车辆和出租车本身在不断移动；在用时钟计时的情况下，国际象棋是半动态的，填字游戏是静态的。

（6）离散与连续：它们之间的区别适用于环境的状态、处理事件的方式以及智能体的感知和动作。例如，国际象棋有一组离散的感知和动作，驾驶出租车是一个连续状态和连续时间的问题。

（7）已知与未知：这种区别是指智能体（或设计者）对环境"物理定律"的认知状态。在已知环境中，所有行动的结果（如果环境是非确定性的，则对应结果的概率）都是既定的。显然，如果环境未知，智能体将不得不了解它是如何工作的，才能做出正确的决策。

最困难的情况是部分可观测、多智能体、非确定性、序贯、动态、连续且未知的。

4.1.4　智能体的结构与程序

下面来讨论智能体内部是如何工作的。人工智能的工作是设计一个智能体程序，实现智能体函数，即从感知到动作的映射。假设该程序将运行在某种具有物理传感器和执行器的计算设备上，称之为智能体架构，公式为

$$智能体=架构+程序$$

显然，选择的程序必须适合相应架构。如果程序打算推荐步行这样的动作，那么对应的架构最好有腿。架构可能只是一台普通计算机，也可能是一辆带有多台车载计算机、摄像头和其他传感器的机器人汽车。通常，架构使程序可以使用来自传感器的感知，然后运行程序，并将程序生成的动作选择反馈给执行器。

此处考虑的智能体程序都有相同的框架：它们将当前感知作为传感器的输入，并将动作返回给执行器。智能体程序框架还可以有其他选择。

需要注意智能体程序（将当前感知作为输入）和智能体函数（可能依赖整个感知历史）之间的差异。因为环境中没有其他可用信息，所以智能体程序只能将当前感知作为输入。如果智能体的动作需要依赖于整个感知序列，那么智能体必须记住感知历史。

人工智能面临的关键挑战是找出编写程序的方法，尽可能从一个小程序而不是从一个大表中产生理性行为。有 4 种基本的智能体程序，它们体现了几乎所有智能系统的基本原理，每种智能体程序以特定的方式对特定的组件进行组合来产生动作。

（1）**简单反射型智能体**。这是最简单的智能体，它根据当前感知选择动作，忽略感知历史的其余部分。

（2）**基于模型的反射型智能体**。处理部分可观测性的最有效方法是让智能体追踪它现在观测不到的部分世界。也就是说，智能体应该维护某种依赖于感知历史的内部状态，从而反映当前状态的一些未观测到的方面。例如，对于制动（刹车）问题，内部状态范围不仅限于摄像头拍摄图像的前一帧，要让智能体能够检测车辆边缘的两个红灯何时同时亮起或熄灭。对于其他驾驶任务，如变道，如果智能体无法同时看到其他车辆，则需要追踪它们的位置。

转移模型和传感器模型结合在一起，让智能体能够在传感器受限的情况下尽可能地跟踪世界的状态。使用此类模型的智能体称为基于模型的反射型智能体。

（3）**基于目标的智能体**。即使了解了环境的现状，也并不总是能决定做什么。例如，在一个路口，出租车可以左转、右转或直行。正确的决定还取决于出租车要去哪里。换句话说，除了当前状态的描述之外，智能体还需要某种描述理想情况的目标信息，如设定特定的目的地。智能体程序可以将其与模型相结合，并选择实现目标的动作。

（4）**基于效用的智能体**。在大多数环境中，仅靠目标并不足以产生高质量的行为。例如，许多动作序列都能使出租车到达目的地，但有些动作序列比其他动作序列更快、更安全、更可靠或者更便宜。这个时候，目标只是在"快乐"和"不快乐"状态之间提供了一个粗略的二元区别。更一般的性能度量应该允许根据不同世界状态的"快乐"程度来对智能体进行比较。经济学家和计算机科学家通常用**效用**这个词来代替"快乐"，因为"快乐"听起来不是很科学。

已经看到，性能度量会给任何给定的环境状态序列打分。智能体的**效用函数**本质上是性能度量的内部化。如果内部效用函数和外部性能度量一致，那么根据外部性能度量选择动作来使其效用最大化的智能体是理性的。

4.1.5 学习型智能体

在图灵早期的著名论文中，曾经考虑了手动编程实现智能机器的想法。他估计了这可能需要多少工作量，并得出结论，"似乎需要一些更快捷的方法"。他提出的方法是构造学习型机器，然后教它们。在人工智能的许多领域，这是创建最先进系统的首选方法。任何类型的智能体（基于模型、基于目标、基于效用等）都可以构建（或不构建）成学习型智能体。

学习还有另一个优势：它让智能体能够在最初未知的环境中运作，并变得比其最初的能力更强。通用学习型智能体可分为 4 个概念组件，如图 4-2 所示，其中，"性能元素"框表示人们之前认为的整个智能体程序，"学习元素"框可以修改该程序以提升其性能。最重要的区别在于学习元素负责提升性能，性能元素负责选择外部行动。性能元素接收感知并决定动作。学习元素使用来自评估者对智能体表现的反馈，并以此确定应该如何修改性能元素以在未来做得更好。

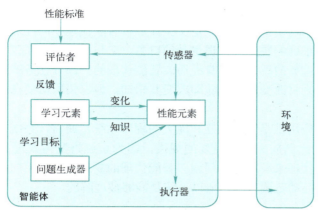

图 4-2　通用学习型智能体

学习元素的设计在很大程度上取决于性能元素的设计。当设计者试图设计一个学习某种能力的智能体时，第一个问题是"一旦智能体学会了如何做，它将使用什么样的性能元素"。给定性能元素的设计，可以构造学习机制来改进智能体的每个部分。

评估者用于告诉学习元素：智能体在固定性能标准方面的表现如何。评估者是必要的，因为感知本身并不会指示智能体是否成功。例如，国际象棋程序可能会收到一个感知，提示它已打败对手，但它需要一个性能标准来知道这是一件好事。确定性能标准很重要，这一标准应被视为完全独立于智能体之外，智能体不能修改性能标准以适应自己的行为。

学习型智能体的最后一个组件是问题生成器。它负责建议动作，这些动作将获得全新且信息丰富的经验。如果性能元素完全根据自己的方式，它会继续选择已知最好的动作。但如果智能体愿意进行一些探索，并在短期内做一些可能不太理想的动作，那么从长远来看，它可能会发现更好的动作。问题生成器的工作是建议这些探索性行动，这就是科学家在进行实验时所做的。例如，伽利略并不认为从比萨斜塔顶端扔石头本身有价值。他的目的不是打碎石头或对行人造成惊扰。他的目的是通过确定更好的物体运动理论来改造自己的大脑。

学习元素可以对智能体中显示的任何"知识"组件进行更改，最简单的情况是直接从感知序列学习。观察成对相继的环境状态可以让智能体了解"我的动作做了什么"以及"世界如何演变"以响应其动作。例如，如果自动驾驶出租车在湿滑路面上行驶时进行一定程度的刹车，那么它很快就会发现实际减速多少，以及它是否滑出路面。问题生成器可能会识别出模型中需要改进的某些部分，并建议进行实验，如在不同条件下的不同路面上尝试刹车。

无论外部性能标准如何，改进基于模型的智能体的组件使其更好地符合现实总是一个好主意（从计算的角度来看，在某些情况下简单但稍微不准确的模型比完美但极其复杂的模型更好）。当智能体试图学习反射组件或效用函数时，需要外部性能标准的信息。从某种意义上说，性能标准将传入感知的一部分区分为奖励或惩罚，以提供对智能体行为质量的直接反馈。

总之，智能体有各种各样的组件，智能体中的学习可以概括为对其各个组件进行修改的过程，使各组件与可用的反馈信息更接近，从而提升智能体的整体性能。

任务 4.2　熟悉智能代理与智能体 AI

在社会科学中，智能代理是指一个理性且自主的人或其他系统，它根据感知世界得到的信息来做出动作以影响这个世界。这一定义在计算机智能代理中同样适用。代理必须理性，根据可得的信息做出正确的决定；代理也必须自主，它与世界的关系包括感知世界的过程，它做出的决定源于对世界的感知及自身经历。智能代理的一部分任务就是理解周边环境，随后做出反应。它的行为将改变环境，随即改变其感知，但它仍旧需要在已经改变的世界中继续运作。

大部分人工智能应用都是一个独立和庞大的程序系统，通常，系统在前期的实验性操作取得成功之后无法按比例放大至所需要的规模，因为系统将变得太过庞大而运作太慢。因此，人们开发了智能代理来解决这些问题。智能代理的复杂性源于不同程序间的相互作用。由于程序本身很小，行动范围有限，所以系统是能够被理解的。

4.2.1　智能代理的定义

智能代理是定期地收集信息或执行服务的程序，它不需要人工干预，具有高度智能性和自主学习性，可以根据用户定义的准则，主动通过智能化代理为用户收集信息，然后利用通信协议把加工过的信息按时推送给用户，它能推测用户意图，自主制订、调整和执行工作计划。

通常，广义的智能代理包括人类、物理世界中的移动机器人和信息世界中的软件机器人，而狭义的智能代理则专指信息世界中的软件机器人，它是代表用户或其他程序以主动服务的方式完成的一组操作的机动计算实体。主动服务包括主动适应性和主动代理。总之，智能代理是指收集信息或提供其他相关服务的程序，它不需要人的即时干预即可定时完成所需功能，它可以看作利用传感器感知环境并使用执行器作用于环境的任何实体。

在互联网中，智能代理程序可以根据所提供的参数，按一定周期搜索整个互联网，收集用户感兴趣的信息。有些代理还可以基于注册信息和用法分析在网站上将信息私人化。其他类型的代理如定点监测，不仅会收集信息，还为用户整理和提供信息，这种方法通常称为推技术。

斯坦福大学的海尔斯·罗斯认为"智能代理持续地执行 3 项功能：感知环境中的动态条件，执行动作影响环境，进行推理以解释感知信息、求解问题、产生推理和决定动作。"他认为，代理应在动作选择过程中进行推理和规划。

4.2.2　智能代理的典型工作过程

智能代理是一套辅助人和充当他们代表的软件，如人们可以借助于智能代理进行网上交易。智能代理的典型工作过程如图 4-3 所示。

第一步：智能代理通过感知器收集外部环境信息。

第二步：智能代理根据环境做出决策。

第三步：智能代理通过执行器影响外部环境。

智能代理会不断重复这一过程直到达成目标，这一过程被称为"感知执行循环"。

智能代理是可以进行高级、复杂的自动处理的代理软件。它在用户没有明确的具体要求的情况下，根据用户需要，代替用户进行各种复杂的工作，如信息查询、数据筛选及管理，并能推测用户的意图，自主制订、调整和执行工作计划。智能代理可应用于广泛的领域，是信息检索领域开发智能化、个性化信息检索的重要技术之一。

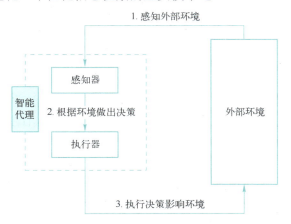

图 4-3　智能代理的典型工作过程

一般，智能代理的特点如下。

（1）智能性。是指智能代理的推理和学习能力，它描述了智能代理接收用户目标指令并代表用户完成任务的能力，如理解用户用自然语言表达的对信息资源和计算资源的需求、帮助用户在一定程度上克服信息内容的语言障碍、捕捉用户的偏好和兴趣、推测用户的意图并为其代劳等。它能处理复杂的、难度高的任务，自动拒绝一些不合理或可能给用户带来危害的要求，而且具有从经验中不断学习的能力。它可以适当地进行自我调节，提高处理问题的能力。

（2）代理性。主要是指智能代理的自主与协调工作能力。在功能上是用户的某种代理，它可以代替用户完成一些任务，并将结果主动反馈给用户。其表现为智能代理从事行为的自动化程度，即操作行为可以离开人或代理程序的干预，但代理在其系统中必须通过操作行为加以控制，当其他代理提出请求时，只有代理自己能决定是接受还是拒绝这种请求。

（3）移动性。是指智能代理在网络之间的迁移能力。它可以在网络上漫游到任何目标主机，并在目标主机上进行信息处理操作，最后在结果集中返回到起点，而且能随计算机用户的移动而移动。必要时，智能代理能够同其他代理和人进行交流，并且都可以从事自己的操作以及帮助其他代理和人。

（4）主动性。能根据用户的需求和环境的变化主动向用户报告并提供服务。

（5）协作性。能通过各种通信协议同其他智能体进行信息交流，并可以相互协调，共同完成复杂的任务。

（6）个性化。通过个性化的渲染和设置，用户会在浏览商品的过程中逐步提高购买欲。如果将智能代理技术应用到电子商务系统中，可以为用户提供一个不受时空限制的交易场所。

智能代理还有一个特点，那就是学习的能力。因为它们身处现实世界，并接收行为效果的反馈，这可以让它们根据之前的决策成功与否来调整自身行为。例如，负责行走的智能代理可以学习在地毯或木地板上行走的不同模式；负责预测未来股票走势的智能代理可以根据股价实际上涨或下跌的情况来修改其计算方法。

4.2.3　智能代理系统内的协同合作

智能代理技术通常会在适当的时候帮助人们完成迫切需要完成的任务，可以在智能代理程序中设置一些独立模块甚至在不同计算机上运行，但依然遵循所设计的层次协同合作原理。通过离散各个部分，智能代理的复杂度降低，使程序编写和维护都更加简单。虽然整个程序很复杂，但通过系统内的协同合作，完全可以修改某些模块而不影响任何其他模块。

例如，手机制造企业通常由多个不同的部门组成，如研发部门设计新手机、生产部门制作手机、销售团队进行销售，营销人员需要宣传推广新手机，执行主管则要保证他们不出差错。如果企业想要获得成功，则各个部门都要密切沟通交流。为了设计出人们乐于购买的产品，研发部门需要获得市场营销方面的信息；只有与生产部门沟通，研发团队才能保证其设计是可以付诸实施的；想要在销售中获利，销售团队就必须从生产部门了解产品生产成本；销售团队需要与市场部门沟通，了解产品用户的承受能力与期望；任何时候都会有许多不同的产品设计在同时进行，生产部门也会同时制造多种不同型号的产品；执行主管需要决定重点推广哪一种设计以及不同型号的产品的制造数量。

在人工智能领域中，多个智能代理在一个系统中协同作业，每个智能代理负责自己最擅长的工作。为了执行任务，它们需要与其他做不同工作的智能代理进行沟通。每个智能代理都对环境进行感知，它们的环境由任务所决定。

4.2.4　智能代理的典型应用

智能代理可分为 4 种类型：信息代理、检测和监视代理、数据挖掘代理、用户或个人代理。适用于以下应用场景。

（1）股票/债券/期货交易。智能代理系统的一个适用场景是股票市场。智能代理被用于分析市场行情，生成买卖指令建议，甚至直接买入和卖出股票。某些独立代理还会监控股票市场并生成统计数据，监测异常价格变动，寻找适合买入或卖出的股票，管理用户投资组合所代表的整体风险并与用户互动。

交易智能代理根据获取的新闻资讯和其他环境数据做出交易决策，并执行交易过程，这一细分领域就是量化交易研究的内容，如图 4-4 所示。

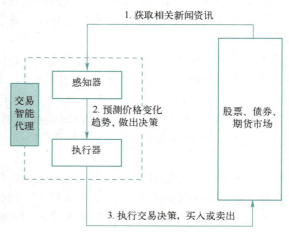

图 4-4　交易智能代理执行过程

（2）医疗诊断。医疗诊断智能代理以病人的检查结果（如血压、心率、体温等）作为输入推测病情，推测的诊断结果将告知医生，并由医生根据诊断结果给予病人恰当的治疗，如图 4-5 所示。这一场景中，病人和医生同时作为外部环境，智能代理的输入和输出不同。

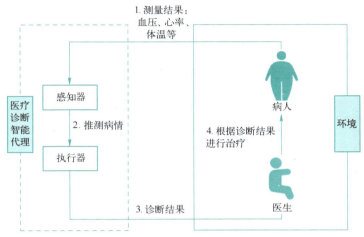

图 4-5   医疗诊断智能代理执行过程

（3）搜索引擎。搜索引擎智能代理的输入包括网页和搜索用户，它一方面以网络爬虫抓取的网页作为输入存入数据库，在用户搜索时从数据库中检索匹配最合适的网页返回给用户，如图 4-6 所示。

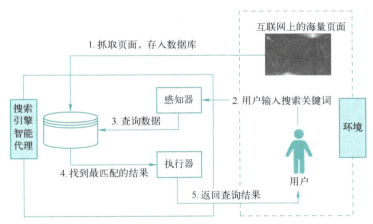

图 4-6   搜索引擎智能代理执行过程

（4）实体机器人。实体机器人智能代理与环境的交互过程与医疗诊断相似，如图 4-7 所示。不同的是，它获知环境是通过摄像头、传声器、触觉传感器等物理外设实现的，执行决策通过轮子、机器臂、扬声器、腿等物理外设完成，因为实体使用物理外设与周围环境进行交互，所以与其他单纯的人工智能应用场景稍有区别。

（5）计算机游戏。游戏代理有两种：一种用于与人类玩家实现对战，比如用户玩棋牌游戏，那么对于智能代理而言，用户就是环境，智能代理将以用户的操作作为输入，以战胜用户为目标来做出决策并执行决策。另一种则充当了游戏中的其他角色，智能代理的目的是让游戏更加真实，更富可玩性。

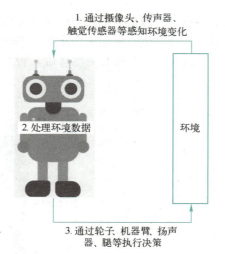

1. 通过摄像头、传声器、触觉传感器等感知环境变化

2. 处理环境数据

3. 通过轮子、机器臂、扬声器、腿等执行决策

环境

图 4-7　实体机器人智能代理与环境的交互过程

4.2.5　下一个风口：智能体

微视频
智能体人工智能

　　智能体作为人工智能领域的一个重要分支，正在逐渐成为未来科技发展的重要方向之一。作为下一代信息技术的关键驱动力，智能体将在多个行业引发变革。尽管面临诸多挑战，但凭借其强大的自适应能力和广泛的应用前景，智能体无疑将成为未来的"风口"之一。企业和研究机构应积极布局，探索智能体在各自领域的创新应用，抓住这一发展机遇。同时，社会各界也需共同努力，解决相关的伦理、法律和技术难题，确保智能体技术的健康发展。

　　智能体未来发展的一些关键趋势和潜在应用领域主要如下。

1. 关键趋势

（1）强化学习与自适应能力。

- 强化学习：通过不断试错来优化行为策略，使得智能体能够在复杂环境中做出最优决策。
- 自适应能力：智能体能够根据环境变化自动调整其行为模式，以应对新的挑战。

（2）多智能体系统。

- 协同工作：多个智能体可以共同协作完成任务，如在物流、交通管理和灾害响应中。
- 分布式计算：利用云计算和边缘计算资源，实现大规模智能体系统的高效运行。

（3）自然语言处理与情感识别。

- 对话管理：智能客服和虚拟助手将更加智能化，能够理解用户意图并提供个性化服务。
- 情感分析：智能体不仅能理解文字内容，还能感知用户情绪，提供更贴心的服务体验。

（4）物联网与智能体的融合。

- 智能家居：智能体可以集成到家居设备中，实现自动化控制和个性化服务。
- 智慧城市：通过智能体管理城市基础设施，如交通流量优化、能源管理等。

（5）安全与隐私保护。

- 数据加密与匿名化：确保智能体在处理个人数据时的安全性和隐私保护。

- 对抗攻击防御：开发算法和技术来抵御恶意攻击，保障智能体系统的稳定性和可靠性。

2. 潜在应用领域

（1）医疗健康。
- 个性化治疗方案：基于患者数据生成个性化的治疗计划。
- 远程监控与诊断：智能体可以通过穿戴设备实时监测患者的健康状况，并提供即时反馈。

（2）金融服务。
- 自动化交易：智能体可以根据市场动态进行高频交易，提高投资回报率。
- 风险评估与管理：利用大数据分析预测市场风险，帮助金融机构制定风险管理策略。

（3）教育与培训。
- 个性化学习助手：根据学生的学习进度和偏好提供定制化的学习建议。
- 虚拟导师：通过互动式教学方法提升学习效果，特别是在在线教育场景中。

（4）制造业与工业自动化。
- 智能制造：通过智能体优化生产流程，提高效率和质量。
- 预测性维护：提前检测设备故障，减少停机时间，延长设备使用寿命。

（5）农业与环境监测。
- 精准农业：利用传感器和无人机收集农田数据，指导灌溉、施肥和病虫害防治。
- 环境保护：通过智能体监测空气质量、水质等环境指标，及时发现污染源并采取措施。

3. 面临的挑战

（1）伦理与法律问题。
- 确保智能体的行为符合道德规范和社会价值观。
- 制定相关法律法规，明确智能体的责任归属和使用界限。

（2）技术瓶颈。
- 提高智能体的学习效率和泛化能力，避免过拟合等问题。
- 解决大规模智能体系统的协调和通信难题。

（3）公众接受度。
- 增强公众对智能体的信任感，消除对新技术的恐惧和误解。
- 通过透明化设计和可解释性模型，让智能体的决策过程更加清晰、易懂。

4.2.6　智能体 AI 时代

随着人工智能技术的不断进步，有研究认为，人们正在从生成式 AI（Generative AI）逐步迈向更加智能、自主的智能体 AI（Agentic AI）时代，这在消费领域展现了巨大潜力，更在企业应用中显示出其独特的价值。

生成式 AI 也称"请求/响应式 AI"，它实际上并没有达到人们所期望和营造的预期水平。作为人工智能的下一个层级，建立在生成式 AI 基础之上的智能体 AI，将为企业带来更具实效的商业价值。

智能体 AI 的概念可以追溯到 20 世纪 90 年代 IBM"深蓝"象棋系统出现之时，但其再次受到关注得益于大语言模型的应用。尤其是 AI 智能体和自治智能体（Autonomous Agent）的具体应用，让智能体再次被热议，包含智能体的工作流更是让智能体 AI 成为人工智能领域的热门话题。

　　智能体 AI 是指被设计用来通过理解目标、导航复杂环境并在最少的人工干预下执行任务的系统，能够通过自然语言输入独立和主动地完成端到端任务。与传统人工智能的区别是，智能体 AI 具有自主性、主动性和独立行动的能力。这一点与智能体相似，但区别在于，智能体更侧重于作为一个明确的主体存在，能够完成特定的任务，相对来说，自主性和适应性可能较为有限。而智能体 AI 则在自主性和适应性上表现更为突出，能够在复杂环境中更灵活地应对变化，并做出更具主动性的决策，智能体则需要更多的人工干预和重新编程来适应变化。

　　以著名电商企业亚马逊为例来了解供应链中的智能体 AI。亚马逊每周会对 4 亿个库存单位的销售情况进行预测，并展望未来五年的发展态势。之所以需要进行如此长远的展望，是因为它拥有不同的代理，而这些代理会依据时间范围和所需协调的工作类型去执行不同的任务。例如，一个负责长期规划的代理或许会计算出需要建设多少配送中心容量；一个代理可能会对每个现有或尚未建成的配送中心的布局进行配置；一个代理可能会算出在下一个交付周期中每个供应商每个库存单位的订购数量；一个代理会计算出货物到达时如何进行交叉装卸，以确保库存能够分配到正确的位置。随后，在收到客户订单后，又会有一个代理必须计算出工人应当如何拣选、包装和发货。这些代理需要为了一些总体的企业目标（如盈利能力）来协调各自的计划，并且要受到满足亚马逊所设定的交付时间目标的限制。重要的是，一个代理有关配送中心配置的决策必须告知另一个代理如何拣选、包装和发货订单。换句话说，每个代理所做的分析都为其他所有代理的分析提供信息。所以，这不单单是搞清楚一个代理的工作内容，而是要协调众多代理的工作和计划，并考虑它们之间的相互依赖关系。

　　代理依照人类设定的目标开展工作。生成的计划提交给人类进行审查，然后根据实际需要付诸实施或者进行修订和优化。正是人类的直觉与机器的效率相互结合，才使得这一过程变得如此强大。

【作业】

　　1. 智能体是人工智能领域中一个很重要的概念，它是指能（　　　）的软件或者硬件实体，任何独立的能够思考并可以同环境交互的实体都可以抽象为智能体。

　　　　A. 独立计算　　　B. 关联处理　　　　C. 自主活动　　　　D. 受控移动

　　2. 任何通过（　　）感知环境并通过（　　）作用于该环境的事物都可以被视为智能体。

　　　　A. 执行器，传感器　　　　　　　　B. 传感器，执行器

　　　　C. 分析器，控制器　　　　　　　　D. 控制器，分析器

　　3. 使用（　　）来表示智能体的传感器知觉的内容。一般而言，一个智能体在任何给定时刻的动作选择，可能取决于其内置知识和迄今为止观察到的整个信息序列。

　　　　A. 感知　　　　B. 视线　　　　　C. 关联　　　　　D. 体验

　　4. 在内部，人工智能体的（　　　）将由（　　　）实现，区别这两种观点很重要，前者是一种抽象的数学描述，而后者是一个具体的实现，可以在某些物理系统中运行。

　　　　A. 执行器，服务器　　　　　　　　B. 服务器，执行器

　　C．智能体程序，智能体函数　　　　D．智能体函数，智能体程序

5．事实上，机器没有自己的欲望和偏好，至少在最初，（　　）是在机器设计者的头脑中或者是在机器受众的头脑中。

　　A．感知条件　　B．视觉效果　　C．性能度量　　D．体验感受

6．对智能体来说，任何时候，理性取决于对智能体定义成功标准的性能度量以及（　　）4 个方面。

　　① 在物质方面的积累　　　　② 对环境的先验知识
　　③ 可以执行的动作　　　　　④ 到目前为止的感知序列
　　A．①②③　　　B．②③④　　　C．①②④　　　D．①③④

7．在设计智能体时，第一步始终是尽可能完整地指定任务环境，PEAS 包括传感器以及（　　）。

　　① 性能　　　　② 环境　　　　③ 函数　　　　④ 执行器
　　A．①②④　　　B．①③④　　　C．①②③　　　D．②③④

8．如果智能体的传感器在每个时间点都能访问环境的完整状态，就说任务环境是（　　）的。

　　A．有限可观测　　B．非可观测　　C．有效可观测　　D．完全可观测

9．如果环境的下一个状态完全由当前状态和智能体执行的动作决定，那么就说环境是（　　）。

　　A．静态的　　　B．动态的　　　C．确定性的　　D．非确定性的

10．通常，大部分人工智能应用都是一个（　　）的程序系统，在前期实验性操作成功的基础上，无法按比例放大至可用规模。

　　A．独立和细小　　　　　　　B．关联和具体
　　C．关联和庞大　　　　　　　D．独立和庞大

11．有 4 种基本的智能体程序，它们体现了几乎所有智能系统的基本原理，每种智能体程序以特定的方式组合特定的组件来产生动作。其中，简单反射型是最简单的智能体，其他基本形式还有（　　）。

　　① 基于动态理论型　　　　　② 基于目标型
　　③ 基于模型反射型　　　　　④ 基于效用型
　　A．②③④　　　B．①②③　　　C．①②④　　　D．①③④

12．在社会科学中，智能代理是一个（　　）的人或其他系统，它根据感知世界得到的信息做出举动来影响这个世界。

　　A．理性且自主　　　　　　　B．感性且自主
　　C．理性且集中　　　　　　　D．感性且集中

13．斯坦福大学的海耶斯·罗斯认为：智能代理持续地执行（　　）3 项功能。

　　① 感知环境中的动态条件
　　② 执行动作影响环境
　　③ 进行推理以解释感知信息、求解问题、产生推理和决定动作
　　④ 感知环境中的静态参数
　　A．①②④　　　B．①③④　　　C．②③④　　　D．①②③

14．智能代理是一套辅助人和充当他们代表的软件，一般具有（　　）等多个特点。

     ① 代理性   ② 临时性   ③ 智能性   ④ 移动性

     A．①②④   B．①③④   C．①②③   D．②③④

15．人们在智能代理程序中设置的一些（   ）甚至可以在不同计算机上运行，但依然遵循所设计的层次协同合作原理。

     A．串联信号   B．关联数据   C．独立模块   D．随机函数

16．通过离散各个部分，智能代理的（   ）大大降低，使程序编写和维护更加简单。通过系统内的协同合作，完全可以修改某些模块而不影响任何其他模块。

     A．复杂度   B．关联度   C．独立性   D．随机性

17．在人工智能领域中，多个（   ）在一个系统中协同作业，各自负责自己最擅长的工作。为了执行任务，它们需要与其他做不同工作的个体沟通。各自都对环境进行感知，其环境由任务所决定。

     A．复杂组件   B．关联程序   C．机器人组   D．智能代理

18．所有相关的智能代理独立程序彼此间需要交流，这通常是通过（   ）来完成的。

     A．随机组合   B．传递信息   C．直接控制   D．系统中断

19．智能代理系统的适用场景有很多，包括（   ）。

     ① 有限元计算   ② 实体机器人

     ③ 计算机游戏   ④ 股票、期货交易

     A．①③④   B．①②④   C．①②③   D．②③④

20．在股票市场，代理被用于（   ）。某些独立代理还会监控股票市场并生成统计数据，监测异常价格变动，寻找合适的股票，管理用户投资组合所代表的整体风险并与用户互动。

     ① 分析市场行情   ② 影响或操纵股市行情的波动

     ③ 生成买卖指令建议   ④ 直接买入和卖出股票

     A．①③④   B．①②④   C．①②③   D．②③④

【实训与思考】分析智能体的设计与行为

本项目的"实训与思考"能够帮助学生更好地理解和应用所学的知识，提升他们的智能体设计能力和分析能力，同时培养他们的综合思维能力和创新精神。

1．智能体设计实践

（1）简单智能体设计。设计一个简单的智能体，如一个"智能垃圾桶"。该智能体可以通过传感器检测垃圾桶内的垃圾量，并在垃圾量达到一定阈值时自动通知清洁人员。使用Python 或其他编程语言实现该智能体的基本功能，包括传感器模拟、垃圾量检测、通知功能等。将你的设计过程和代码实现写成一篇报告（不少于 800 字）。

思考：在设计智能垃圾桶智能体的过程中，你如何定义其性能度量？如何选择合适的传感器和执行器？如果要扩展该智能体的功能，如加入垃圾分类识别功能，你认为需要增加哪些组件？

目的：通过设计一个简单的智能体，让学生理解智能体的基本结构和设计方法，掌握传感器和执行器的选择与应用，同时培养他们的编程能力和创新思维。

（2）基于模型的智能体设计。设计一个基于模型的智能体，如一个"智能导航系统"。

该智能体可以根据用户的当前位置和目的地，结合交通状况和地图信息，为用户提供最优的导航路径。使用 Python 或其他编程语言实现该智能体的基本功能，包括地图数据的获取、路径规划算法、交通状况的实时更新等。将你的设计过程和代码实现写成一篇报告（不少于1000 字）。

思考：在设计智能导航系统的过程中，你如何构建环境模型？如何处理部分可观测性问题？如果要提高该智能体的性能，你认为需要优化哪些方面？

目的：通过设计一个基于模型的智能体，让学生深入理解环境模型的作用和构建方法，掌握路径规划算法的应用，同时培养他们的系统设计能力和问题解决能力。

2. 智能体行为分析

（1）智能体行为模拟。选择一个复杂的智能体系统，如自动驾驶出租车。使用模拟软件（如 MATLAB、Simulink 或其他开源模拟工具）模拟该智能体在不同环境下的行为。设置不同的任务环境（如不同的交通状况、不同的乘客需求等），观察智能体的行为表现，并记录其性能度量。将你的模拟过程和结果写成一篇报告（不少于 1000 字）。

思考：在模拟过程中，如何设置任务环境的属性（如完全可观测与部分可观测、单智能体与多智能体等）？智能体的行为表现是否符合你的预期？如果不符合，你认为可能的原因是什么？

目的：通过模拟智能体的行为，让学生理解智能体在不同环境下的表现，掌握任务环境的设置方法，同时培养他们的分析能力和批判性思维。

（2）智能体性能优化。选择一个现有的智能体系统（如一个简单的机器人智能体或软件智能体），分析其性能表现，并提出优化方案。通过修改智能体的程序或调整任务环境的设置，验证你的优化方案的有效性。将你的分析过程和优化结果写成一篇报告（不少于1000 字）。

思考：在分析智能体性能的过程中，你如何确定其性能瓶颈？你提出的优化方案是否有效？如果有效，你认为优化的关键点是什么？如果无效，你认为可能的原因是什么？

目的：通过优化智能体的性能，让学生理解智能体性能评估和优化的方法，掌握性能瓶颈的识别和解决技巧，同时培养他们的实践能力和创新精神。

3. 智能体技术应用思考

（1）智能体技术在实际领域的应用。选择一个实际领域（如智能家居、智能交通、医疗诊断等），分析智能体技术在该领域的应用现状和存在的问题。提出你认为可行的解决方案或改进建议，并探讨未来的发展趋势。将你的思考写成一篇短文（不少于 1000 字）。

思考：在你选择的领域中，智能体技术的应用是否已经取得了显著成果？目前还存在哪些问题需要解决？你认为未来的发展方向是什么？

目的：引导学生关注智能体技术在实际领域的应用，培养他们的跨学科思维能力和综合分析能力，同时激发他们对前沿技术应用的探索精神。

（2）智能体技术的伦理和隐私问题。随着智能体技术的广泛应用，伦理和隐私问题日益突出。结合本章内容，思考智能体技术在伦理和隐私方面可能带来的问题，如智能体的自主决策是否会导致不可预测的后果、智能体收集和使用数据是否会侵犯用户隐私等。提出你认为可行的解决方案或应对措施，并探讨政府、企业和个人在其中应承担的责任。将你的思考写成一篇短文（不少于 1000 字）。

　　思考： 在智能体技术的应用中，伦理和隐私问题为什么变得如此重要？我们如何在充分利用智能体技术的同时保护用户的隐私和伦理道德？政府、企业和个人在其中应承担哪些责任？

　　目的： 引导学生关注智能体技术的伦理和隐私问题，培养他们的社会责任感和伦理意识，同时提高他们对技术应用中潜在风险的重视程度。

4. 实训总结

_____

_____

5. 实训评价（教师）

_____

学习目标

（1）理解机器学习的基本概念和历史。

● 掌握机器学习的定义及其在人工智能中的地位。

● 了解机器学习的发展历程及其阶段性特点。

（2）熟悉机器学习的主要类型和应用场景。

● 掌握监督学习、无监督学习和强化学习的特点与区别。

● 理解机器学习在图像识别、自然语言处理、推荐系统等领域的应用。

（3）掌握机器学习算法的基本原理和应用。

● 理解回归算法、K-近邻算法、决策树算法、朴素贝叶斯算法、聚类算法、支持向量机算法、神经网络算法等常见算法的原理。

● 学会使用 Python 等工具实现简单的机器学习算法。

（4）理解机器学习的基本流程和结构。

● 掌握数据预处理、模型学习、模型评估和新样本预测的基本流程。

● 理解环境、知识库和执行部分对机器学习系统的影响。

（5）培养机器学习算法的实践能力和模型优化能力。

● 通过实际项目（如线性回归、K-近邻算法实践）提升编程能力和数据分析能力。

● 学会调整算法参数以优化模型性能。

（6）关注机器学习的伦理和隐私问题。

● 探讨机器学习在实际应用中的伦理和隐私问题。

● 提出可行的解决方案和应对措施。

任务 5.1　机器学习简介

机器学习是一种人工智能技术，它是计算机具有智能的根本途径，使计算机能够在不进行明确编程的情况下从数据中学习并改进其性能。通过使用算法解析数据、识别模式并做出预测或决策，机器学习能够自动适应新的数据，并在多种应用场景中提供智能支持，如图像识别、自然语言处理（NLP）和推荐系统等。机器学习的实质是让计算机利用经验（数据）

来优化特定任务的执行策略，进而实现智能化的行为。

传统的机器学习方法涉及概率论、统计学、逼近论、凸分析、算法复杂度理论等多学科知识，专门研究计算机怎样模拟或实现人类的学习行为，以获取新的知识或技能，重新组织已有的知识结构使之不断改善自身的性能。

微视频
什么是机器学习

5.1.1 机器学习的发展历程

机器学习的发展历程最早可以追溯到英国数学家贝叶斯（1702—1761）在 1763 年发表的贝叶斯定理，这是关于随机事件 A 和 B 的条件概率（或边缘概率）的一则数学定理，是机器学习的基本思想。其中，P(A|B)是指在 B 发生的情况下 A 发生的可能性，即根据以前的信息寻找最有可能发生的事件。

$$P(B_i \mid A) = \frac{P(B_i)P(A \mid B_i)}{\sum\limits_{j=1}^{n} P(B_j)P(A \mid B_j)}$$

从 1950 年图灵提议建立一个学习机器，到 2000 年初深度学习的实际应用及进展，机器学习有了很大的进展。不同时期的研究途径和目标并不相同，大体上可以划分为 4 个阶段。

第一阶段是 20 世纪 50 年代中叶到 20 世纪 60 年代中叶，属于热烈时期。主要研究"有无知识的学习"，关注系统的执行能力。这个时期，通过对机器的环境及其相应性能参数的改变来检测系统所反馈的数据，系统受到程序的影响而改变自身的组织，最后会选择一个最优的环境生存。这一阶段最具代表性的研究是亚瑟·塞缪尔的下棋程序。

第二阶段从 20 世纪 60 年代中叶到 20 世纪 70 年代中叶，称为冷静时期。主要研究将各领域的专家知识植入到系统里，通过机器模拟人类学习的过程，同时采用图结构及逻辑结构方面的知识进行系统描述。这一阶段主要是用各种符号来表示机器语言，取得了一定的成效。这一阶段具有代表性的工作是海耶斯-罗斯等的对结构学习系统方法。

第三阶段从 20 世纪 70 年代中叶到 20 世纪 80 年代中叶，称为复兴时期。在此期间，人们从学习单个概念扩展到学习多个概念，探索不同的学习策略和方法，开始把学习系统与各种应用结合起来，并取得成功。同时，专家系统在知识获取方面的需求也极大地刺激了机器学习的研究和发展。在出现第一个专家学习系统之后，示例归纳学习系统成为研究的主流，自动知识获取成为机器学习应用的研究目标。1980 年，在美国的卡内基梅隆大学（CMU）召开了第一届机器学习国际研讨会，标志着机器学习研究已在全世界兴起。此后，机器学习开始得到大量的应用。1984 年，西蒙等 20 多位人工智能专家共同撰文编写的机器学习文集第二卷出版，国际性杂志 *Machine Learning* 创刊，更加显示出机器学习突飞猛进的发展趋势。这一阶段代表性的工作有莫斯托的指导式学习、莱纳特的数学概念发现程序、兰利的BACON 程序及其改进程序。

第四阶段起步于 20 世纪 80 年代中叶，机器学习的这个新阶段具有如下特点。

（1）机器学习成为新的边缘学科，综合应用了心理学、生物学、神经生理学、数学、自动化和计算机科学等形成了机器学习理论基础。

（2）融合各种学习方法且形式多样的集成学习系统研究正在兴起，如图 5-1 所示。特别是连接符号的学习耦合可以更好地解决连续性信号处理中知识与技能的获取与求精问题，从而受到重视。

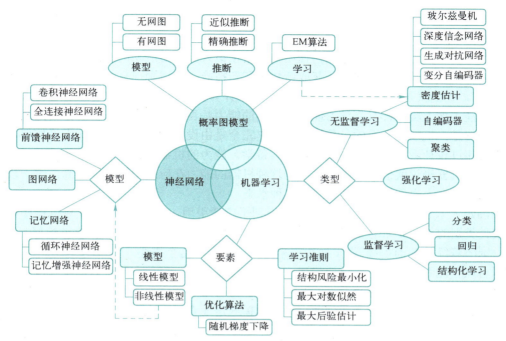

图 5-1　机器学习融合了各种学习方法

（3）机器学习与人工智能各种基础问题的统一性观点正在形成。例如，学习与问题求解结合进行、知识表达便于学习的观点产生了通用智能系统的组块学习。类比学习与问题求解结合的基于案例方法已成为经验学习的重要方向。

（4）各种学习方法应用范围不断扩大。例如，归纳学习知识获取工具在诊断专家系统中广泛使用，联结学习在图文识别中占优势，分析学习用于设计型专家系统，遗传算法与强化学习在工程控制中有较好应用，与符号系统耦合的深度学习在智能管理与智能机器人运动规划中发挥着作用。

（5）与机器学习有关的学术活动空前活跃。国际上除每年举行的机器学习研讨会外，还有计算机学习理论会议以及遗传算法会议等会议。

机器学习在 1997 年达到巅峰，当时，IBM"深蓝"计算机在一场国际象棋比赛中击败了人类职业象棋高手加里·卡斯帕罗夫。之后，谷歌开发专注于围棋游戏的 AlphaGo，尽管围棋被认为过于复杂，但 2016 年 AlphaGo 终于获得胜利，在一场五局比赛中击败人类职业围棋高手李世石。

5.1.2　机器学习的定义

学习是人类具有的一种重要的智能行为，而机器学习是一个多学科交叉的领域，涵盖概率论知识、统计学知识、近似理论知识和复杂算法知识，使用计算机作为工具并致力于真实实时的模拟人类学习方式，并对现有内容进行知识结构划分来有效提高学习效率。

兰利（1996 年）的定义是："机器学习是一门人工智能的科学，该领域的主要研究对象是人工智能，特别是如何在经验学习中改善具体算法的性能。"

汤姆·米切尔（1997 年）对信息论中的一些概念有详细的解释，其中定义机器学习时提到："机器学习是对能通过经验自动改进的计算机算法的研究。"

阿尔帕丁（2004 年）的定义是："机器学习是用数据或以往的经验，以此优化计算机程序的性能标准。"

顾名思义，机器学习是研究如何使用机器来模拟人类学习活动的一门学科。较为严格的说法是：机器学习是一门研究机器获取新知识和新技能，并识别现有知识的学问。这里所说的"机器"，指的就是计算机、电子计算机、中子计算机、光子计算机或神经计算机等。

机器能否像人类一样具有学习能力？机器的能力是否能超过人类？很多持否定意见的人的主要论据是：机器是人造的，其性能和动作完全是由设计者规定的，因此无论如何，其能力也不会超过设计者本人。这种论据对不具备学习能力的机器来说的确是对的，可是对具备学习能力的机器来说就值得考虑了，因为这种机器的能力在应用中不断地提高，过一段时间之后，设计者本人也不知它的能力到了何种水平。

由汤姆·米切尔给出的机器学习定义得到了广泛引用，其内容是："计算机程序可以在给定某种类别的任务 T 和性能度量 P 下学习经验 E，如果其在任务 T 中的性能恰好可以用 P 度量，则随着经验 E 而提高。"下面用简单的例子来分解这个描述。

以台风预测系统为例。假设要构建一个台风预测系统，目前有所有以前发生过的台风数据和这次台风形成前三个月的天气信息。如果手动构建一个台风预测系统，应该怎么做？

首先是清洗所有的数据，找到数据里面的模式进而查找形成台风的条件。既可以将模型条件数据（如气温高于 40℃，湿度在 80%～100%等）输入到系统里面生成输出，也可以让系统自己通过这些条件数据产生合适的输出。可以把所有以前的数据输入到系统里面来预测未来是否会有台风。基于系统条件的取值，评估系统性能（正确预测台风的次数）。可以将系统预测结果作为反馈继续多次迭代以上步骤。

根据米切尔的解释来定义这个预测系统：任务 T 是确定可能形成台风的气象条件。性能度量 P 是在系统所有给定的条件下有多少次正确预测台风，经验 E 是系统的迭代次数。

5.1.3　监督学习

机器学习的核心是"使用算法解析数据，从中学习，然后对世界上的某件事情做出决定或预测"。这意味着，与其显式地编写程序来执行某些任务，不如教计算机学会如何开发一个算法来完成任务。机器学习有三种主要类型，即监督学习、无监督学习和强化学习，如图 5-2 所示。

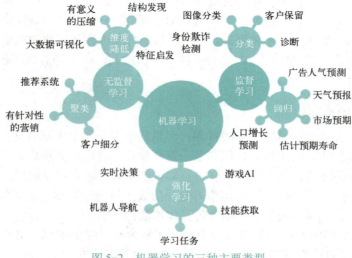

图 5-2　机器学习的三种主要类型

　　机器学习使用特定的算法和编程方法来实现人工智能。有了机器学习，人们可以将代码量缩小到以前的一小部分。作为现代机器学习的子集，强化学习是指以环境反馈（奖/惩信号）作为输入、以统计和动态规划技术作为指导的一种学习方法；深度学习则专注于模仿人类大脑的生物学和过程。强化学习和深度学习将在本书的后面章节加以详细介绍。

　　监督学习，也称有导师学习，是指输入数据中有导师信号，以概率函数、代数函数或人工神经网络为基函数模型，采用迭代计算方法，学习结果为函数。监督学习涉及一组标记数据，计算机可以使用特定的模式来识别每种标记类型的新样本，即在机器学习过程中提供对错指示，一般是在数据组中包含最终结果（0，1）。监督学习从给定的训练数据集中学习一个函数，当接收到一个新的数据时，可以根据这个函数预测结果。监督学习的训练集要求包括输入和输出，也可以说是特征和目标，目标则是由人标注的。监督学习的主要类型有分类和回归。

　　在分类中，机器通过训练将一个组划分为特定的类，一个简单例子就是电子邮件中的垃圾邮件过滤器。过滤器分析用户以前标记为垃圾邮件的电子邮件，并将它们与新邮件进行比较，如果它们有一定的百分比匹配，这些新邮件将被标记为垃圾邮件并发送到适当的文件夹中。

　　在回归中，机器使用先前的（标记的）数据来预测未来，天气应用是回归的典型示例。使用气象事件的历史数据（如平均气温、湿度和降水量），手机天气预报 App 可以查看当前天气，并对未来时间的天气进行预测。

5.1.4　无监督学习

　　无监督学习又称无导师学习、归纳性学习，是指输入数据中无导师信号，采用聚类方法，学习结果为类别。典型的无监督学习有发现学习、聚类、竞争学习等。无监督学习通过循环和递减运算来减小误差，以达到分类的目的。在无监督学习中，数据是无标签的。由于大多数真实世界的数据都没有标签，这样的算法就特别有用。无监督学习分为聚类和降维。聚类用于根据属性和行为对象进行分组。这与分类不同，因为这些组不是用户提供的。聚类的一个例子是将一个组划分成不同的子组（如基于年龄和婚姻状况），然后应用到有针对性的营销方案中。降维则通过找到共同点来减少数据集的变量，大多数大数据可视化使用降维来识别趋势和规则。

5.1.5　机器学习的基本结构

　　机器学习的基本流程是：数据预处理→模型学习→模型评估→新样本预测。机器学习与人脑思考过程的对比如图 5-3 所示。

　　在学习系统的基本结构中，环境向系统的学习部分提供某些信息；学习部分利用这些信息修改知识库，以增进系统执行部分完成任务的效能；执行部分根据知识库完成任务，同时把获得的信息反馈给学习部分。在具体的应用中，环境、知识库和执行部分决定了工作内容，确定了学习部分所需要解决的问题。

　　（1）环境。向系统提供信息，更具体地说，信息的质量是影响学习系统设计的最重要的因素。知识库里存放的是指导执行部分动作的一般原则，但环境向学习系统提供的信息却是各种各样的。如果信息的质量比较高，与一般原则的差别比较小，则学习部分比较容易处理。如果向学习系统提供的是杂乱无章的指导执行具体动作的具体信息，则学习系统需要在获得足够数据之后，删除不必要的细节，进行总结推广，形成指导动作的一般原则，并放入知识库，这样学习部分的任务就比较繁重，设计起来也较为困难。

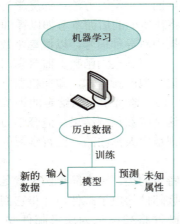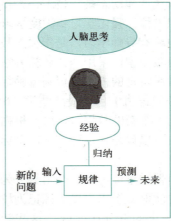

图 5-3　机器学习与人脑思考过程的对比

因为学习系统获得的信息往往是不完全的，所以学习系统所进行的推理并不完全是可靠的，它总结出来的规则可能正确，也可能不正确，这要通过执行效果加以检验。正确的规则能使系统的效能提高，应予以保留；不正确的规则应予以修改或从数据库中删除。

（2）知识库。这是影响学习系统设计的第二个因素。知识的表示有多种形式，如特征向量、一阶逻辑语句、产生式规则、语义网络和框架等。这些表示方式各有特点，在选择表示方式时要兼顾的 4 个方面是表达能力强、易于推理、容易修改知识库以及知识表示易于扩展。

学习系统不能在没有任何知识的情况下凭空获取知识，每一个学习系统都要求具有某些知识来理解环境提供的信息，分析比较，做出假设，检验并修改这些假设。因此，更确切地说，学习系统是对现有知识的扩展和改进。

（3）执行部分。这是整个学习系统的核心，因为执行部分的动作就是学习部分力求改进的动作。同执行部分有关的问题有复杂性、反馈和透明性 3 个。

任务 5.2　机器学习算法

学习是一项复杂的智能活动，学习过程与推理过程是紧密相连的。学习中所用的推理越多，系统的能力越强。要完全理解大多数机器学习算法，需要对一些关键的数学概念有一个基本的理解，这些概念主要包括线性代数、微积分、概率论和统计学知识。

（1）线性代数：矩阵运算、特征值/特征向量、向量空间和范数。

（2）微积分：偏导数、向量-值函数、方向梯度。

（3）概率论和统计学：贝叶斯定理、组合学、抽样方法。

微视频
机器学习算法与应用

5.2.1　回归算法

回归分析是一种建模和分析数据的预测性建模技术，它研究的是因变量（目标）和自变量（预测器）之间的关系，通常用于预测分析、时间序列模型以及发现变量之间的因果关系，可以使用曲线/线来拟合这些数据点（见图 5-4），在这种方式下，从曲线或线到数据点的距离差异最小。例如，驾驶员的鲁莽驾驶与道路交通事故数量之间的关系，最好的研究方法就是回归。回归分析主要有线性回归、逻辑回归、多项式回归、逐步回归、岭回归、套索回归、弹性网络回归 7 种常用技术。

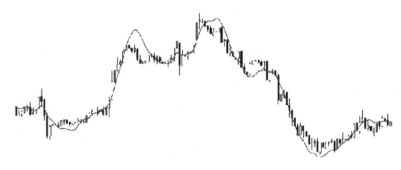

图 5-4　回归分析的曲线拟合

例如，在当前的经济条件下，要估计一家公司的销售额增长情况。现在有公司最新的数据，这些数据显示出销售额增长大约是经济增长的 2.5 倍。那么使用回归分析就可以根据当前和过去的信息来预测公司未来的销售情况。

使用回归分析的好处良多，具体如下。

（1）它表明自变量和因变量之间的显著关系。

（2）它表明多个自变量对一个因变量的影响强度。

回归分析也允许人们去比较那些衡量不同尺度的变量之间的相互影响，如价格变动与促销活动数量之间的联系。这些有利于帮助市场研究人员、数据分析人员以及数据科学家排除并估计出一组最佳的变量，构建预测模型。

5.2.2　K-近邻算法

K-近邻（K-Nearest Neighbor，KNN）算法是最著名的基于实例的算法，是机器学习中最基础和简单的算法之一，它既能用于分类，也能用于回归。KNN 算法有一个十分特别的地方：没有一个显式的学习过程，工作原理是利用训练数据对特征向量空间进行划分，并将划分的结果作为其最终的算法模型，即基于实例的分析使用提供数据的特定实例来预测结果。KNN 用于分类，比较数据点的距离，并将每个点分配给它最接近的组。

5.2.3　决策树算法

决策树算法将一组"弱"学习器集合在一起，形成一种强算法，这些学习器组织在树状结构中相互分支，将输入空间分成不同的区域，每个区域有独立参数。决策树算法充分利用了树形模型，根节点到一个叶子节点是一条分类的路径规则，每个叶子节点象征一个判断类别。先将样本分成不同的子集，再进行分割递推，直至每个子集得到同类型的样本，从根节点开始测试，到子树再到叶子节点，即可得出预测类别。此方法的特点是结构简单、处理数据效率较高。

在图 5-5 所示的例子中，可以发现许多共同的特征（就像眼睛是蓝色的或者不是蓝色的），它们都不足以单独识别动物。然而，当人们把所有这些观察结合在一起时，就能形成一个更完整的画面，并做出更准确的预测。

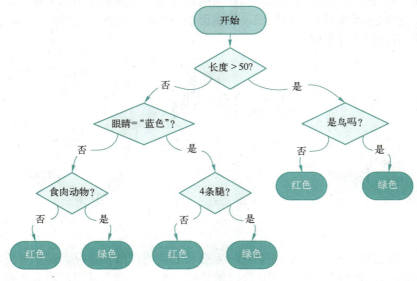

图 5-5　决策树算法

一种流行的决策树算法是**随机森林算法**。在该算法中，弱学习器是随机选择的，通过学习往往可以获得一个强预测器。控制数据树生成的方式有多种，根据前人的经验，大多数时候更倾向于选择分裂属性和剪枝，但这并不能解决所有问题，偶尔会遇到噪声或分裂属性过多的问题。基于这种情况，总结每次的结果可以得到数据的估计误差，将它和测试样本的估计误差相结合，可以评估组合树学习器的拟合及预测精度。此方法的优点有很多，可以产生高精度的分类器、处理大量的变数、平衡分类资料集之间的误差。

5.2.4　朴素贝叶斯算法

朴素贝叶斯经常用于文本分析算法，是一种由一系列算法组成的分类算法，各种算法有一个共同的原则，即被分类的每个特征都与任何其他特征的值无关，这些"特征"中的每一个都独立地贡献概率，而不管特征之间的任何相关性。然而，特征并不总是独立的，这通常被视为朴素贝叶斯算法的缺点。简而言之，朴素贝叶斯算法允许使用概率给出一组特征来预测一个类。与其他常见的分类方法相比，朴素贝叶斯算法需要的训练很少。在进行预测之前，必须完成的唯一工作是找到特征的个体概率分布的参数，这通常可以快速且确定地完成。这意味着即使对于高维数据点或大量数据点，朴素贝叶斯分类器也可以表现良好。例如，大多数垃圾邮件过滤器使用朴素贝叶斯算法，它们使用用户输入的类标记数据来比较新数据并对其进行适当分类。

5.2.5　聚类算法

聚类算法的重点是发现元素之间的共性并对它们进行相应的分组，常用的聚类算法是 K 均值聚类算法。在 K 均值聚类算法中，分析人员选择簇数（以变量 k 表示），并根据物理距离将元素分组为适当的聚类。

5.2.6　支持向量机算法

支持向量机是统计学习领域中的一种代表性算法，但它与传统方式的思维方法很不同，输入空间、提高维度从而将问题简单化，使问题归结为线性可分的经典解问题。基本思想是：首先，要利用一种变换将空间高维化，当然这种变换是非线性的；然后，在新的复杂空间取最优线性分类表面。由此种方式获得的分类函数在形式上类似于神经网络算法。支持向量机算法可以应用于垃圾邮件识别、人脸识别等多种分类问题。

5.2.7　神经网络算法

人工神经网络与神经元组成的异常复杂的网络大体相似，是个体单元互相连接而成的，每个单元有数值量的输入和输出，形式可以为实数或线性组合函数，如图 5-6 所示。它先要以一种学习准则去学习，然后才能进行工作。当网络判断错误时，通过学习使其减少犯同样错误的可能性。此方法有很强的泛化能力和非线性映射能力，可以对信息量少的系统进行模型处理，从功能模拟角度看具有并行性，且传递信息速度极快。

图 5-6　神经网络算法

深度学习采用神经网络模型并对其进行更新。它们是大且极其复杂的神经网络，使用少量的标记数据和更多的未标记数据。神经网络和深度学习有许多输入，它们经过几个隐藏层后才产生一个或多个输出。这些连接形成一个特定的循环，模仿人脑处理信息和建立逻辑连接的方式。此外，随着算法的运行，隐藏层往往变得更小、更细微。

一旦选定了算法，还有一个非常重要的步骤，就是可视化和交流结果。虽然与算法编程的细节相比这看起来比较简单，但是，如果没有人能够理解，那么惊人的洞察力又有什么用呢？

5.2.8　梯度增强算法

梯度增强（Boosting）算法是一种通用的增强基础算法性能的回归分析算法。不需构造一个高精度的回归分析，只需一个粗糙的基础算法即可，再反复调整基础算法就可以得到较好的组合回归模型。它可以将弱学习算法提高为强学习算法，可以应用到其他基础回归算法（如线性回归、神经网络等）来提高精度。

Bagging（装袋）算法和前一种算法大体相似但又略有差别，主要想法是给出已知的弱学习算法和训练集，它需要经过多轮计算，才可以得到预测函数列，最后采用投票方式对示例进行判别。

5.2.9　关联规则算法

关联规则算法是用规则去描述两个变量或多个变量之间的关系，是一种客观反映数据本身性质的方法。它是机器学习的一大类任务，可分为两个阶段，先从资料集中找到高频项目组，再去研究它们的关联规则。其得到的分析结果即是对变量间规律的总结。

5.2.10 EM（期望最大化）算法

在进行机器学习的过程中需要用到极大似然估计等参数估计方法，在有潜在变量的情况下，通常选择期望最大化（Expectation-Maximum，EM）算法，不直接对函数对象进行极大估计，而是添加一些数据进行简化计算，再进行极大化模拟。它是对本身受限制或比较难直接处理的数据的极大似然估计算法。

EM 算法是最常见的隐变量估计方法，在机器学习中有极为广泛的用途。EM 算法是一种迭代优化策略，它的计算方法中每一次迭代都分两步，一步为期望步（E 步），另一步为极大步（M 步）。EM 算法最初是为了解决数据缺失情况下的参数估计问题，其基本思想是：首先根据已有观测数据估计出模型参数值；然后依据上一步的参数值估计缺失数据值，再将估计的缺失数据与之前观测到的数据结合，重新对参数值进行估计，反复迭代，直至最后收敛，迭代结束。

5.2.11 机器学习算法的典型应用

机械学习的主要目的是从使用者和输入数据等处获得知识或技能，重新组织已有的知识结构使之不断改善自身的性能，从而可以减少错误，帮助解决更多问题，提高解决问题的效率。例如，机器翻译中最重要的过程是学习人类怎样翻译语言，程序通过阅读大量翻译内容来实现对语言的理解。以汉语与日语为例，机器学习的原理很简单，当一个相同的词语在几个句子中出现时，只要通过对比日语版本翻译在每个句子中都出现的短语，便可知道它的日语翻译是什么，如图 5-7 所示。

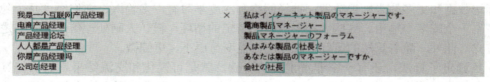

图 5-7　汉语与日语的对译

按照这种方式不难推测：

（1）"产品经理"一词的日语可翻译为"製品のマネージャー"。

（2）"总经理"一般翻译为"社長"。

机器学习在识别词汇时可以不追求完全匹配，只要匹配达到一定比例便可以认为这是一种可能的翻译方式。机器学习应用广泛，无论是在军事领域还是在民用领域，都有机器学习算法施展的机会，主要包括以下几个方面。

（1）数据分析与挖掘。它们通常被相提并论，并在许多场合被认为是可以相互替代的术语。无论是数据分析还是数据挖掘，都是"识别出巨量数据中有效的、新颖的、潜在有用的、最终可理解的、模式的非平凡过程"，以帮助人们收集、分析数据，使之成为信息并做出判断。因此，可以将这两项合称为数据分析与挖掘。

数据分析与挖掘技术是机器学习算法和数据存取技术的结合，利用机器学习提供的统计分析、知识发现等手段分析海量数据，同时利用数据存取机制实现数据的高效读写。机器学习在数据分析与挖掘领域中拥有无可取代的地位。

（2）模式识别。它起源于工程领域，而机器学习起源于计算机科学，这两个不同学科的结合带来了模式识别领域的调整和发展。模式识别研究主要集中在两个方面。

- 研究生物体（包括人）是如何感知对象的，属于认识科学的范畴。
- 在给定的任务下，如何用计算机实现模式识别的理论和方法，这些是机器学习的长项，也是机器学习研究的内容之一。

模式识别的应用领域广泛，包括计算机视觉、医学图像分析、光学文字识别、自然语言处理、语音识别、手写数字识别、生物特征识别、文件分类、搜索引擎等，而这些领域也正是机器学习大展身手的舞台，因此模式识别与机器学习的关系越来越密切。

（3）生物信息学应用。随着基因组和其他测序项目的不断发展，生物信息学研究的重点正逐步从积累数据转移到如何解释这些数据。在未来，生物学的新发现将极大地依赖于人们在多个维度和不同尺度下对多样化的数据进行组合和关联的分析能力，而不再仅仅依赖于对传统领域的继续关注。如此大量的数据，在生物信息的存储、获取、处理、浏览及可视化等方面，都对理论算法和软件的发展提出了迫切的需求。另外，由于基因组数据本身的复杂性也对理论算法和软件的发展提出了迫切的需求，而机器学习方法（如神经网络、遗传算法、决策树和支持向量机等）正适合于处理这种数据量大、含有噪声并且缺乏统一理论的领域。

借由高功率显微镜与机器学习（见图 5-8），美国科学家提出一种新算法，可在整个细胞的超高分辨率图像中快速揭示细胞内部结构，自动识别大约 30 种不同类型的细胞器和其他结构。

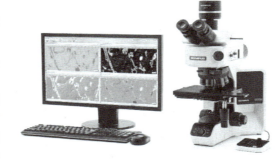

图 5-8　高功率显微镜与机器学习

（4）物联网（Internet of Things，IoT）。随着机器学习的进步，物联网设备比以往任何时候都更聪明、更复杂。机器学习有两个主要的与物联网相关的应用：使用户的设备变得更好和收集用户的数据。让设备变得更好是非常简单的：使用机器学习来个性化用户的环境，比如，用面部识别软件来感知哪个是房间，并相应地调整温度。收集数据更加简单，通过在用户的家中保持网络连接的设备（如亚马逊回声）的通电和监听，像亚马逊这样的公司收集关键的人口统计信息，将其传递给广告商，比如电视显示用户正在观看的节目、用户什么时候醒来或睡觉、有多少人住在用户家中。

（5）聊天机器人。在过去的几年里，聊天机器人的数量激增，成熟的语言处理算法每天都在改进聊天机器人。聊天机器人被公司用在他们自己的移动应用程序和第三方应用上，以提供比传统的（人类）代表更快、更高效的虚拟客户服务。

- 像 Siri 这样的虚拟助手。顾名思义，当使用语音发出指令后，它们会协助用户查找信息。对于回答，虚拟助手会查找信息，回忆相关查询或向其他资源（如电话应用程序）发送命令以收集信息。用户甚至可以指导助手执行某些任务，如"设置 7 点的闹钟"等。
- 过滤垃圾邮件和恶意软件。电子邮件客户端使用了许多垃圾邮件过滤方法。为了确保这些垃圾邮件过滤器能够不断更新，使用了机器学习技术。多层感知器和决策树归纳等是由机器学习提供支持的一些垃圾邮件过滤技术。每天检测到超过 32.5 万个恶意软件，每个新版本与之前版本的相似度高达 90%～98%。因此，电子邮件客户端可以轻松检测到 2%～10%变异的新恶意软件，并提供针对它们的保护。

（6）自动驾驶。如今，有不少大型企业正在开发无人驾驶汽车，这些汽车使用了通过机器学习实现导航、维护和安全程序的技术。一个例子是交通标志传感器，它使用监督学习算法来识别和解析交通标志，并将它们与一组带有标记的标准标志进行比较。这样，汽车就能看到停车标志，并认识到它实际上意味着停车，而不是转弯、单向或人行横道。

（7）交通预测。生活中，人们经常会使用卫星导航服务。当这样做时，当前的位置和速度被保存在中央服务器上来进行流量管理，之后使用这些数据来构建当前流量的映射。通过机器学习可以解决配备卫星导航的汽车数量较少的问题，在这种情况下的机器学习有助于根据估计找到拥挤的区域。

【作业】

1. 机器学习是使计算机具有智能的（　　），涉及概率论、统计学、逼近论、凸分析、算法复杂度理论等多领域知识，专门研究计算机怎样模拟或实现人类的学习行为。

    A．重复机会　　B．根本途径　　C．有用途径　　D．唯一条件

2. 机器学习最早的发展可以追溯到（　　）。

    A．英国数学家贝叶斯在 1763 年发表的贝叶斯定理

    B．1950 年计算机科学家图灵发明的图灵测试

    C．1952 年亚瑟·塞缪尔创建的一个简单的下棋游戏程序

    D．唐纳德·米奇在 1963 年推出的强化学习的 tic-tac-toe（井字棋）程序

3. 20 世纪 50 年代中叶到 20 世纪 60 年代中叶，属于机器学习的（　　）时期。这个时期通过对机器的环境及其相应性能参数的改变来检测系统所反馈的数据，最后选择一个最优的环境生存。

    A．衰退　　B．复兴　　C．冷静　　D．热烈

4. 从 20 世纪 60 年代中叶到 20 世纪 70 年代中叶，被称为机器学习的（　　）时期。主要研究将领域知识植入系统，通过机器模拟人类学习，采用图结构及逻辑结构方面的知识进行系统描述。

    A．衰退　　B．复兴　　C．冷静　　D．热烈

5. 从 20 世纪 70 年代中叶到 20 世纪 80 年代中叶，被称为机器学习的（　　）时期。人们从学习单个概念扩展到学习多个概念，探索不同的学习策略和方法，把学习系统与各种应用结合起来。

    A．衰退　　B．复兴　　C．冷静　　D．热烈

6. 20 世纪 80 年代中叶，机器学习进入新阶段，其主要特点包括（　　）。

    ① 机器学习成为新的边缘学科，融合各种学习方法

    ② 机器学习与人工智能各种基础问题的统一性观点正在形成

    ③ 与机器学习有关的商业活动和市场销售空前活跃

    ④ 各种学习方法的应用范围不断扩大，一部分已形成商品

    A．①②④　　B．①③④　　C．②③④　　D．①②③

7. 学习是人类具有的一种重要的智能行为，社会学家、逻辑学家和心理学家都各有其不同的看法。关于机器学习，合适的定义是（　　）。

　　① 兰利的定义："机器学习是一门人工智能的科学，该领域的主要研究对象是人工智能，特别是如何在经验学习中改善具体算法的性能"

　　② 汤姆·米切尔的定义："机器学习是对能通过经验自动改进的计算机算法的研究"

　　③ 阿尔帕丁的定义："机器学习是用数据或以往的经验，以优化计算机程序的性能标准"

　　④ 马丁的定义："机器学习是一门研究算法获取新知识和新技能，并识别现有知识的学问"

　　A．①③④　　　B．①②④　　　C．①②③　　　D．②③④

　　8．机器学习的核心是"使用（　　　）解析数据，从中学习，然后对世界上的某件事情做出决定或预测"。这意味着，与其显式地编写程序，不如教计算机学会开发算法来完成任务。

　　A．代码　　　B．公式　　　C．逻辑　　　D．算法

　　9．（　　　）学习是指输入数据中有导师信号，以概率函数、代数函数或人工神经网络为基函数模型，采用迭代计算方法，学习结果为函数。

　　A．监督　　　B．强化　　　C．自主　　　D．无监督

　　10．监督学习的主要类型是（　　　）。

　　A．聚类和回归　　　　　　　B．分类和回归

　　C．分类和降维　　　　　　　D．聚类和降维

　　11．无监督学习又称归纳性学习，分为（　　　）。

　　A．分类和回归　　　　　　　B．聚类和回归

　　C．分类和降维　　　　　　　D．聚类和降维

　　12．要完全理解大多数机器学习算法，需要对一些关键的数学概念有一个基本的理解。机器学习使用的数学知识主要包括（　　　）。

　　① 线性代数　　　　　　　② 微积分

　　③ 概率论和统计学　　　　④ 微分方程

　　A．①③④　　　B．②③④　　　C．①②③　　　D．①②④

　　13．机器学习的各种算法都是基于（　　　）理论的。

　　A．贝叶斯　　　B．回归　　　C．决策树　　　D．聚类

　　14．在机器学习的具体应用中，（　　　）决定了学习系统基本结构的工作内容，确定了学习部分所需要解决的问题。

　　① 环境　　　② 知识库　　　③ 执行部分　　　④ 控制器

　　A．①②④　　　B．①③④　　　C．②③④　　　D．①②③

　　15．要理解大多数机器学习算法，需要对一些关键的数学概念有一个基本的理解，这些概念主要包括（　　　）知识。

　　① 线性代数　　② 模糊逻辑　　③ 微积分　　④ 概率论和统计学

　　A．②③④　　　B．①③④　　　C．①②④　　　D．①②③

　　16．（　　　）是一种建模和分析数据的预测性建模技术，它研究的是因变量（目标）和自变量（预测器）之间的关系，通常用于预测分析以及发现变量之间的因果关系。

　　A．K-近邻算法　　　　　　　B．聚类算法

　　C．回归分析　　　　　　　　D．决策树算法

17．（　　）是机器学习中最著名的基于实例的基础和简单算法之一，它既能用于分类，也能用于回归，如比较数据点的距离，并将每个点分配给它最接近的组。

A．K-近邻算法　　　　B．聚类算法　　　　C．回归分析　　　　D．决策树算法

18．（　　）将一组"弱"学习器集合在一起形成强算法，它充分利用树形模型，根节点到一个叶子节点是一条分类的路径规则，每个叶子节点象征一个判断类别。

A．K-近邻算法　　　　B．聚类算法　　　　C．回归分析　　　　D．决策树算法

19．（　　）的重点是发现元素之间的共性并对它们进行相应的分组，常用的聚类算法是K均值聚类算法，其中，分析人员根据物理距离将元素分组为适当的聚类。

A．K-近邻算法　　　　B．聚类算法　　　　C．回归分析　　　　D．决策树算法

20．（　　）算法与神经元组成的异常复杂的网络大体相似，是个体单元互相连接而成的。此方法有很强的泛化能力和非线性映射能力，可以对信息量少的系统进行模型处理。

A．关联规则　　　　B．梯度增强　　　　C．人工神经网络　　D．支持向量机

【实训与思考】机器学习算法与应用思考

本项目的"实训与思考"能够帮助学生更好地理解和应用所学的知识，提升机器学习算法实践能力和模型优化能力，同时培养他们的综合思维能力和创新精神。

1．机器学习算法实践

（1）线性回归算法实践。使用 Python 中的机器学习库（如 Scikit-Learn），选择一个简单的数据集（如房价预测数据集），通过线性回归模型预测房价。完成数据预处理、模型训练、模型评估等步骤，并将你的实践过程和结果写成一篇报告（不少于 800 字）。

思考：在实践过程中如何选择特征变量？如何评估模型的性能？线性回归模型在该数据集上的表现是否符合你的预期？如果不符合，你认为可能的原因是什么？

目的：通过实践线性回归算法，理解线性回归的基本原理和实现方法，掌握数据预处理和模型评估的技巧，同时培养他们的编程能力和数据分析能力。

（2）K-近邻算法实践。使用 Python，选择一个分类数据集（如鸢尾花数据集），通过 K-近邻算法分类。调整不同参数（如 K 值），观察模型性能变化，并将实践过程和结果写成一篇报告（不少于 800 字）。

思考：在 K-近邻算法中，K 值的选择对模型性能有何影响？如何选择合适的 K 值？K-近邻算法在该数据集上的表现是否优于线性回归模型？为什么？

目的：通过实践 K-近邻算法，让学生理解无监督学习的基本原理和实现方法，掌握参数调整和模型性能优化的技巧，同时培养他们的实验设计能力和问题解决能力。

2．机器学习应用思考

（1）机器学习在实际领域的应用。选择一个实际领域（如医疗诊断、金融风险预测、图像识别等），分析机器学习在该领域的应用现状和存在的问题。提出你认为可行的解决方案或改进建议，并探讨未来的发展趋势。将你的思考写成一篇短文（不少于 1000 字）。

思考：在你选择的领域中，机器学习的应用是否已经取得了显著的成果？目前还存在哪些问题需要解决？你认为未来的发展方向是什么？

目的：引导学生关注机器学习在实际领域的应用，培养他们的跨学科思维能力和综合分析能力，同时激发他们对前沿技术应用的探索精神。

（2）机器学习的伦理和隐私问题。请结合本章内容，思考机器学习在伦理和隐私方面可能带来的问题，如模型偏见、数据收集和使用中的隐私问题等。提出你认为可行的解决方案或应对措施，并探讨政府、企业和个人在其中应承担的责任。将思考写成一篇短文（不少于1000字）。

思考： 在机器学习的应用中，伦理和隐私问题为什么变得如此重要？我们如何在充分利用机器学习技术的同时保护用户的隐私和伦理道德？政府、企业和个人在其中应承担哪些责任？

目的： 引导学生关注机器学习的伦理和隐私问题，培养他们的社会责任感和伦理意识，同时提高他们对技术应用中潜在风险的重视程度。

3. 综合实践项目

选择一个完整的机器学习项目（如手写数字识别、情感分析等），从数据收集、数据预处理、模型选择、模型训练、模型评估到模型部署，完成整个项目流程。将实践过程和结果写成一篇项目报告（不少于1500字），并在班级内进行10min的项目展示。

思考： 在完成机器学习项目的过程中，你遇到了哪些技术难题？你是如何解决这些难题的？通过这个项目，你对机器学习的整个流程有了哪些新的认识？

目的： 通过一个完整的机器学习项目实践，让学生掌握机器学习的全流程，培养他们的综合实践能力和项目管理能力，同时提升他们的团队合作能力和表达能力。

4. 实训总结

_____

_____

5. 实训评价（教师）

_____

_____

项目 6
理解神经网络与深度学习

学习目标

（1）理解神经网络与深度学习的基本概念。
- 掌握神经网络的起源、结构和工作原理。
- 理解深度学习的定义及其与机器学习的关系。

（2）熟悉神经系统的结构与学习机制。
- 理解生物神经元的基本结构（细胞体、树突、轴突、突触）及其功能。
- 掌握神经系统的学习机制，包括神经元之间的连接强度调整。

（3）掌握人工神经网络的基本原理和应用。
- 理解人工神经网络（ANN）的结构、激励函数和学习规则。
- 掌握 ANN 在模式识别、经济预测、机器人控制等领域的应用。

（4）了解深度学习的核心技术和优势。
- 掌握深度学习的核心技术，如神经网络（NN）、卷积神经网络（CNN）、循环神经网络（RNN）和 Transformer 架构。
- 理解深度学习在处理图像、语音、文本等复杂数据时的优势。

（5）熟悉卷积神经网络的结构与应用。
- 掌握卷积神经网络的结构特点（如卷积层、池化层）及其作用。
- 理解 CNN 在图像分类、目标检测等任务中的应用。

（6）了解迁移学习和强化学习的基本概念。
- 掌握迁移学习的基本原理及其在减少标注数据需求中的作用。
- 理解强化学习的基本模型和原理，及其在智能决策中的应用。

（7）培养深度学习模型的实践能力。
- 通过搭建和优化神经网络模型，掌握深度学习框架（如 TensorFlow、PyTorch）的使用。
- 学会分析和解决深度学习模型在实际应用中遇到的问题。

任务 6.1　熟悉神经系统与神经网络

　　每当开始一项新的研究时，应该先了解是否已经存在现成可借鉴的解决方案。假设在

1902 年莱特兄弟成功进行飞行实验的前一年，你突发奇想要设计一个人造飞行器，那么，你首先应该注意到，在自然界中飞行的"机器"实际上是存在的（鸟），由此得到启发，在你的飞机设计方案中可能要有两个大翼。同样，如果你想设计人工智能系统，那就要学习并分析这个星球上最自然的智能系统之一，即人脑神经系统。

深度学习属于机器学习的分支，是一种以人工神经网络为架构，对数据进行表征学习的算法。与传统机器学习相比，深度学习能够自动从原始数据中提取高层次的抽象特征，减少了对人工设计特征的需求（见图 6-1）。目前，已经有多种深度学习框架，如深度神经网络、卷积神经网络、深度置信网络和递归神经网络，被应用在计算机视觉、语音识别、自然语言处理（NLP）与生物信息学等领域并获得了极好的效果，推动人工智能进入工业化阶段，具有很强的通用性，并具备标准化、自动化和模块化等基本特征。

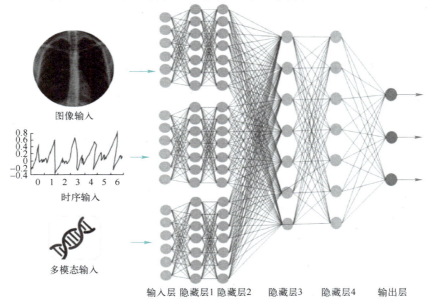

图 6-1　通过多层神经网络实现复杂模式的识别和预测

6.1.1　神经系统的结构

📷 微视频
神经网络与研究

动物的中枢神经系统（CNS）与人脑神经系统既有相似之处，也存在显著差异。这些差异主要体现在结构复杂性、功能特化以及认知能力等方面。动物的中枢神经系统由大脑和脊髓组成，负责接收、处理并响应内外界环境的信息。和所有细胞一样，动物的中枢神经系统中的神经细胞（神经元）具有含 DNA（脱氧核糖核酸）的细胞核及含其他物质的细胞膜，细胞可以通过 DNA 复制的过程简单地复制遗传信息。它们比其他的大多数细胞的体积要大得多，这些神经细胞能够将从脚趾接收到的感觉由脊柱底部传至全身。例如，长颈鹿颈部的神经元能够伸展至其身体的每个角落。

动物的神经元都具有类似的基本组成：细胞体、树突和轴突，如图 6-2 所示。树突接收来自其他神经元的信息，轴突将信息传递给下一个神经元

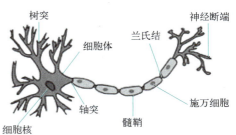

图 6-2　动物神经元的基本组成

或目标细胞。每个神经元都由一个包含神经核的细胞体组成。许多从细胞体中分支出来的纤维状被称为树突，这些较短的分支细丝接收来自其他神经细胞的信号，其中单一分支的长纤维称为轴突。轴突伸展的距离很长，一般为 1cm（是细胞体直径的 100 倍），也可以达到 1m。一个细胞的轴突与另一个细胞的树突之间的连接部位被称为突触。一个神经元在突触的连接处与其他 10～100 000 个神经元建立连接。

神经细胞可被刺激激活，并沿轴突传导冲动。神经冲动要么存在要么不存在，无信号强弱之分。其他神经元的信号决定了神经元发送自身信号的可能性。这些来自其他细胞的信号可能提高或降低信号发送的概率，也能够改变其他信号的作用效果。有一部分神经元除非接收到其他信号，否则自身不会发送信号；也有一部分神经元会不断重复发送信号，直到有其他信号进行干扰。一些信号的发送频率取决于它们接收到的信号。

信号通过复杂的电化学反应从一个神经元传递到其他神经元。这些信号可以在短期内控制大脑活动，还可以长期改变神经元的连通性。这些机制被认为是大脑学习的基础。大多数信息都是在大脑皮质（大脑的外层）中处理的。基本的组织单元似乎是直径约 0.5mm 的柱状组织，包含约 20 000 个神经元，并延伸到整个大脑皮质（人类大脑皮质深度约 4mm）。

6.1.2　神经系统学习机制

人脑是一种适应性系统，必须对变幻莫测的事物做出反应，而学习是通过修改神经元之间连接的强度来进行的。现在，生物学家和神经学家已经了解了在生物中个体神经元是如何相互交流的。动物神经系统由数以千万计的互连细胞组成，而人脑由 100 亿～1000 亿个神经元组成。然而，并行的神经元集合如何形成功能单元仍然是一个谜。

电信号通过树突流入细胞体。细胞体（或神经元胞体）是"数据处理"的地方。当存在足够的应激反应时，神经元就被激发了。换句话说，它将一个微弱的电信号（以毫瓦为单位）发送到被称为轴突的电缆状突出。神经元通常只有单一的轴突，但会有许多树突。足够的应激反应指的是超过预定的阈值。电信号流经轴突，直接到达神经断端。细胞之间的轴突-树突（轴突-神经元胞体或轴突-轴突）接触称为神经元的突触。两个神经元之间实际上有一个小的间隙（几乎触及），这个间隙充满了导电流体，允许神经元之间电信号的流动。脑激素（或摄入的药物，如咖啡因）会影响当前的导电率。

6.1.3　人工神经网络研究

人脑神经元彼此高度相连。一些神经元与另一些相邻的神经元通信，然后，其他神经元与数千个神经元共享信息。在过去数十年里，研究人员就是从这种自然典范中汲取灵感，设计人工神经网络。人工神经网络（Artificial Neural Network，ANN）是以人脑和神经系统为模型的机器学习算法。如今，人工神经网络从股票市场预测到汽车的自主控制，在模式识别、经济预测和许多其他应用领域都有突出的表现。

1. 学习人类神经网络的人工神经网络

与人脑神经系统类似，人工神经网络通过改变权重呈现出相同的适应性。在监督学习的 ANN 范式中，学习规则承担这个任务，通过比较网络的表现与所希望的响应，相应地修改系统的权重。ANN 主要有 3 种学习规则，即感知器学习、增量和反向传播。反向传播规则具有处理多层网络所需的能力，并且在许多应用中取得了广泛的成功。

在了解（并模拟）动物神经系统行为的基础上，美国的麦卡洛克和皮茨开发了人工神经元的第一个模型。对应于生物神经网络的生物学模型，人工神经元采用了以下 4 个要素。

（1）细胞体，对应于神经元的细胞体。

（2）输出通道，对应于神经元的轴突。

（3）输入通道，对应于神经元的树突。

（4）权重，对应于神经元的突触。

其中，权重（实值）扮演了突触的角色，反映生物突触的导电水平，用于调节一个神经元对另一个神经元的影响程度，控制着输入对单元的影响。人工神经元模仿了神经元的结构。

未经训练的神经网络模型很像新生儿：它们被创造出来的时候对世界一无所知，只有通过接触这个世界（即后天的知识），才会慢慢提高它们的认知程度。算法通过数据体验世界——人们试图通过在相关数据集上训练神经网络，来提高其认知程度。衡量认知程度的方法是监测网络产生的误差。

实际神经元运作时要积累电势能，当能量超过特定值时，突触前神经元会经轴突放电，继而刺激突触后神经元。人类有着数以亿计的相互连接的神经元，其放电模式无比复杂。哪怕是最先进的神经网络也难以比拟人脑的能力，因此，神经网络在短时间内应该还无法模拟人脑的功能。

2．典型的人工神经网络

人工神经网络是一种仿生神经网络结构和功能的数学模型或计算模型，用于对函数进行估计或近似计算。大多数情况下，人工神经网络能在外界信息的基础上改变内部结构。

作为一种非线性统计数据建模工具，典型的神经网络具有以下 3 个部分。

（1）结构：指定网络中的变量及其拓扑关系。例如，神经网络中的变量可以是神经元连接的权重和神经元的激励值。

（2）激励函数：大部分神经网络模型具有一个短时间尺度的动力学规则，来定义神经元如何根据其他神经元的活动改变自己的激励值。一般，激励函数依赖于网络中的权重（即该网络的参数）。

（3）学习规则：指定人工神经网络中的权重如何随着时间推进而调整。这一般被看作一种长时间尺度的动力学规则。一般情况下，学习规则依赖于神经元的激励值，也可能依赖于监督者提供的目标值和当前权重的值。

3．类脑计算机

人脑平均包含 1000 亿个神经元，每个神经元又平均与 7000 个其他神经元相连，可以想象能够与人脑匹配的计算机会有多么庞大。每个突触需要一个基本操作，这样的操作每秒大约需要进行 1000 次。目前的一般家用计算机有四个处理器（四核），在写入时每个处理器的速度约为每秒 109 次操作。可以通过廉价硬件来实现每秒 1011 次操作，但至少需要 100 万个这样的处理器才能够匹配人脑。依照摩尔定律，在接下来的 30 年里，计算机的计算能力有望与人脑相匹敌。

拥有更快速度的计算机也无法立即创建人工智能，因为人们还需要了解如何编程。人工神经元比人类神经元简单，它们接收数以千计的输入，并对其进行叠加，如果总数超过阈值，则被激活。每一次输入都被设置一个可配置的权重，人类可以决定任何一次输入对总数的作用效果，如果权重为负值，则神经元的激活将被抑制。这些人工神经元可以用于构建计算机程序，但它们比目前使用的语言更复杂。不过，可以类比大脑将它们大量集合成群，并且改变所有输入的权重，然后根据需求管理整个系统，而不必弄清其工作原理。

将这些神经元排列在至少三层结构中，一些情况下将多达 30 层，每一层都含有众多神经元，可能多达几千个。因此，一个完整的神经网络可能含有 10 万个或更多的个体神经元，每个神经元接收来自前一层其他神经元的输入，并将信号发送给后一层的所有神经元，向第一层注入信号并解释最后一层发出的信号，以此来进行操作。

6.1.4　深度学习的定义

深度学习起源于早期用计算电路模拟大脑神经元网络的工作，它假设具有复杂代数电路的形式，其"深度"的含义是指电路通常被设计成多层，意味着从输入到输出的计算路径包含较多计算步骤，且其中的连接强度是可调整的，通过深度学习方法训练的网络被称为神经网络，但它与真实的神经细胞和结构之间的相似性仅仅停留于表面。

深度学习学习样本数据的内在规律和表示层次，它使用复杂机器学习算法的学习过程中所获得的信息，对诸如文字、图像识别和语音识别等数据的解释有很大帮助，所取得的效果远远超过先前的相关技术，其最终目标是让机器能够像人一样具有分析学习能力。

定义：深度学习是机器学习的一个分支，通过多层次的概念嵌套来表示现实世界，从而实现强大的功能和灵活性。

通过多层处理，逐渐将初始的"低层"特征表示转换为"高层"特征表示后，用"简单模型"即可完成复杂的分类等学习任务。由此，可将深度学习理解为进行"特征学习"或"表示学习"。

1. 深度学习的核心技术

深度学习的核心技术是：通过多层神经网络自动从大量数据中学习特征表示，从而实现对复杂模式的识别和预测。

（1）神经网络（NN）：模拟生物神经系统的工作原理，由多个节点（神经元）组成，通过权重连接形成层次结构。每一层负责捕捉特定类型特征，随着层数的增加，模型可以学习到更加复杂的表示。

（2）卷积神经网络（CNN）：广泛应用于图像识别任务，因其局部感知野和权值共享机制，非常适合处理二维空间信息。

（3）循环神经网络（RNN）：适用于序列数据处理，如 NLP、语音识别等。LSTM（长短期记忆网络）和 GRU（门控循环单元）是 RNN 的变体，解决了传统 RNN 中的梯度消失问题。

（4）变换器（Transformer）：这是近年来兴起的一种以自注意力机制闻名的新型架构，能够在不依赖递归的情况下高效处理长距离依赖关系，在大规模文本生成、翻译等方面表现出色。

深度学习的主要特点如下。

（1）自动化特征学习：深度学习模型可以通过大量参数自动调整内部表征，从而减少对外部特征工程的依赖。

（2）大数据驱动：深度学习通常需要大量的标注数据来进行有效的训练，这使得它在互联网、社交媒体等数据丰富的领域具有优势。

（3）高性能计算资源：由于模型复杂度高，训练过程往往需要强大的 GPU 集群支持，并借助优化后的框架（如 TensorFlow、PyTorch）。

2. 深度学习的优势

与传统机器学习所描述的一些方法相比，深度学习在处理图像等高维数据时具有明显的优势。例如，虽然线性回归和逻辑回归等方法可以处理大量的输入变量，但每个样本从输入到输出的计算路径都非常短——只是乘以某个权重后加到总输出中。此外，不同的输入变量各自独立地影响输出而不相互影响，如图 6-3a 所示。这大大限制了这些模型的表达能力。它们只能表示输入空间中的线性函数与边界，而真实世界中的大多数概念要比这复杂得多。

另外，决策列表和决策树能够实现较长的计算路径，这些路径可能依赖于较多的输入变量，但只是对很小的一部分输入向量而言，如图 6-3b 所示。如果一个决策树对一定部分的可能输入有很长的计算路径，那么它的输入变量的数量必将是指数级的。深度学习的基本思想是训练电路，使其计算路径可以很长，进而使得所有输入变量之间以复杂的方式相互作用，如图 6-3c 所示。事实证明，这些电路模型具有足够的表达能力，它们在许多重要类型的学习问题中都能够拟合复杂的真实数据。

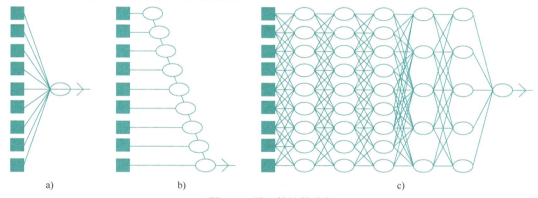

图 6-3　学习的计算路径

a) 浅层模型，如线性回归，其输入到输出之间的计算路径很短

b) 决策列表网络中可能存在某些具有长计算路径的输入，但大多数计算路径都较短

c) 深度学习网络具有更长的计算路径，且每个变量都能与所有其他变量相互作用

6.1.5　深度学习示例

下面通过几个例子来了解深度学习的方法。

示例 1：识别正方形。

先从一个简单例子（见图 6-4）开始，从概念层面上解释究竟发生了什么事情。接下来看如何从多个形状中识别正方形。

第一件事是检查图中是否有四条线（简单的概念）。如果找到这样的四条线，进一步检查它们是相连的、闭合的还是相互垂直的，并且它们是否相等（嵌套的概念层次结构）。这样就完成了一个复杂的任务（识别一个正方形），并以简单、不太抽象的任务来完成它。深度学习本

图 6-4　一个简单例子

质上在大规模执行类似的逻辑。

示例 2：识别猫。

人们通常能用很多属性描述一个事物。其中有些属性可能很关键，很有用，另一些属性可能没什么用。可以将属性称为特征。特征辨识是一个数据处理的过程。

使用传统算法识别猫，是标注各种特征：大眼睛，有胡子，有花纹。但这种特征可能分不出是猫还是老虎，狗和猫也分不出来。这种方法叫作"人制定规则，机器学习这种规则"。深度学习的方法是直接给计算机输入百万张图片，说这里有猫，再给计算机输入百万张图片，说这里没猫，然后来训练深度网络，通过深度学习自己去学习猫的特征，计算机就可以学习到谁是猫。

示例 3：做胃镜检查。

胃不舒服做检查，常常会需要做胃镜，甚至要分开做肠、胃镜检查，而且通常还看不见小肠。有一家公司推出了一种胶囊摄像头。将摄像头吃进去后，在人体消化道内每 5s 拍一幅图，连续摄像，此后再排出胶囊。这样，可以完整记录所有关于肠道和胃部的问题。但光是等医生把这些图看完就需要 5h。

后来采用深度学习。采集 8000 多例图片数据，让机器不断学习，不仅提高了诊断精确率，还减少了医生的漏诊以及对好医生的经验依赖，只需要靠机器自己去学习规则。深度学习算法可以帮助医生做出决策。

6.1.6 机器学习与深度学习的关系

机器学习和深度学习都是推动现代 AI 发展的关键技术。虽然它们有独特的特性和各自的应用场景，但在很多情况下是相辅相成的。

（1）适用场景差异：传统机器学习更适合较小规模的数据集或较为简单的任务；而对于大型复杂任务，尤其是涉及多媒体内容时，深度学习则显示出更大的潜力。

（2）互补作用：两者可以结合使用。例如，在一些实际项目中，可能会先用机器学习方法进行初步筛选或预处理，然后再利用深度学习进一步优化结果。

深度学习是机器学习的一部分，但它采用了更复杂的模型和算法，特别是在处理非结构化数据（如图像、音频、文本）方面取得了显著成就。随着技术的进步，可以期待这两个领域将继续交叉融合，带来更多创新性的解决方案。

资深学者本吉奥有一段话讲得特别好，引用如下："科学不是一场战斗，而是一场建立在彼此想法上的合作。科学是一种爱，而不是战争，热爱周围世界的美丽，热爱分享和共同创造美好的事物。从情感上说，这使得科学成为一项令人非常赏心悦目的活动！"

结合机器学习近年来的迅速发展来看本吉奥的这段话，就可以感受到其中的深刻含义。未来哪种机器学习算法会成为热点？资深专家吴恩达曾表示，"在继深度学习之后，迁移学习将引领下一波机器学习技术"。

任务 6.2 了解卷积神经网络

在数学泛函分析中，所谓卷积，是指通过两个函数生成第三个函数的一种数学运算，其本质是一种特殊的表征函数 f 与 g，经过翻转和平移，重叠部分函数值乘积对重叠长度的积分变换。如果将参加卷积的一个函数看作区间的指示函数，卷积还可以被看作"滑动平均"的推广。

6.2.1　卷积神经网络简介

卷积神经网络是用来分析视觉图像的强大的深度学习模型，它是包含卷积计算且具有深度结构的前馈神经网络，类似于人工神经网络的多层感知器，也是深度学习的代表算法之一。卷积神经网络的创始人是著名的计算机科学家杨立昆，他是第一个通过卷积神经网络在 MNIST 数据集（美国国家标准与技术研究院收集整理的大型手写数字数据库，其中包含 60 000 个示例的训练集以及 10 000 个示例的测试集）上解决手写数字识别问题的人。

卷积神经网络的出现受到了生物处理过程的启发，因为神经元之间的连接模式类似于动物的视觉皮层组织，如图 6-5 所示。个体皮层神经元仅在被称为感受野的视野受限区域中对刺激做出反应，不同神经元的感受野部分重叠，使得它们能够覆盖整个视野。人们在谈论任何类型的神经网络时，总会提到一些神经科学以及人类大脑的相关知识，这些知识成为创建深度学习模型的主要灵感来源。

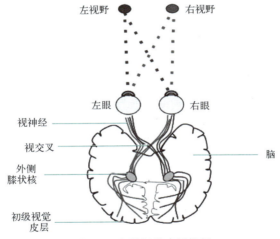

图 6-5　人的视觉皮层组织

顾名思义，前馈网络是只在一个方向上有连接的网络，也就是说，它是一个有向无环图且有指定的输入节点和输出节点。每个节点计算一个输入函数，并将结果传递给网络中的后续节点。信息从输入节点流向输出节点从而通过网络，且没有环路。循环网络将其中间输出或最终输出反馈到自己的输入中，使网络中的信号值形成一个具有内部状态或记忆的动态系统。

卷积神经网络的架构（见图 6-6）与常规人工神经网络的架构非常相似，特别是网络的最后一层（即全连接层），可以注意到卷积神经网络能够接收多个特征图作为输入，而不是向量。卷积神经网络具有表征学习能力，能够按其阶层结构对输入信息进行平移不变分类。

卷积神经网络的经典用例是执行图像分类，如分析宠物的图像并确定它是猫还是狗。这个任务如果用全连接神经网络来处理（大尺寸图像），具有三个明显的缺点。

（1）将图像展开为向量会丢失空间信息。

（2）需要训练的参数过多会导致效率低下，训练困难，难以以最快的方式解决计算成本高昂的任务。

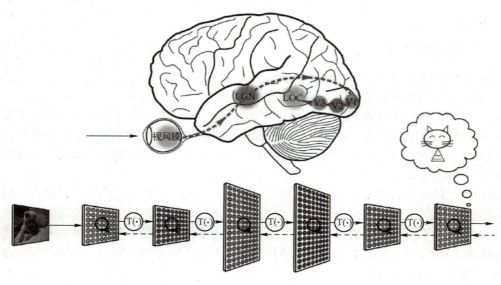

图 6-6　卷积神经网络的架构

（3）大量参数会很快导致网络过拟合，而卷积神经网络参数少，可以避免过拟合现象。

例如，用于处理计算机视觉问题的图像通常是 224×224 或更大。想象一下，构建一个神经网络来处理 224×224 彩色图像：包括图像中的 3 个彩色通道（RGB），得到 224×224×3 = 150 528 个输入特征。在这样的网络中，一个典型的隐藏层可能有 1024 个节点，因此必须为第一层单独训练 150 528×1024 ≈ 1.5 亿个权重。这样巨大的网络几乎不可能训练。其实，图像的好处之一是其像素在相邻的上下文中最有用，图像中的物体是由小的局部特征组成的，如眼睛的圆形虹膜或一张纸的方角。一个隐藏层中的每个节点都要查看每个像素，这会浪费很多时间。

此外，位置可能会改变。如果训练一个网络来检测狗，用户希望能够检测狗，而不管它出现在图像的什么地方。想象一下，训练一个网络，它能很好地处理特定的狗的图像，若给它输入的是同一图像的一个稍微偏移的版本，狗就不会激活相同的神经元，网络反应会完全不同。

6.2.2　卷积神经网络结构

与常规神经网络不同，卷积神经网络各层中的神经元是三维排列的：宽度、高度和深度。其中的宽度和高度是很好理解的，因为卷积本身就是一个二维模板，但是在卷积神经网络中的深度指的是激活数据体的第三个维度，而不是整个网络的深度（整个网络的深度指的是网络的层数）。例如，使用图 6-7 所示的图像作为卷积神经网络的输入，该输入数据体的维度是 32×32×3（宽度、高度和深度），层中的神经元将只与前一层中的一小块区域连接，而不是采取全连接方式。对于用来分类图中图像的卷积神经网络，其最后的输出层的维度是 1×1×10，因为在卷积神经网络结构的最后部分将会把全尺寸的图像压缩为包含分类评分的一个向量，向量是在深度方向排列的。

图 6-7 左侧是一个三层的神经网络，右侧是一个神经元在三个维度（宽度、高度和深度）排列的卷积神经网络。卷积神经网络的每一层都将三维的输入数据转化为神经元三维的

激活数据并输出。在图 6-7 右侧，左边输入层代表输入图像，它的宽度和高度就是图像的宽度和高度，它的深度是 3（代表红、绿、蓝 3 种颜色通道），第二部分是经过卷积和池化之后的激活值（也可以看作神经元），后面是卷积池化层。

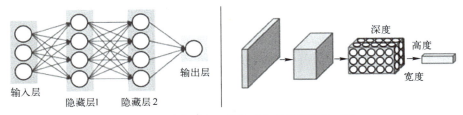

图 6-7　全连接神经网络与卷积神经网络的对比

池化层（见图 6-8）所做的就是减小输入的大小，其核心目标之一是提供空间方差，这意味着即使它的外观以某种方式发生改变，都能将对象识别出来。池化层通常由一个简单的操作完成，如最大、最小或平均。有两种广泛使用的池化操作——平均池化和最大池化，其中最大池化使用更多，其效果一般要优于平均池化。池化层可以减小特征空间维度但不会减小深度。当使用最大池化时，采用输入区域的最大数量；而当使用平均池化时，采用输入区域的平均值。

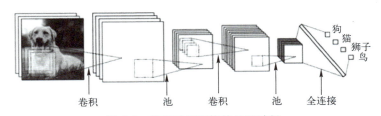

图 6-8　卷积神经网络的处理过程

6.2.3　迁移学习的定义

随着机器学习的应用场景越来越多，许多表现比较好的监督学习需要大量的标注数据，这是一项枯燥无味且花费巨大的任务，于是，迁移学习受到越来越多的关注。

机器学习（主要指监督学习）通常基于同分布假设，需要大量的标注数据，然而实际使用过程中不同数据集可能存在以下问题。

（1）数据分布差异。

（2）标注数据过期，也就是好不容易标定的数据要被丢弃，有些应用中，数据的分布随着时间推移会有变化。

人在实际生活中有很多迁移学习的经历，比如会骑自行车的人就比较容易学会骑摩托车，学会了 C 语言再学其他编程语言会简单很多。如何充分利用之前标注好的数据（废物利用），同时又保证在新任务上的模型精度？基于这样的需求来研究迁移学习，即将某个领域或任务上学习到的知识或模式应用到不同但相关的领域或问题中，或者说从相关领域中迁移标注数据或者知识结构、完成或改进目标领域及任务的学习效果，如图 6-9 所示。

在一个商品评论情感分析的例子中，包含两个不同的产品领域：图书领域和家具领域。在图书领域，通常用"宽阔""品质创作"等词汇来表达正面情感；而在家具领域中，却用"锋利""轻巧"等词汇来表达正面情感。任务中不同领域的不同情感词多数不发生重叠、存在领域独享词且词汇在不同领域出现的频率显著不同，因此会导致领域间的概率分布失配问题。

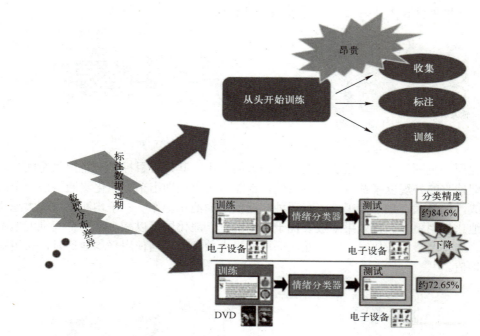

图 6-9　迁移学习的考虑

迁移学习的关键点如下。

（1）研究不同领域之间有哪些共有知识可以迁移——迁移什么。

（2）在找到迁移对象后，针对具体问题采用哪种迁移学习的特定算法，即如何设计出合适的算法来提取和迁移共有知识——如何迁移。

（3）研究什么情况下适合迁移，迁移技巧是否适合具体应用以及负迁移问题——何时迁移。

负迁移是旧知识对新知识学习的阻碍作用，比如学习了三轮车之后对骑自行车的影响，学习汉语拼音对学习英文字母的影响。需要研究如何利用正迁移，避免负迁移。

6.2.4　强化学习的定义

强化学习是机器学习的一个分支，也称为增强学习或评价学习（见图 6-10），它以环境反馈（奖/惩信号）作为输入，以统计和动态规划技术为指导，是一种广泛应用于创建智能系统的模式。强化学习使用机器的历史和经验来做出决定，其经典应用是玩游戏。与监督学习和无监督学习不同，强化学习不涉及提供"正确的"答案或输出。相反，它只关注性能，这反映了人类是如何根据积极和消极的结果来学习的。

由于强化学习涉及的知识面广，涵盖了诸多数学知识，如贝尔曼方程、最优控制等，需要对强化学习有系统性的梳理与认识。更需要对强化学习在机器学习领域中的定位以及与其他机器学习之间的异同进行辨析。

强化学习侧重于在线学习，通过在环境中不断试错来优化策略，以平衡探索和利用，最终实现回报最大化或实现特定目标。

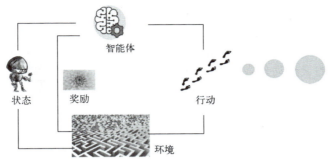

图 6-10　强化学习

1．基本模型和原理

强化学习的基本原理是：如果智能体的某个行为策略导致环境正的奖赏（强化信号），那么该智能体以后产生这个行为策略的趋势便会加强。智能体的目标是在每个离散状态发现最优策略，以使期望的奖赏最大化。

强化学习把学习看作试探评价过程。智能体选择一个动作用于环境，环境接收该动作后状态发生变化，同时产生一个强化信号（奖或惩）反馈给智能体，智能体根据强化信号和环境当前状态再选择下一个动作，选择的原则是使受到正强化（奖）的概率增大。选择的动作不仅影响立即强化值，而且影响环境下一时刻的状态及最终的强化值。

强化学习系统需要使用某种随机单元，动态地调整参数，以使强化信号最大，智能体在可能动作空间中进行搜索并发现正确的动作。强化学习的常见模型是标准的马尔可夫决策过程（Markov Decision Process，MDP）。

按给定条件，强化学习可分为基于模式强化学习和无模式强化学习，以及主动强化学习和被动强化学习。强化学习的变体包括逆向强化学习、阶层强化学习和部分可观测系统的强化学习。求解强化学习问题所使用的算法可分为策略搜索算法和值函数算法两类。可以在强化学习中使用深度学习模型，形成深度强化学习。

2．网络模型设计

强化学习主要由智能体和环境组成，两者间通过奖励、状态、动作 3 个信号进行交互。由于智能体和环境的交互方式与人类和环境的交互方式类似，可以认为强化学习是一套通用的学习框架，用来解决通用人工智能问题，因此它也被称为通用人工智能的机器学习方法。

强化学习实际上是智能体在与环境进行交互的过程中学会最佳决策序列。强化学习的基本组成元素定义如下。

（1）智能体：强化学习的本体，作为学习者或者决策者。

（2）环境：强化学习智能体以外的一切，主要由状态集组成。

（3）状态：表示环境的数据。状态集是环境中所有可能的状态。

（4）动作：智能体可以做出的动作。动作集是智能体可以做出的所有动作。

（5）奖励：智能体在执行一个动作后，获得的正/负奖励信号。奖励集是智能体可以获得的所有反馈信息，正/负奖励信号也称作正/负反馈信号。

（6）策略：从环境状态到动作的映射学习，该映射关系称为策略。通俗地说，智能体选择动作的思考过程即为策略。

（7）目标：智能体自动寻找在连续时间序列里的最优策略，这通常指最大化长期累积奖励。

在强化学习中，每一个智能体由两个神经网络模块组成，即行动网络和评估网络，如图 6-11 所示。

行动网络是根据当前的状态而决定下一个时刻施加到环境上去的最佳动作。对于**行动网络**，强化学习算法允许它的输出节点进行随机搜索，有了来自评估网络的内部强化信号后，行动网络的输出节点即可有效地完成随机搜索，并且大大提高选择好的动作的可能性，同时可以在线训练整个行动网络。

用一个辅助网络来为环境建模，**评估网络**可单步和多步预报当前由行动网络施加到环境上的动作强化信号，根据当前状态和模拟环境预测其标量值。可以提前向行动网络提供有关候选动作的强化信号以及更多的奖惩信息（内部强化信号），以减少不确定性并提高学习速度。

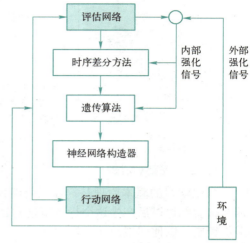

图 6-11　强化学习的网络模型设计

6.2.5　强化学习与监督学习的区别

从严格意义上说，AlphaGo 在人机围棋对弈中打败人类职业围棋高手李世石，其中对人工智能、机器学习和深度强化学习这 3 种技术都有所使用，使用得更多的是深度强化学习。

强化学习与监督学习的共同点是两者都需要大量的数据进行学习训练，但两者的学习方式不尽相同，两者所需的数据类型也有所差异，监督学习需要多样化的标签数据，强化学习则需要带有回报的交互数据。

强化学习与监督学习、无监督学习的不同之处具体体现在以下 5 个方面。

（1）没有监督者，只有奖励信号。监督学习要基于大量标注数据，而强化学习中没有监督者，它不是由已经标注好的样本数据来告诉系统什么是最佳动作。换言之，智能体不能够马上获得监督信号，只是从环境的反馈中获得奖励信号。

（2）反馈延迟。实际上是延迟奖励，环境可能不会在每一步动作上都给予奖励，有时候需要完成一连串的动作，甚至是完成整个任务后才能获得奖励。

（3）试错学习。因为没有监督，所以没有直接的指导信息，智能体要与环境不断进行交互，通过试错的方式来获得最优策略。

（4）智能体的动作会影响其后续数据。智能体选择的动作不同，进入的状态也会不同。由于强化学习基于马尔可夫决策过程（当前状态只与上一个状态有关，与其他状态无关），因此下一个时间步所获得的状态发生变化，环境的反馈也会随之发生变化。

（5）时间序列很重要。强化学习更加注重输入数据的序列性，下一个时间步 t 的输入依赖于前一个时间步 $t-1$ 的状态（即马尔可夫属性）。

6.2.6　强化学习方法的应用

在强化学习中，智能体是在没有"老师"的情况下，通过评估自身行为的成功或失败，根据奖励与惩罚主动地从经验中学习，以使未来的奖励最大化。例如，策略搜索是用于解决强化学习问题的方法，从某些层面来说，策略搜索是各种方法中最简单的一种，其核心思想是：只要策略的表现有所改进，就继续调整策略，直到达到停止条件。

与深度学习相比，强化学习的应用还相对有限，主要包括游戏方面（其中转移模型是已知的，目标是学习效用函数）和机器人方面（其中模型最初是未知的），如图 6-12 所示。

就目前情况而言，对于需要持续控制的关键任务，强化学习可能并不是最理想的选择。即便如此，依然有许多有趣的实际应用和产品是基于强化学习的，而由强化学习实现的自适应序列决策能够给包括个性化、自动化在内的许多应用带来广泛的益处和更多的可能性。

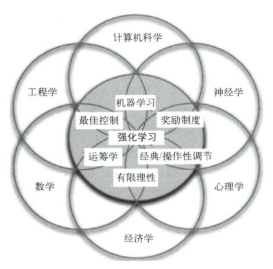

图 6-12　强化学习的现实应用场景

1．游戏博弈

强化学习应用于游戏博弈这一领域已有 20 多年的历史，其中最轰动的莫过于谷歌 DeepMind 研发的 AlphaGo 围棋程序，它使用基于强化学习与深度学习的蒙特卡洛树搜索模型，并做有机融合，在围棋比赛中击败了人类职业围棋高手。

强化学习的应用案例还有很多，例如，爱奇艺使用强化学习处理自适应码流播放，使得基于智能推荐的视频观看率提升了 15%；阿里巴巴使用深度强化学习方法求解新的三维装箱问题，提高了菜鸟网络的货物装箱打包效率，节省了货物的打包空间。

强化学习让机器人处理一些难以想象的任务变得可能，但这仅仅是强化学习的开始，这一技术将会带来更多的商业价值和技术突破。

2．机器人控制

在无线电控制直升机飞行中的应用中，强化学习通过使用策略搜索来完成大型 MDP 问题，并且与模仿学习以及对人类专家飞行员进行观测的逆强化学习相结合。

逆强化学习也已经成功应用于人类行为解释领域，其中包括基于数十万千米北斗导航数据实现的出租车司机目的地预测和路线选择，以及通过对长达数小时的视频观测实现的复杂环境中行人的详细身体运动的分析。在机器人领域，通过一次专家的演示就足以让四足动物机器人学习到涉及 25 个特征的奖励函数，并能让它灵活地穿越之前未观测过的岩石地形区域。

在自动化领域，还有非常多使用强化学习来控制机器人进而获得优异性能的实际应用案例，如吴恩达教授所带领的团队利用强化学习算法开发了世界上最先进的直升机自动控制系统之一。

3．制造业

制造企业大量使用强化学习算法来训练工业机器人，使它们能够更好地完成某一项工作。机器人使用深度强化学习在工厂进行分拣工作，目标是从一个箱子中选出一个物品，并把该物品放到另外一个容器中。在学习阶段，无论该动作成功还是失败，机器人都会记住这次的动作和奖励，然后不断地训练自己，最终能以更快、更精确的方式完成分拣工作。

中国的智能制造发展迅速，工厂为了让机器制造更加方便、快捷，正在积极地研发智能制造来装备机器人。未来，工厂将会装备大量的智能机器人，而强化学习作为关键技术之一，将在智能制造中发挥更大作用，其自动化前景备受瞩目。

4. 电子商务

电子商务最初主要是为了解决线下零售商的通病，如信息不透明所导致的价格居高不下、物流不发达造成的局部市场价格垄断。近年来，线下门店的价格与电商的价格差别已经不再明显，部分用户反而转回线下门店，以获得更好的购物体验。

未来，对于零售商或者电子商务而言，需要主动迎合客户的购买习惯和定制客户的购买需求，只有个性化、私人订制才能在新购物时代为用户提供更好的消费体验。

例如，淘宝使用强化学习优化商品搜索技术构建的虚拟淘宝模拟器，可以让算法从买家的历史行为中学习，规划最佳商品搜索显示策略，并能在真实环境下让电商网站的收入提高2%。

事实上，强化学习算法可以让电子商务平台分析用户的浏览轨迹和购买行为，并据此制定对应的产品和服务，以匹配用户的兴趣。当用户的购买需求或者状态发生改变时，可以自适应地去学习，然后根据用户的点击、购买反馈作为奖励，找到一条更优的策略方法：推荐适合用户自身购买力的产品、推荐用户更感兴趣的产品等，进而更好地服务用户，如图6-13所示。此外，谷歌使用强化学习作为广告的推荐框架，从而大大提高了其广告收益。

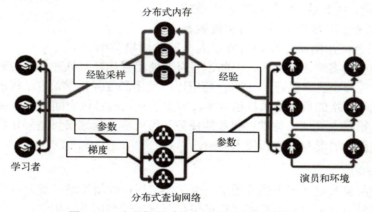

图 6-13　应用推荐系统为电商网站带来点击量

【作业】

1. 如果设计人工智能系统，那就要学习并分析这个星球上最自然的智能系统之一，即（　　）。

    A. 人脑和神经系统　　　　　　　　B. 人脑和五官系统

    C. 肌肉和血管系统　　　　　　　　D. 思维和学习系统

2. 所谓神经网络，是指以人脑和神经系统为模型的（　　）算法。

    A. 倒档追溯　　　B. 直接搜索　　　C. 机器学习　　　D. 深度优先

3. 如今，ANN 从股票市场预测到（　　）和许多其他应用领域都有突出的表现。

    ① 汽车自主控制　　　　　　　　② 模式识别

    ③ 经济预测　　　　　　　　　　④ 数据分析

    A. ①③④　　　B. ①②④　　　C. ②③④　　　D. ①②③

4．人脑是一种适应性系统，必须对变幻莫测的事物做出反应，而学习是通过修改神经元之间连接的（　　）来进行的。

　　A．顺序　　　　　B．平滑度　　　　　C．速度　　　　　D．强度

5．人脑细胞之间的轴突-树突（轴突-神经元胞体或轴突-轴突）接触称为神经元的（　　）。

　　A．突触　　　　　B．轴突　　　　　C．树突　　　　　D．髓鞘

6．人脑由（　　）个神经元组成，这些神经元彼此高度相连。

　　A．100 万～1000 万　　　　　　　　B．100 亿～1000 亿

　　C．50 万～500 万　　　　　　　　　D．50 亿～500 亿

7．ANN 是一种模仿生物神经网络，其中的（　　）扮演了生物神经模型中突触的角色，用于调节一个神经元对另一个神经元的影响程度。

　　A．细胞体　　　B．权重　　　　C．输入通道　　　D．输出通道

8．现代神经网络是一种非线性统计数据建模工具。典型的神经网络具有（　　）3 个部分。

　　① 结构　　　　② 尺寸　　　　③ 激励函数　　　　④ 学习规则

　　A．①②④　　　B．①③④　　　C．①②③　　　D．②③④

9．机器学习和深度学习都是推动 AI 发展的关键技术，它们（　　）。深度学习本质上是机器学习的一部分，但它采用了更复杂的模型和算法，在处理非结构化数据方面成就显著。

　　① 各自有独特的特性　　　　　② 各自有自己的应用场景

　　③ 相互牵连，互相负面纠缠　　④ 很多情况下可以相辅相成

　　A．①②③　　　B．①③④　　　C．①②④　　　D．②③④

10．已经有多种深度学习框架，如深度神经网络和（　　），被应用在计算机视觉、语音识别、自然语言处理、音频识别与生物信息学等领域并获取了极好的效果。

　　① 卷积神经网络　　　　　　② 高性价比

　　③ 深度置信网络　　　　　　④ 递归神经网络

　　A．①②④　　　B．①③④　　　C．①②③　　　D．②③④

11．（　　）网络是一种用来分析视觉图像的强大的深度学习模型，它是一种前馈神经网络，类似于人工神经网络的多层感知器，也是深度学习的代表算法之一。

　　A．深度神经　　B．深度置信　　　C．卷积神经　　　D．递归神经

12．与常规神经网络不同，卷积神经网络各层中的神经元是 3 维排列的：（　　）。在其结构的最后部分将会把全尺寸的图像压缩为包含分类评分的一个深度方向排列的向量。

　　① 宽度　　　　② 高度　　　　③ 精度　　　　④ 深度

　　A．①②③　　　B．②③④　　　C．①③④　　　D．①②④

13．卷积神经网络中池化层的核心目标之一是提供空间方差，即使它的外观以某种方式发生改变，机器也能够将对象识别出来。池化层通常由一个简单的操作完成，比如（　　）。

　　① max　　　　② min　　　　③ average　　　　④ total

　　A．①②③　　　B．②③④　　　C．①②④　　　D．①③④

14. 如何充分利用之前标注好的数据（废物利用），同时又保证在新的任务上的模型精度——基于这样的需求，就有了对（　　　）的研究。

    A．自由学习　　B．迁移学习　　　C．加强学习　　　D．概率学习

15. 从相关领域中迁移标注数据或者知识结构、完成或改进目标领域及任务的学习效果，迁移学习的关键点是（　　　）。

    ① 迁去何处　　② 迁移什么　　③ 如何迁移　　④ 何时迁移

    A．①②④　　B．①③④　　C．①②③　　D．②③④

16. 迁移学习需要研究如何利用正迁移，避免负迁移。它的主要迁移方式有（　　　）。

    ① 基于实例的迁移　　　　② 基于特征的迁移

    ③ 基于算法的迁移　　　　④ 基于共享参数的迁移

    A．①②③　　B．②③④　　C．①②④　　D．①③④

17. 强化学习是机器学习中一种广泛应用于创建（　　　）的模式，其主要问题是：一个智能体如何在环境未知且只提供对环境的感知和偶尔的奖励情况下，对某项任务变得精通。

    A．数据环境　　B．搜索引擎　　　C．智能系统　　　D．事务系统

18. 强化学习侧重在线学习并试图在探索和利用间保持平衡，用于描述和解决智能体在与环境的交互过程中，以"（　　　）"的方式，通过学习策略达成回报最大化或实现特定目标的问题。

    A．试错　　　　B．分析　　　　　C．搜索　　　　　D．奖励

19. 在强化学习中，（　　　）选择一个动作用于环境，环境接收该动作后状态发生变化，同时产生一个强化信号（奖或惩）反馈给智能体。

    A．专家　　　　B．学习者　　　　C．智能体　　　　D．复合体

20. 强化学习主要由智能体和环境组成，两者间通过（　　　）3个信号进行交互。

    ① 奖励　　　　② 状态　　　　③ 反馈　　　　④ 动作

    A．②③④　　B．①②③　　C．①③④　　D．①②④

【实训与思考】熟悉神经网络基础与优化深度学习模型

本项目的"实训与思考"能够帮助学生更好地理解和应用所学的知识，提升他们的神经网络和深度学习实践能力，同时培养他们的综合思维能力和创新精神。

1．神经网络基础实践

（1）人工神经网络搭建。使用 Python 中的深度学习框架（如 TensorFlow 或 PyTorch）搭建一个简单的人工神经网络（ANN），用于解决一个简单的分类问题（如 MNIST 手写数字识别）。完成数据预处理、网络搭建、训练和评估等步骤，并将你的实践过程和结果写成一篇报告（不少于 800 字）。

思考：在搭建人工神经网络的过程中，如何选择网络的层数和每层的神经元数量？如何确定激活函数的选择？训练过程中，你观察到的损失函数和准确率的变化趋势是什么？这对你理解神经网络的训练过程有何帮助？

目的：通过人工神经网络的搭建，让学生理解神经网络的基本结构和工作原理，掌握数据预处理、网络搭建、训练和评估的基本方法，同时培养他们的编程能力和实

验设计能力。

（2）卷积神经网络应用。选择一个图像数据集（如 CIFAR-10），使用卷积神经网络（CNN）进行图像分类。对比使用全连接神经网络和卷积神经网络的性能差异，并分析原因。将你的实践过程和结果写成一篇报告（不少于 1000 字）。

思考：为什么卷积神经网络在图像分类任务中表现优于全连接神经网络？卷积层和池化层在 CNN 中起到了什么作用？如何调整卷积核的大小和数量来优化 CNN 的性能？

目的：通过卷积神经网络的应用，让学生理解卷积神经网络在处理图像数据时的优势，掌握卷积层、池化层的设计和应用，同时培养他们的模型优化能力和数据分析能力。

2. 深度学习应用实践

（1）自然语言处理应用。选择一个自然语言处理任务（如情感分析、文本生成等），使用循环神经网络（RNN）或其变体（如 LSTM、GRU）进行建模。完成数据预处理、模型搭建、训练和评估等步骤，并将你的实践过程和结果写成一篇报告（不少于 1000 字）。

思考：在自然语言处理任务中，为什么需要使用循环神经网络？LSTM 和 GRU 在处理长序列数据时的优势是什么？如何评估模型的性能？

目的：通过自然语言处理应用实践，让学生理解循环神经网络在处理序列数据时的优势，掌握 LSTM 和 GRU 的设计与应用，同时培养他们的编程能力和实验设计能力。

（2）迁移学习应用。选择一个预训练的深度学习模型（如 ResNet、VGG 等），在新的数据集上进行迁移学习。观察迁移学习对模型性能的影响，并将你的实践过程和结果写成一篇报告（不少于 1000 字）。

思考：为什么迁移学习可以提高模型的性能？在迁移学习过程中，如何选择预训练模型？如何调整预训练模型的结构和参数来适应新的任务？

目的：通过迁移学习应用实践，让学生理解迁移学习的基本原理和应用方法，掌握预训练模型的选择和调整技巧，同时培养他们的模型优化能力和数据分析能力。

3. 综合思考与讨论

（1）深度学习的局限性。结合本章内容，思考深度学习在实际应用中可能面临的局限性，如数据需求、计算资源、模型解释性等问题。提出你认为可行的解决方案或改进建议，并将你的思考写成一篇短文（不少于 1000 字）。

思考：深度学习模型通常需要大量的标注数据，这在实际应用中是否可行？如何在有限的数据下提高模型的性能？深度学习模型的解释性较差，这是否会影响其在某些领域的应用？如何提高模型的解释性？

目的：引导学生思考深度学习的局限性，培养他们的批判性思维和问题解决能力，同时激发他们改进深度学习技术的探索精神。

（2）未来发展方向。结合当前深度学习的发展趋势，思考未来深度学习可能的发展方向，如更高效的模型架构、更少的数据需求、更强的模型解释性等。提出你认为可行的研究方向或应用场景，并将你的思考写成一篇短文（不少于 1000 字）。

思考：未来深度学习技术将如何突破当前的局限性？哪些领域可能会受益于深度学习技术的进步？深度学习与其他技术（如量子计算、强化学习等）的结合将带来哪些新的机遇和挑战？

目的： 引导学生关注深度学习的未来发展方向，培养他们的创新思维和前瞻性思维，同时激发他们对前沿技术研究的兴趣和热情。

4．实训总结

_____

_____

5．实训评价（教师）

_____

项目 7
熟悉图像识别与计算机视觉

学习目标

（1）理解图像识别与计算机视觉的基本概念。
- 掌握图像识别和计算机视觉的定义及其在人工智能中的地位。
- 理解图像识别与人类视觉识别的区别和联系。
（2）熟悉模式识别与图像识别技术。
- 掌握模式识别的基本原理及其在图像识别中的应用。
- 理解图像识别的主要方法，包括统计模式识别、结构模式识别和模糊模式识别。
（3）掌握计算机视觉与机器视觉的区别。
- 理解计算机视觉和机器视觉的定义、应用场景与技术实现的区别。
- 掌握两者在实际应用中的交集和差异。
（4）了解智能图像处理技术。
- 掌握图像采集、预处理、分割、特征提取、目标识别和分类等基本技术。
- 理解深度学习在图像处理中的应用，如卷积神经网络（CNN）和迁移学习。
（5）培养图像处理与识别的实践能力。
- 通过实践项目，掌握 Python 和 OpenCV、TensorFlow 或 PyTorch 等工具的应用方法。
- 提升学生在图像采集、预处理、分割、特征提取、目标检测和跟踪等方面的实际操作能力。
（6）探索计算机视觉技术的应用与未来发展方向。
- 分析计算机视觉在自动驾驶、医疗影像、安防监控等领域的应用现状。
- 探讨计算机视觉技术的局限性和未来可能的发展方向。

任务 7.1　熟悉模式识别与图像识别

　　人类拥有记忆和"高明"的识别系统，比如告诉某人面前的一只动物是"猫"，以后再看到猫，一样可以认出来。图形刺激作用于感觉器官，人们辨认出它是以前见过的某一图形的过程，叫作图像再认。在图像识别中，既要有当时进入感官的信息，也要有记忆中存储的信息。只有通过存储的信息与当前的信息进行比较的加工过程，才能实现对图像的再认。

　　人的图像识别能力是很强的。图像距离的改变或图像在感觉器官上作用位置的改变，都会造成图像在视网膜上的大小和形状的改变。即使在这种情况下，人们仍然可以认出他们过去知觉过的图像。图像识别甚至可以不受感觉通道的限制。例如，人可以用眼看字，当别人在他背上写字时，他也可以认出这个字来。

7.1.1　模式识别的定义

　　模式识别是人类的一项基本智能，它是指对表征事物或现象的不同形式（如数值、文字和逻辑关系）的信息做分析和处理，从而得到一个对事物或现象做出描述、辨认和分类等的过程，如图 7-1 所示。随着计算机技术的发展和人工智能的兴起，人类自身的模式识别已经满足不了社会发展的需要，于是就希望用计算机来代替或扩展人类的部分脑力劳动。这样，模拟人类图像识别过程的计算机图像识别技术就产生了。模式识别与数学关系紧密，其思想方法与概率统计、心理学、语言学、计算机科学、生物学、控制论等学科都有关系。

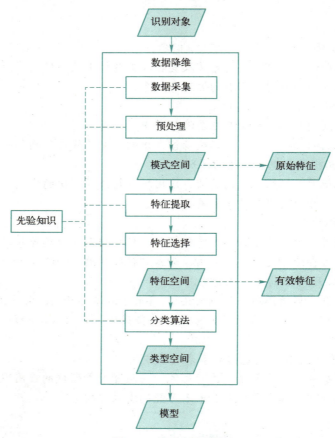

图 7-1　模式识别过程

　　模式识别的内容包括文字识别、图像识别、语音识别和生物识别等。从处理问题的性质和解决问题的方法等角度来看，模式识别可分为抽象和具体两种形式。前者有意识、思想、议论等，属于概念识别研究的范畴。而这里所指的模式识别主要是对语音波形、地震波、心电图、脑电图、图片、照片、文字、符号、生物传感器等对象的具体模式进行辨识。要实现计算机视觉必须有图像处理的帮助，而图像处理依赖于模式识别过程的有效运用。

模式识别研究主要集中在两方面，一是研究生物体（包括人）是如何感知对象的，属于认识科学的范畴；二是在给定的任务下，如何用计算机实现模式识别的理论和方法。应用计算机对一组事件或过程进行辨识和分类，所识别的事件或过程可以是文字、声音、图像等具体对象，也可以是状态、程度等抽象对象。这些对象与数字形式的信息相区别，称为模式信息。

7.1.2　图像识别能力

人类是通过眼睛接收到光源反射，"看"到自己眼前的事物，但是很多内容元素人们可能并不在乎；就像曾经擦肩而过的一个人，如果再次看到并不一定会记得他。然而，人工智能会记住它见过的任何人、任何事物。例如，人类觉得很简单的黄黑相间条纹，如果询问人工智能系统，它给出的答案也许是"99%的概率是校车"。对于图 7-2 所示的图片，人工智能系统虽不能看出这是一条戴着墨西哥帽的吉娃娃狗，但起码能识别出这是一条戴着宽边帽的狗。

图 7-2　识别戴着墨西哥帽的吉娃娃狗

研究表明，人工智能未必总是那么正确，也可能把这些随机生成的简单图像当成鹦鹉、乒乓球拍或者蝴蝶。当研究人员把这个研究结果提交给神经信息处理系统大会讨论时，专家形成了泾渭分明的两派意见。一组领域经验丰富，他们认为这个结果是完全可以理解的；另一组则对研究结果感到困惑，至少在一开始会对强大的人工智能算法把结果弄错感到惊讶。

7.1.3　图像识别的主要方法

图像识别是指利用计算机对图像进行处理、分析和理解，以识别各种不同模式的目标和对象，它是深度学习算法的一种应用实践。图像识别技术一般分为人脸识别与商品识别，人脸识别主要用在安全检查、身份核验与移动支付中；商品识别主要用在商品流通过程中，特别是无人货架、智能零售等无人零售领域。另外，在地理学中，图像识别也指将遥感图像进行分类的技术。

图像识别的方法主要有三种：统计模式识别、结构模式识别和模糊模式识别。

1．图像识别以特征为基础

图像识别以图像的主要特征为基础。每个图像都有它的特征，如字母 A 有个尖，P 有个圈。而 Y 的中心有个锐角等。对图像识别时眼动的研究表明，人们的视线总是集中在图像的主要特征上，也就是集中在图像轮廓曲度最大或轮廓方向突然改变的地方，这些地方的信息量最大。而且，眼睛的扫描路线也总是依次从一个特征转到另一个特征上。由此可见，在图像识别过程中，知觉机制必须排除输入的多余信息，抽出关键信息。同时，在大脑里必定有一个负责整合信息的机制，它能把分阶段获得的信息整理成一个完整的知觉映像。

人类往往要通过不同层次的信息加工才能实现对复杂图像的识别。对于熟悉的图形，由于掌握了它的主要特征，会把它当作一个单元来识别，而不再注意它的细节。这种由孤立单元材料组成的整体单位叫作组块，每一个组块同时被感知。在文字材料的识别中，人们可以把一个汉字的笔画或偏旁等单元组成组块，还可以把经常在一起出现的字或词组成组块单位来加以识别。

事实上，基于计算机视觉的图像检索也可以分为类似文本搜索引擎的三个步骤：提取特征、建立索引以及查询。在计算机视觉识别系统中，图像内容通常用图像特征进行描述。

举例：图片线条特征提取后高层特征的逐层构建，第 1～3 层提取到的特征如图 7-3 所示，第 4～5 层提取到的特征如图 7-4 所示。

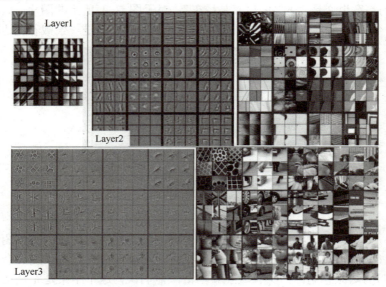

图 7-3　图像特征提取的第 1～3 层

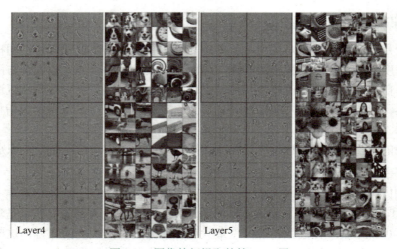

图 7-4　图像特征提取的第 4～5 层

第 1 层是一些简单的线条颜色。

第 2 层是由不同线条组成的简单形状。

第 3 层是简单形状组成的简单图案。

第 4 层是在第 3 层基础上面构建的部分狗脸的轮廓等更复杂的特征。

第 5 层是又增加了部分复杂性的轮廓，比如人脸等。

2．图形识别模型

为了编制模拟人类图像识别活动的计算机程序，人们提出了不同的图像识别模型。

例如，**模板匹配模型**认为，若想识别某个图像，过去的经验中有这个图像的记忆模式，叫作模板。如果当前的刺激与大脑中的某个模板相匹配，这个图像就可以被识别出来。事实上，人不仅能识别与脑中的模板完全一致的图像，也能识别与模板不完全一致的图像。例如，人不仅能识别某一个具体的字母 A，也能识别印刷体的、手写体的、方向不正的、大小不同的各种字母 A。同时，人能识别的图像是大量的，如果所识别的每一个图像在脑中都有一个相应的模板，这是不可能的。

为了解决模板匹配模型存在的问题，格式塔心理学家提出了一个**原型匹配模型**。这种模型认为，在长时记忆中存储的并不是所要识别的无数个模板，而是图像的某些"相似性"。以图像中抽象出来的"相似性"作为原型，拿它来检验所要识别的图像。如果可以找到一个相似的原型，这个图像就被识别出来了。这种模型从神经上和记忆探寻的过程来看，都比模板匹配模型更适宜，而且还能说明可以对一些不规则的但某些方面与原型相似的图像进行识别。但是，这种模型没有说明人是怎样对相似的刺激进行辨别和加工的，它也难以在计算机程序中得到实现。因此又有人提出了一个更复杂的模型——**"泛魔"识别模型**，它是一种具体的特征分析模型。

第 1 层：印象鬼，对外部刺激编码形成刺激映像。

第 2 层：特征鬼，进行特征分解。

第 3 层：认知鬼，监视特征鬼的反应，综合各种特征并做出反应。

第 4 层：决策鬼，根据认知鬼的反应做出决策，识别模式。

在工业应用中，通常采用工业相机拍摄图像，并通过软件对图像的灰度差异进行处理后，从而识别出有用的信息。

3．神经网络图像识别

神经网络图像识别技术是在传统的图像识别方法的基础上融合了神经网络算法的一种图像识别方法。在神经网络图像识别技术中，遗传算法与反向传播（Back Propagation，BP）网络相融合的神经网络图像识别模型非常经典，在很多领域都有它的应用。BP 网络是 1986 年由科学家鲁梅尔哈特和麦克莱兰提出的概念，是一种按照误差逆向传播算法训练的多层前馈神经网络。在图像识别系统中利用神经网络系统，一般会先提取图像的特征，再利用图像所具有的特征映射到神经网络进行图像识别分类。

以汽车拍照自动识别技术为例，当汽车通过时，汽车自身具有的检测设备会有所感应。此时检测设备就会启用图像采集装置来获取汽车正反面的图像，获取图像后上传到计算机进行保存以便识别。车牌定位模块可以提取车牌信息，对车牌上的字符进行识别并显示最终的结果。在对车牌上的字符进行识别时，就用到了基于模板匹配算法和基于人工神经网络算法。

7.1.4　计算机视觉的定义

视觉是各个应用领域（如制造业、检验、文档分析、医疗诊断和军事等）中各种智能/自主系统的不可分割的一部分，如图 7-5 所示。由于它的重要性，一些国家把对计算机视觉的研究列为对经济和科学有广泛影响的科学和工程中的重大挑战。

从图像处理和模式识别发展起来的计算机视觉技术，是使用计算机及相关设备来模拟人的视觉机理获取和处理信息、感受环境的技术。它所面临的挑战是要为计算机和机器人开发具有与人类水平相当的视觉能力。这种机器所具有的视觉需要把图像信号、纹理和颜色建模、几何处理和推理以及物体建模等所有处理都紧密地集成在一起，它是视觉过程图像处理、人工智能和模式识别等技术的综合。

计算机视觉要达到的基本目的如下。

（1）根据一幅或多幅二维投影图像计算观察点到目标物体的距离。

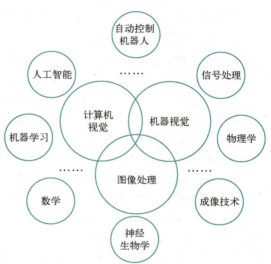

图 7-5　计算机视觉的相关领域

（2）根据一幅或多幅二维投影图像计算目标物体的运动参数。

（3）根据一幅或多幅二维投影图像计算目标物体的表面物理特性。

（4）根据多幅二维投影图像恢复更大空间区域的投影图像。

计算机视觉研究相关的理论和技术，试图建立能够从图像或者多维数据中获取"信息"的人工智能系统。这里所指的信息，是指可以用来帮助做"决定"的内容。因为感知可以看作从感官信号中提取信息，所以计算机视觉也可以看作研究如何使人工智能系统从图像或多维数据中"感知"的科学。

7.1.5　机器视觉的定义

一般认为，机器视觉是通过光学装置和非接触传感器自动地接收和处理一个真实场景的图像，通过分析图像获得所需信息或用于控制机器运动的装置。具有智能图像处理功能的机器视觉，相当于人们在赋予机器智能的同时为机器安上了眼睛，使机器能够"看得见""看得准"，可替代甚至胜过人眼进行测量和判断，使得机器视觉系统可以实现高分辨率和高速度的控制。而且，机器视觉系统与被检测对象无接触，安全可靠。

机器视觉的起源可追溯到 20 世纪 60 年代美国学者 L. R. 罗伯兹对多面体积木世界的图像处理研究，20 世纪 70 年代麻省理工学院（MIT）人工智能实验室开设了"机器视觉"课程。到 20 世纪 80 年代，全球性机器视觉研究热潮开始兴起，出现了一些基于机器视觉的应用系统。20 世纪 90 年代以后，随着计算机和半导体技术的飞速发展，机器视觉的理论和应用得到进一步发展。

进入 21 世纪后，机器视觉技术的发展速度更快，已经大规模地应用于多个领域，如智能制造、智能交通、医疗卫生、安防监控等。常见机器视觉系统主要分为两类，一类是基于计算机的，如工控机；另一类是更加紧凑的嵌入式设备。典型的基于工控机的机器视觉系统主要包括光学系统、摄像机和工控机（包含图像采集、图像处理和分析、控制/通信）等单元，如图 7-6 所示。机器视觉系统对核心的图像处理要求算法准确、快捷和稳定，同时还要求系统的实现成本低，升级换代方便。

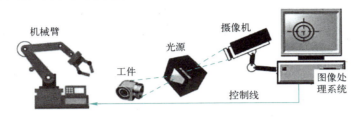

图 7-6　机器视觉系统

7.1.6　计算机视觉与机器视觉的区别

计算机视觉和机器视觉是两个密切相关但又有所区别的领域，它们都涉及图像和视频的处理与分析，但二者的定义、应用场景和技术实现等有所不同。它们的主要区别如下。

（1）定义不同。

1）计算机视觉：是人工智能的一个重要分支，旨在使计算机能够像人类一样"看"或"理解"图像和视频内容。它通过模拟人类视觉系统，从图像或视频中提取信息，进行分析和理解，从而实现对复杂环境的感知和认知。计算机视觉的目标是让计算机具备类似人类的视觉能力，能够识别物体、场景、行为，甚至理解图像中的语义信息。

2）机器视觉：是一种基于计算机的视觉系统，主要用于工业自动化和质量检测。它通过摄像头、传感器等设备获取图像数据，并利用图像处理和分析算法来完成特定的任务，如缺陷检测、尺寸测量、物体定位等。机器视觉更注重实际应用中的精确性和效率，通常用于工业生产线上的自动化检测和控制。

（2）应用场景不同。

1）计算机视觉：

① 应用范围非常广泛，包括自动驾驶、医疗影像诊断、安防监控、人脸识别、虚拟现实/增强现实（VR/AR）、自然语言处理中的图像理解等。

② 通常处理的任务较为复杂，如场景理解、行为分析、语义分割、目标检测与识别等，需要较高的智能水平和对语义信息的理解。

2）机器视觉：

① 主要用于工业制造领域，如汽车制造、电子设备生产、食品加工等，用于自动化检测、质量控制、装配线上的物体定位和识别等。

② 通常需要高精度的图像处理和分析能力，以确保生产过程中的质量控制和效率提升。

（3）技术实现不同。

1）计算机视觉：

① 深度学习技术：依赖卷积神经网络（CNN）和 Transformer 架构等，用于处理复杂的图像和视频分析任务。

② 多模态融合：常常结合其他模态（如语音、文本、传感器）数据来实现更全面的理解。

③ 研究方向：更注重算法创新和性能提升，如目标检测、语义分割、生成对抗网络等。

2）机器视觉：

① 传统图像处理技术：更多地依赖传统的图像处理技术，如边缘检测、滤波、形态学操作等，结合一些简单的机器学习算法（如支持向量机、决策树）。

② 实时性和稳定性：更注重实时性和稳定性，通常需要在短时间内完成图像处理和分析任务，以满足工业生产的高效率要求。

③ 硬件集成：通常需要与工业自动化设备（如机器人、传送带、传感器）紧密结合，以实现自动化生产流程。

（4）数据处理不同。

1）计算机视觉：

① 大规模数据集：通常需要大量的标注数据来训练深度学习模型，数据集规模通常较大（如 ImageNet、COCO 等）。

② 复杂的数据分析：所处理的数据类型较为复杂，包括自然图像、视频流、3D 点云等，需要处理的数据量和计算资源通常较大。

2）机器视觉：

① 小规模数据集：通常处理的数据量较小，且数据类型相对单一（如工业生产线上的图像）。

② 精确性要求高：对数据处理的精确性要求较高，例如，在尺寸测量和缺陷检测中，需要高精度的图像处理算法。

（5）性能要求不同。

1）计算机视觉：

① 智能性：更注重系统的智能性和对复杂环境的适应能力，需要模型能够处理多样化的任务和场景。

② 泛化能力：其模型需要具备较强的泛化能力，能够在不同场景和条件下保持较好的性能。

2）机器视觉：

① 精确性和重复性：更注重精确性和重复性，需要在相同的条件下保持一致的性能表现。

② 实时性：通常需要在短时间内完成图像处理和分析任务，以满足工业生产的实时性要求。

总之，计算机视觉更侧重于模拟人类视觉系统，处理复杂的图像和视频分析任务，广泛应用于人工智能的各个领域，注重智能性和语义理解。机器视觉更侧重于工业自动化和质量检测，处理的任务相对单一，注重精确性、实时性和稳定性，常用于工业生产线上的自动化检测和控制。两者在实际应用中也有一定的交集，如在智能制造中，计算机视觉技术也被逐渐引入，用于更复杂的工业场景分析和智能决策。

任务 7.2　掌握智能图像处理技术

图像处理一般指数字图像处理。数字图像是指用数字摄像机、扫描仪等设备经过采样和数字化得到的一个大的二维数组，该数组的元素称为像素，其值为一个整数，称为灰度值。图像处理技术的主要内容包括图像压缩，增强和复原，匹配、描述和识别 3 个部分。常见的图像处理有图像数字化、图像编码、图像增强、图像复原、图像分割和图像分析等。

智能图像处理是指一类基于计算机的自适应于各种应用场合的图像处理和分析技术，其本身是一个独立的理论和技术领域，但同时又是机器视觉中的一项十分重要的技术支撑。

机器视觉系统可以按要求运算和分析现场数字图像信号，根据处理结果控制现场设备的动作。

7.2.1　图像采集

图像采集就是从工作现场获取场景图像的过程，是机器视觉的第一步，采集工具大多为CCD 或 CMOS 照相机或摄像机。照相机采集的是单幅图像，摄像机可以采集连续的现场图像。就一幅图像而言，它实际上是三维场景在二维图像平面上的投影，图像中某一点的彩色（亮度和色度）是场景中对应点彩色的反映。这就是人们可以用采集图像来替代真实场景的依据所在。

如果相机是模拟信号输出，需要将模拟图像信号数字化后发送给计算机（包括嵌入式系统）处理。现在，大部分相机都可以直接输出数字图像信号。不仅如此，现在相机的数字输出接口也是标准化的，如 USB、VGA、1394、HDMI、Wi-Fi、Bluetooth 接口等，可以直接送入计算机进行处理，后续的图像处理工作往往是由计算机或嵌入式系统以软件的方式进行的。

7.2.2　图像预处理

对于采集到的数字化现场图像，由于受设备和环境因素影响，往往会受到不同程度的干扰，如噪声、几何形变、彩色失调等，必须对采集图像进行预处理。常见的预处理包括噪声消除、几何校正、直方图均衡等，例如，使用时域或频域滤波的方法来消除图像中的噪声；采用几何变换办法来校正图像的失真；采用直方图均衡、同态滤波等方法来减轻图像的彩色偏离。总之，通过这一系列的图像预处理技术，对采集图像进行"加工"，为机器视觉应用提供"更好""更有用"的图像。

7.2.3　图像分割

所谓图像分割，就是按照应用要求把图像分成各具特征的区域，从中提取出感兴趣的目标。在图像中，常见的特征有灰度、彩色、纹理、边缘、角点等。例如，对汽车装配流水线图像进行分割，分成背景区域和工件区域，提供给后续处理单元对工件安装部分进行处理。

图像分割是图像处理中的一项关键技术，其研究一直受到人们的高度重视，借助于各种理论提出了多种图像分割算法，如阈值、边缘检测、区域提取、结合特定理论工具等。从图像的类型来看，有灰度图像、彩色图像和纹理图像等分割。早在 1965 年，就有人提出了检测边缘算子，使得边缘检测产生了许多经典算法。随着基于直方图和小波变换的图像分割方法的研究计算技术、超大规模集成电路（VLSI）技术的迅速发展，有关图像分割方面的研究已经取得了很大的进展。

近年来，人们利用基于神经网络的深度学习方法进行图像分割，其性能胜过传统算法。

7.2.4　目标识别和分类

在制造或安防等行业，机器视觉离不开对输入图像的目标（又称特征）进行识别（见图 7-7）和分类处理，以便在此基础上完成后续的判断和操作。识别和分类技术有很多相同的地方，常常在目标识别完成后就能确定目标的类别。图像识别技术正在跨越传统方法，形成以神经网络为主流的智能化图像识别方法，如卷积神经网络（CNN）、循环神经网络（RNN）等性能优越的方法。

图 7-7　目标（又称特征）识别

7.2.5　目标定位和测量

在智能制造中，最常见的工作就是对目标工件进行安装，但是在安装前往往需要先对目标进行定位，安装后还需要对目标进行测量。安装和测量都需要保持较高的精度和速度，如毫米级精度（甚至更小）、毫秒级速度。这种高精度、高速度的定位和测量，依靠通常的机械或人工的方法是难以办到的。在机器视觉中，可以采用图像处理的办法对安装现场图像进行处理，按照目标和图像之间的复杂映射关系进行处理，从而快速、精准地完成定位和测量任务。

7.2.6　目标检测和跟踪

图像处理中的运动目标检测和跟踪，就是实时检测摄像机捕获的场景图像中是否有运动目标，并预测它下一步的运动方向和趋势，即跟踪，并及时将这些运动数据提交给后续的分析和控制处理，形成相应的控制动作。图像采集一般使用单个摄像机，如果有需要，也可以使用两个摄像机，模仿人的双目视觉而获得场景的立体信息，这样更加有利于目标检测和跟踪处理。

7.2.7　机器视觉技术的应用

图像是人类获取和交换信息的主要来源，因此与图像相关的图像识别技术必定也是未来的研究重点。计算机的图像识别技术在公共安全、生物、工业、农业、交通、医疗等很多领域都有应用。例如，交通领域的车牌识别系统，安全领域的人脸识别技术、指纹识别技术，农业领域的种子识别技术、食品品质检测技术，医学领域的心电图识别技术等。随着计算机技术的不断发展，图像识别技术也在不断地优化，其算法也在不断地改进。

一些机器视觉技术的应用实例如下。

（1）控制过程，如一个工业机器人。

（2）导航，如通过自主汽车或移动机器人。

（3）检测事件，如对视频监控进行人数统计。

（4）组织信息，如对于图像和图像序列的索引数据库。

（5）造型对象或环境，如医学图像分析系统或地形模型。

（6）相互作用，如计算机与人的交互。

（7）自动检测，如制造业的应用程序（见图 7-8）。

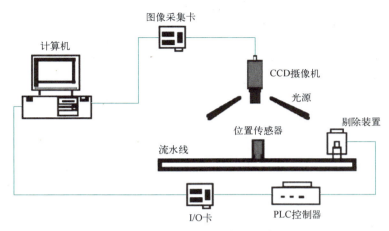

图 7-8　计算机视觉（自动检测）系统组成

（8）自动汽车驾驶。

（9）生物识别技术，如人脸识别。

最突出的应用领域是医疗计算机视觉和医学图像处理。这个领域的特征信息是从图像数据中提取的，用于针对患者进行医疗诊断。通常，图像数据是显微镜图像、X 射线图像、血管造影图像、超声图像和断层图像，用于检测肿瘤、动脉粥样硬化、其他恶性变化、器官的尺寸、血流量等，还支持提供医学研究的测量。计算机视觉在医疗领域的应用还包括增强人类的感知能力，如超声图像或 X 射线图像，以降低噪声对图像的影响。

还有一个重要应用领域是工业，即机器视觉。信息被提取用于支撑制造工序。一个例子是质量控制，其中的信息或最终产品被自动检测。

军事上的应用也是计算机视觉最大的地区之一。典型的应用包括探测敌方士兵或车辆和导弹制导。更先进的系统可以将导弹引导至目标区域，而不是一个特定的目标，并且当导弹抵达区域后，基于本地获取的图像数据做出选择。现代军事概念（如战场感知）依赖于各种传感器（包括图像传感器）提供的丰富的有关作战的场景，可用于支持战略决策。在这种情况下，数据的自动处理用于减少复杂性和融合来自多个传感器的信息，以提高可靠性。

一个较新的应用领域是自主交通，其中包括潜水装置、陆上车辆（带轮子，如轿车或卡车）、高空作业车和无人机。在完全自主化的场景中，通常使用计算机视觉进行导航，即知道它在哪里，用于指定的生产环境（地图）或检测障碍物，它也可以被用于检测特定任务的特定事件，如森林火灾的识别与监控。

机器视觉技术的应用领域还包括支持视觉特效制作的电影和广播，如摄像头跟踪（运动匹配）、监视等。

【作业】

1. 图形刺激作用于感觉器官，人们辨认出它是经历过的某一图形的过程，称为（　　　）。

　　A．图像再认　　　B．图像识别　　　C．图像处理　　　D．图像保存

2．模式识别是（　　）的一项基本智能。

    A．人类　　　　　B．动物　　　　　C．计算机　　　　D．人工智能

3．人工智能领域所指的模式识别主要是对语音波形、地震波、心电图、脑电图、图片、照片、文字、符号、生物传感器等对象的具体模式进行（　　）。

    A．分类和计算　　　　　　　　B．清洗和处理

    C．辨识和分类　　　　　　　　D．存储与利用

4．要实现计算机视觉必须有图像处理的帮助，而图像处理依赖于（　　）的有效运用。

    A．输入和输出　　　　　　　　B．模式识别

    C．专家系统　　　　　　　　　D．智能规划

5．图像识别是指利用（　　）对图像进行处理、分析和理解，以识别各种不同模式的目标和对象的技术。

    A．专家　　　　　B．计算机　　　　C．放大镜　　　　D．工程师

6．图像识别是深度学习算法的一种应用实践，其识别方法主要有（　　）三种。

    ① 统计模式　　　② 结构模式　　　③ 像素模式　　　④ 模糊模式

    A．②③④　　　　B．①②③　　　　C．①②④　　　　D．①③④

7．图像识别是以图像的主要（　　）为基础的。

    A．元素　　　　　B．像素　　　　　C．特征　　　　　D．部件

8．基于计算机视觉的图像检索可以分为类似文本搜索引擎的（　　）三个步骤。

    ① 提取特征　　　② 建立索引　　　③ 查询　　　　　④ 清洗

    A．①②④　　　　B．①③④　　　　C．②③④　　　　D．①②③

9．（　　）是图像处理中的一项关键技术，一直都受到人们的高度重视。

    A．数据离散　　　B．图像分割　　　C．图像解析　　　D．图像聚合

10．计算机视觉要达到的基本目的是根据一幅或多幅二维投影图像计算出（　　），以及根据多幅二维投影图像恢复出更大空间区域的投影图像。

    ① 观察点到目标物体的距离　　　② 目标物体的运动参数

    ③ 目标物体的表面物理特性　　　④ 模拟图像合成大图

    A．①③④　　　　B．①②④　　　　C．①②③　　　　D．②③④

11．具有智能图像处理功能的（　　），相当于在赋予机器智能的同时为机器安上了眼睛。

    A．机器视觉　　　B．图像识别　　　C．图像处理　　　D．信息视频

12．计算机视觉是人工智能的一个重要分支，其目标是让计算机具备类似人类的视觉能力，能够识别（　　），甚至理解图像中的语义信息。

    ① 物体　　　　　② 场景　　　　　③ 内涵　　　　　④ 行为

    A．①②③　　　　B．②③④　　　　C．①③④　　　　D．①②④

13．机器视觉主要用于工业自动化和质量检测。它通过摄像头、传感器等设备获取图像数据，并利用图像处理和分析算法来完成特定的任务，如（　　）等。

    ① 像素提升　　　② 缺陷检测　　　③ 尺寸测量　　　④ 物体定位

    A．①②③　　　　B．②③④　　　　C．①②④　　　　D．①③④

14．计算机视觉的应用范围非常广泛，它通常处理的任务也较为复杂，如（　　）、目标检测与识别等，需要较高的智能水平和对语义信息的理解。

　　① 场景理解　　② 色彩调配　　　③ 行为分析　　　④ 语义分割

　　A. ①②③　　　B. ①②④　　　　C. ①③④　　　　D. ②③④

15. 图像处理技术的主要内容包括（　　　）3 个部分。

　　① 图像压缩　　② 数据排序　　　③ 增强和复原　　④ 匹配、描述和识别

　　A. ①②④　　　B. ①③④　　　　C. ①②③　　　　D. ②③④

16. 数字图像处理的过程一般包括图像数字化、图像编码、图像增强、（　　　）等。

　　① 图像复原　　② 图像分割　　　③ 图像分析　　　④ 图像合成

　　A. ①②④　　　B. ①③④　　　　C. ②③④　　　　D. ①②③

17. 机器视觉需要（　　　），以及物体建模。一个有能力的视觉系统应该把所有处理都紧密地集成在一起。

　　① 模拟元素　　　　　　　　　② 图像信号

　　③ 纹理和颜色建模　　　　　　④ 几何处理和推理

　　A. ②③④　　　B. ①②③　　　　C. ①②④　　　　D. ①③④

18. 神经网络图像识别技术是在（　　　）图像识别方法和基础上融合神经网络算法的一种图像识别方法。

　　A. 现代　　　　B. 传统　　　　　C. 智能　　　　　D. 先进

19. 图像采集就是从（　　　）获取场景图像的过程，是机器视觉的第一步。

　　A. 终端设备　　B. 数据存储　　　C. 工作现场　　　D. 离线终端

20. 图像分割就是按照应用要求，把图像分成不同（　　　）的区域，从中提取出感兴趣的目标。

　　A. 特征　　　　B. 大小　　　　　C. 色彩　　　　　D. 像素

【实训与思考】熟悉图像的处理与识别

　　本项目的"实训与思考"能够帮助学生更好地理解和应用所学的知识，提升他们的图像处理和识别能力，同时培养他们的综合思维能力和创新精神。

1. 图像处理与识别实践

　　（1）图像采集与预处理实践。使用 Python 和 OpenCV 库，从摄像头采集图像，并对采集到的图像进行预处理操作，包括噪声消除、几何校正、直方图均衡等。将你的实践过程和结果写成一篇报告（不少于 800 字），并展示处理前后的图像对比。

　　思考：在图像采集过程中，你遇到了哪些问题？如何解决这些问题？预处理操作对图像识别的准确性有何影响？为什么需要进行这些预处理操作？

　　目的：通过图像采集和预处理实践，让学生理解图像预处理的基本方法和重要性，掌握 OpenCV 库的使用，同时培养他们的编程能力和实验设计能力。

　　（2）图像分割与特征提取实践。选择一个图像数据集（如 MNIST 手写数字或 CIFAR-10 图像），使用 Python 和 OpenCV 或 TensorFlow 库，实现图像分割和特征提取。观察不同分割和特征提取方法对图像识别性能的影响，并将过程和结果写成一篇报告（不少于 1000 字）。

　　思考：在图像分割过程中，你选择了哪种分割方法？为什么？特征提取对图像识别的重要性是什么？如何选择合适的特征提取方法？

目的：通过图像分割和特征提取实践，让学生理解图像分割和特征提取的基本原理与方法，掌握相关工具的使用，同时培养他们的数据分析能力和问题解决能力。

2. 深度学习在图像识别中的应用

（1）卷积神经网络（CNN）实践。使用 Python 和 TensorFlow 或 PyTorch 框架，实现一个简单的卷积神经网络，用于图像分类任务（如 MNIST 手写数字识别）。训练 CNN 模型，并评估其性能。将你的实践过程和结果写成一篇报告（不少于 1000 字），并展示训练过程中的损失函数和准确率变化曲线。

思考：在设计 CNN 模型时，你如何选择卷积层、池化层和全连接层的数量与参数？训练过程中，损失函数和准确率的变化趋势是什么？对你理解 CNN 的训练过程有何帮助？

目的：通过 CNN 模型的搭建和训练实践，让学生理解卷积神经网络的基本结构和工作原理，掌握深度学习框架的使用，同时培养他们的模型优化能力和数据分析能力。

（2）迁移学习在图像识别中的应用。选择一个预训练的深度学习模型（如 VGG16、ResNet50 等），在新的图像数据集上进行迁移学习。观察迁移学习对模型性能的影响，并与从头开始训练的模型进行对比。将你的实践过程和结果写成一篇报告（不少于 1000 字）。

思考：为什么迁移学习可以提高模型的性能？在迁移学习过程中，你如何选择预训练模型？如何调整预训练模型的结构和参数来适应新的任务？

目的：通过迁移学习实践，让学生理解迁移学习的基本原理和应用方法，掌握预训练模型的选择和调整技巧，同时培养他们的模型优化能力和数据分析能力。

3. 计算机视觉技术的应用实践

（1）目标检测与跟踪实践。选择一个目标检测和跟踪的应用场景（如视频监控、自动驾驶等），使用 Python 和 OpenCV 或深度学习框架，实现一个目标检测和跟踪系统。观察系统在实际场景中的表现，并将你的实践过程和结果写成一篇报告（不少于 1000 字）。

思考：在目标检测和跟踪过程中，你选择了哪种算法？为什么？系统在实际场景中的表现是否符合你的预期？如果不符合，你认为可能的原因是什么？

目的：通过目标检测和跟踪实践，让学生理解目标检测和跟踪的基本方法与应用，掌握相关工具的使用，同时培养他们的系统设计能力和问题解决能力。

（2）人脸识别实践。使用 Python 和深度学习框架（如 TensorFlow、PyTorch），实现一个人脸识别系统。收集并预处理人脸图像数据集，训练人脸识别模型，并评估其性能。将你的实践过程和结果写成一篇报告（不少于 1000 字），并展示系统的人脸识别效果。

思考：在人脸识别过程中，你如何选择特征提取方法和分类算法？如何处理人脸图像的对齐和归一化问题？人脸识别系统的性能是否满足实际应用需求？为什么？

目的：通过人脸识别实践，让学生理解人脸识别的基本原理和实现方法，掌握深度学习在人脸识别中的应用，同时培养他们的编程能力和实验设计能力。

4. 综合思考与讨论

（1）计算机视觉技术的局限性。结合本项目内容，思考计算机视觉技术在实际应用中可能面临的局限性，如数据需求、计算资源、模型解释性等问题。提出你认为可行的解决方案或改进建议，并将你的思考写成一篇短文（不少于 1000 字）。

思考：计算机视觉模型需要大量的标注数据，这在实际应用中是否可行？如何在有限的数据下提高模型的性能？计算机视觉模型的解释性较差，这是否会影响其在某些领域的应用？如何提高模型的解释性？

    目的：引导学生思考计算机视觉技术的局限性，培养他们的批判性思维和问题解决能力，同时激发他们对计算机视觉技术进行改进的探索精神。

    （2）未来发展方向。结合当前计算机视觉技术的发展趋势，思考未来计算机视觉可能的发展方向，如更高效的模型架构、更少的数据需求、更强的模型解释性等。提出你认为可行的研究方向或应用场景，并将你的思考写成一篇短文（不少于 1000 字）。

    思考：未来计算机视觉技术将如何突破当前的局限性？哪些领域会受益于计算机视觉技术的进步？计算机视觉与其他技术（如量子计算、强化学习等）结合将带来哪些新的机遇和挑战？

    目的：引导学生关注计算机视觉技术的未来发展方向，培养他们的创新思维和前瞻性思维，同时激发他们对前沿技术研究的兴趣和热情。

5. 实训总结

_____

_____

6. 实训评价（教师）

_____

_____

项目 8
熟悉自然语言处理与大语言模型

学习目标

（1）理解自然语言处理（NLP）的功能与能力。
- 掌握自然语言处理的定义及其在人工智能中的地位。
- 理解自然语言处理的主要研究内容和应用场景。

（2）熟悉大语言模型（LLM）的基本概念和特征。
- 掌握大语言模型的定义、架构和工作原理。
- 理解大语言模型在自然语言处理中的应用及其优势。

（3）掌握自然语言处理的关键技术。
- 掌握文本预处理、词法分析、句法分析、语义分析等技术。
- 理解深度学习在自然语言处理中的应用，特别是 Transformer 架构和词嵌入技术。

（4）了解大语言模型的训练和优化方法。
- 掌握预训练和微调的概念及其在大语言模型中的应用。
- 理解正则化、优化策略、分布式训练和硬件加速的作用。

（5）熟悉大语言模型的生成技术。
- 掌握生成对抗网络（GAN）、变分自编码器（VAE）和流模型的基本原理。
- 理解这些模型在文本生成、图像生成、音频合成等领域的应用。

（6）探索自然语言处理和大语言模型的应用案例。
- 分析大语言模型在娱乐、艺术、医学、教育等领域的应用。
- 探讨自然语言处理技术的未来发展方向及其对社会的影响。

任务 8.1 理解自然语言处理的功能与能力

自然语言处理（Natural Language Processing，NLP）是计算机科学与人工智能领域的重要方向，它融语言学、计算机科学、数学于一体，研究实现人与计算机之间用自然语言进行有效通信的各种理论和方法（见图 8-1），特别是其中的软件系统。

源自自然语言处理，大语言模型（Large Language Model，LLM）是一种基于深度学习的人工智能系统，它通过在大量文本数据上进行训练，能够理解和生成自然语言。这些模型拥有数亿至数千亿个参数，使其具备强大的语言处理能力，可以执行如文本生成、翻译、问答等多种任务，广泛应用于科研、教育、商业等领域，极大地推动了自然语言处理技术的发展。

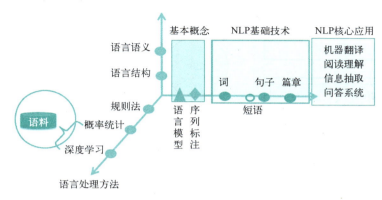

图 8-1　自然语言处理研究

人类在大约 10 万年前学会说话，在大约 5000 年前学会写字。人类语言的复杂性和多样性使得智人区别于其他所有物种。当然，人类还有一些其他的特有属性：没有任何其他物种像人类那样穿衣服、进行艺术创作或每天花很长时间在社交媒体上交流。图灵提出的智能测试是基于语言的，这也是因为语言具有普适性：一个演讲者演讲（或作家写作）的目标是交流知识，他组织语言来表示这些知识，然后采取行动来实现这一目标。听众（或读者）感知他的语言并推断其中的含义。人类的智能与语言密切相关，人类的逻辑思维以语言为形式，人类的绝大部分知识也是以语言文字的形式记载和流传下来的。

口语是人类之间最常见、最古老的语言交流形式，使人类能够进行同步对话——可以与一人或多人进行交互式交流，让人类变得更具表现力，最重要的是，也可以彼此倾听。虽然语言有其精确性，却很少有人会非常精确地使用语言。由于存在着许多含糊之处，可以想象语言理解的过程可能会给机器带来的问题，例如，对计算机而言，理解语音无比困难，但理解文本就简单得多。文本、语言缺乏口语所能提供的自发性、流动性和交互性。

8.1.1　自然语言处理的研究内容

📺 微视频

什么是自然语言处理

人们一直追求使用自然语言与计算机进行通信，由此人们可以用自己最习惯的语言来使用计算机，而无须再花大量的时间和精力去学习不太自然和不习惯的各种计算机语言；人们也可以通过它进一步了解人类的语言能力和智能的机制。

自然语言处理是研究如何让计算机理解、生成和分析人类自然语言的学科，它的发展经历了从基于规则的方法到统计方法，再到深度学习方法的转变。大语言模型的兴起是自然语言处理领域的一个重要里程碑，它代表了深度学习方法在处理自然语言上的最新进展。

从现有的理论和技术现状看，通用的、高质量的自然语言处理系统（见图 8-2）仍然是较长期的努力目标，但是针对某些应用且具有相当自然语言处理能力的实用系统已经出现，有些已商品化甚至产业化。典型的例子有多语种数据库、各种机器翻译系统、自动文摘系统等。

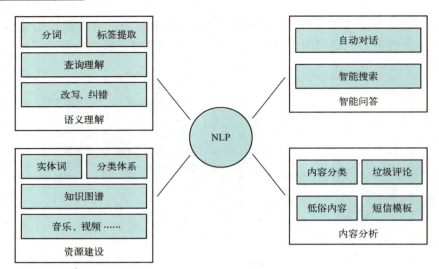

图 8-2　自然语言处理系统

自然语言处理研究的主要内容大致可以分为以下几个方面。

（1）文本预处理：这是自然语言处理的基础步骤，包括文本清洗（去除无关字符、标点符号等）、分词（将文本切分成单词或词汇单元）、词性标注（为每个词汇分配语法类别，如名词、动词等）、命名实体识别（识别文本中的特定实体，如人名、地点、组织机构名等）。

（2）词法分析：如何分析词汇的形式和意义，包括词干提取（将词汇还原为其词根形式）、词形还原（将词汇还原为标准词典形式）等。

（3）句法分析：分析句子的结构和组成成分，包括句法树结构的构建、依存关系分析（确定词汇间的语法关系）等。

（4）语义分析：理解文本的深层含义，包括情感分析（判断文本的情感倾向）、主题抽取（识别文本的主题内容）、篇章理解（理解长篇文本的连贯性和逻辑关系）等。

（5）自然语言生成：将非自然语言形式的信息转换成自然语言文本，如自动生成报告、新闻摘要、对话应答等。

（6）机器翻译：将一种自然语言自动转换为另一种自然语言，这是自然语言处理的重要应用之一。

（7）对话系统：构建能够与人类进行自然对话的系统，包括聊天机器人、语音助手等，涉及对话管理、上下文理解、自然语言生成等技术。

（8）信息检索与过滤：从大量文本中找出匹配查询条件的信息，如搜索引擎、推荐系统等。

（9）语音识别与语音合成：将语音信号转换为文本（语音识别）或将文本转换为语音信号（语音合成）。

（10）知识图谱与语义网：构建和利用知识图谱来增强机器对世界的理解和推理能力，用于问答系统、智能推荐等场景。

（11）深度学习模型：使用深度神经网络（如 RNN、LSTM、Transformer 等）来处理自然语言任务，包括语言模型、词向量表示（如 Word2Vec、GloVe）、注意力机制等。

8.1.2　深度学习的影响

早期的自然语言处理系统依赖于手工编写的规则来解析和理解语言。这些规则基于语言学理论，试图直接编码语法和语义规则，但这种方法难以扩展到大规模文本和处理语言，灵活性不够。随着数据量的增长和计算能力的提升，统计方法开始主导自然语言处理领域。这些方法利用概率模型来处理语言，比如 n 元模型，能够更好地处理语言的变异性，但仍然有局限性，尤其是在处理长距离依赖和复杂语言结构时。

深度学习对自然语言处理领域产生了深远的影响，彻底改变了人们处理、理解和生成人类语言的方式，几个关键点如下。

（1）提升理解能力：深度学习模型，尤其是基于 Transformer 架构的模型（如 BERT、GPT 系列等），能够学习到语言的深层结构和语境依赖性，极大地提升了计算机理解复杂语言任务的能力，如问答系统、文本蕴含判断和语义理解。

（2）文本生成与创意写作：通过使用序列到序列模型（Seq2Seq）结合注意力机制，深度学习模型能够生成连贯、有逻辑的文本，应用于文章创作、新闻摘要生成、对话系统响应生成等，甚至可以模仿特定风格或作者的写作风格。

（3）词嵌入与表征学习：词嵌入技术（如 Word2Vec、GloVe）以及更先进的上下文敏感的词嵌入（如 BERT 中的词块嵌入）为词语提供了高维向量表示，这些表示能够捕捉词汇之间的语义和语法关系，使得模型能够更好地理解和处理文本，为深度学习应用于自然语言处理奠定了基础。

（4）情感分析与语义理解：深度学习模型能够更准确地识别文本中的情绪、态度和观点，这对于社交媒体分析、客户服务、产品反馈分析等领域至关重要，能够帮助企业和机构更好地理解用户需求和市场趋势。

（5）机器翻译：基于神经网络的机器翻译系统，如 Transformer 模型，相比传统的统计机器翻译方法，能够提供更流畅、更准确的翻译结果，大大推进了跨语言沟通的便利性。

（6）对话系统与聊天机器人：深度学习技术使得聊天机器人更加智能化，能够进行多轮对话、理解用户意图并做出反应，改善了用户体验，广泛应用于客户服务、教育、娱乐等多个行业。

（7）命名实体识别与信息抽取：深度学习模型在识别文本中的命名实体（如人名、地点、组织机构等）和抽取关键信息方面展现出了强大性能，对于构建知识图谱、信息检索和智能文档处理等应用极为重要。

（8）解决数据稀疏性问题：尽管自然语言处理任务常面临数据稀疏性（指数据框中绝大多数数值缺失或者为零）挑战，深度学习模型通过学习更高级别的抽象特征，能在一定程度上缓解这一问题，尤其是在少数民族语言、专业领域术语等方面。

（9）模型可扩展性与迁移学习：预训练的大语言模型（如 T5、BERT 等）通过迁移学习策略，能够在少量样本上快速适应新的任务，降低了特定领域应用的门槛，加速了自然语言处理技术的普及和应用。

（10）持续推动技术创新：深度学习的引入激发了一系列研究和开发活动，不断推动自然语言处理技术边界，包括模型结构创新、训练策略优化、计算效率提升等，为未来的自然语言处理技术发展奠定了坚实基础。

8.1.3 语音理解与语音识别

语音处理是研究语音发声过程、语音信号的统计特性、语音的自动识别、机器合成以及语音感知等各种处理技术的总称。由于现代的语音处理技术都以数字计算为基础，并借助微处理器、信号处理器或通用计算机加以实现，因此也称为数字语音信号处理。语音信号处理以生理、心理、语言以及声学等基本实验为基础，以信息论、控制论、系统论的理论作为指导，通过应用信号处理、统计分析、模式识别等现代技术手段，发展成为新的学科。

1. 语音理解

语音理解是指利用知识表达和组织等人工智能技术进行语句自动识别和语意理解。同语音识别的主要不同点是对语法和语义知识的充分利用程度。

由于人对语音有广泛的知识，可以对要说的话有一定的预见性，所以人对语音具有感知和分析能力。依靠人对语言和谈论的内容所具有的广泛知识，利用知识提高计算机理解语言的能力，是语音理解研究的核心。

利用理解能力，可以使系统提高性能：①能够排除噪声和嘈杂声；②能够理解上下文的语义并能用它来纠正错误，澄清不确定的语义；③能够处理不合语法或不完整的语句。因此，研究语音理解的目的，与其说是去研究系统仔细地去识别每一个单词，倒不如去研究系统能抓住说话的要旨更为有效。

一个语音理解系统除了包括原语音识别所要求的部分之外，还需要添入知识处理部分。知识处理包括知识的自动收集、知识库的形成、知识的推理与检验等。当然还希望能有自动进行知识修正的能力。因此，语音理解可以认为是信号处理与知识处理相结合的产物。语音知识包括音位知识、音变知识、韵律知识、词法知识、句法知识、语义知识以及语用知识，这些知识涉及实验语音学、汉语语法、自然语言理解以及知识搜索等许多交叉学科。

2. 语音识别

语音识别是指利用计算机自动对语音信号的音素、音节或词进行识别的技术总称。语音识别是实现语音自动控制的基础。

语音识别系统（见图 8-3）一般要经过以下几个步骤。

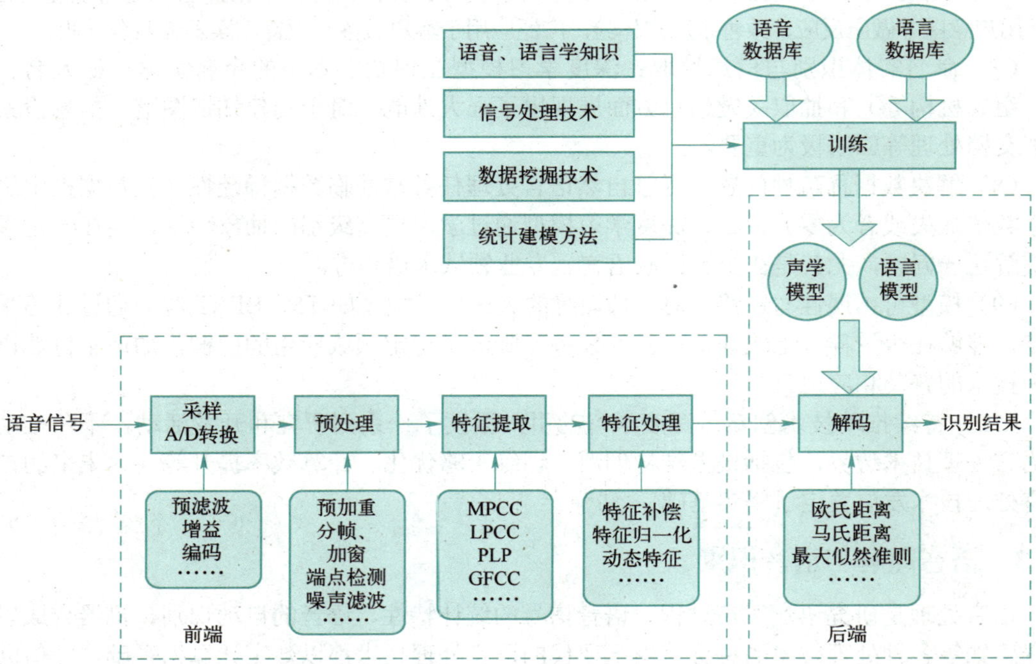

图 8-3　语音识别系统步骤

（1）语音预处理，包括对语音幅度标称化、频响校正、分帧、加窗和始末端点检测等内容。

（2）语音声学参数分析，包括对语音共振峰频率、幅度等参数以及对语音的线性预测参数、倒谱参数等的分析。

（3）参数标称化，主要是时间轴上的标称化，常用的方法有动态时间规整（DTW）或动态规划（DP）。

（4）模式匹配，可以采用距离准则或概率规则，也可以采用句法分类等。

（5）识别判决，通过最后的判别函数给出识别的结果。

语音识别可按不同的识别内容进行分类，其中最困难的是同时满足大词量、连续音和不识人的语音识别。

8.1.4　大语言模型

大语言模型是近年来人工智能领域的一项重要进展，是一种基于机器学习、深度学习和自然语言处理技术的先进人工智能模型。这类模型具有大规模参数和复杂结构，其参数数量可达数十亿乃至数万亿。经过大规模的文本数据训练，通过深度学习架构（尤其是 Transformer 模型），大语言模型能够学习到自然语言的复杂特征、模式和结构。其设计目的是广泛理解和生成类似于人类的自然语言，从而在多种自然语言处理任务中展现出卓越的性能，而无须针对每个任务单独编程。如今，大语言模型已被应用于各种场景，极大地推动了人工智能的实用化进程，也对模型的效率、经济成本、伦理和隐私等方面提出了新的挑战。

1．语言模型基础

语言模型起源于语音识别。输入一段音频数据，语音识别系统通常会生成多个句子作为候选。而判断哪个句子更合理，就需要用语言模型对候选句子进行排序。语言模型是自然语言处理领域的基础任务和核心问题，其目标是对自然语言的概率分布建模。而生成式人工智能的一个关键特性是，不仅可以理解和分析数据，还能够创造新的内容或预测未来的数据，这些输出是从学习的数据模式中派生出来的。

语言模型是"对于任意的词序列，它能够计算出这个序列是一句话的概率。"例如，词序列 A："这个网站|的|文章|真|水|啊"，这明显是一句话，一个好的语言模型也会给出很高的概率。再看词序列 B："这个网站|的|睡觉|苹果|好快"，这明显不是一句话，如果语言模型训练得好，那么序列 B 的概率就会很低。

定义：假设要为中文创建一个语言模型，V 表示词典，V= {猫,狗,机器,学习,语言,模型,…}，$w_i \in V$。语言模型就是这样一个模型：**给定词典 V，能够计算出任意单词序列 w_1，$w_2,\cdots,w_n$ 是一句话的概率 $P(w_1, w_2,\cdots, w_n)$，其中，$P \geqslant 0$。**

计算 $P(w_1,w_2,\cdots,w_n)$ 的最简单方法是数数，假设训练集中共有 N 个句子，数一下训练集中$(w_1,w_2,\cdots,w_n)$ 出现的次数，假定为 n，则 $P(w_1,w_2,\cdots,w_n)$ =n/N。可以想象，一旦单词序列没有在训练集中出现过，模型的输出概率就是 0。

语言模型的另一种等价定义是：**能够计算 $P(w_i | w_1, w_2,\cdots, w_{i-1})$ 的模型就是语言模型。**

从文本生成角度来看，也可以给出如下的定义：**给定一个短语（一个词组或一句话），语言模型可以生成（预测）接下来的一个词。**

语言模型可用于提升语音识别和机器翻译的性能。例如，在语音识别中，给定一段"厨房里食油用完了"的语音，有可能会输出"厨房里食油用完了"和"厨房里石油用完了"这两个读音完全一样的文本序列。如果语言模型判断出前者的概率大于后者的概率，就可以根据相同读音的语音输出"厨房里食油用完了"这个文本序列。又如，在机器翻译中，如果将英文"you go first"逐词翻译成中文的话，可能得到"你走先""你先走"等排列方式的文本序列。如果语言模型判断出"你先走"的概率大于其他排列方式的文本序列的概率，就可以把"you go first"翻译成"你先走"。

2. 大语言模型的特征

大语言模型能够完成从简单的问答、文本翻译到复杂的对话、文本创作等多种任务。例如，OpenAI 的 GPT 系列、阿里云的通义千问以及 DeepSeek（深度求索）等，都是此类模型的代表。它们的核心优势在于能够捕捉语言的细微差别、对语言的泛化理解、上下文敏感的生成以及一定程度的创造性表达。这使得它们在处理自然语言时更为灵活和准确，此外，还能在一定程度上展现出逻辑思维、推理能力和创造性。

在大语言模型的上下文中，"大"主要有两层含义。一方面，它是指模型的参数数量通常会非常大，使得模型能够学习和表示语言中细微且非常复杂的模式。另一方面，"大"也指训练数据的规模，它通常在来自互联网、书籍、新闻等各种来源的大规模文本数据上进行训练。

大语言模型还包括如下核心特征。

（1）深度学习架构：它通常基于先进的神经网络架构，尤其是 Transformer 模型，该架构擅长处理序列数据，通过自注意力机制理解长距离的依赖关系。

（2）无监督预训练：首先在大量未标注文本上进行无监督学习，预训练让模型学习语言的统计规律和潜在结构，之后可以根据具体任务进行有监督的微调。

（3）生成与理解并重：既能根据上下文生成连贯、有逻辑的新文本，也能理解输入文本的意义，进行精准的语义解析和信息提取。

（4）持续学习与适应性：具有持续学习能力，可以通过接收新数据来不断优化和扩展知识，保持模型的时效性和准确性。

8.1.5 高性能、低算力成本的 DeepSeek

DeepSeek（杭州深度求索）是一家成立于 2023 年 7 月 17 日的创新型科技公司，由知名私募巨头幻方量化孕育而生。

2024 年 1 月 5 日，公司发布其第一个大模型 DeepSeek LLM，2024 年 1 月 25 日，发布 DeepSeek-Coder，2024 年 2 月 5 日发布 DeepSeekMath，2024 年 3 月 11 日发布 DeepSeek-VL，2024 年 5 月 7 日发布 DeepSeek-V2，2024 年 6 月 17 日发布 DeepSeek-Coder-V2，2024 年 9 月 5 日更新 API 支持文档，宣布合并 DeepSeek Coder V2 和 DeepSeek V2 Chat，推出 DeepSeek V2.5，2024 年 12 月 13 日，发布 DeepSeek-VL2，2024 年 12 月 26 日晚正式上线 DeepSeek-V3 首个版本并同步开源。2025 年 1 月 27 日，DeepSeek 应用登顶苹果美国地区应用商店免费 App 下载排行榜。2025 年 1 月末，英伟达、亚马逊和微软都宣布接入 DeepSeek-R1 模型，英伟达更是将 DeepSeek-R1 称为最先进的大语言模型。此后，DeepSeek 的 R1、V3、Coder 等系列模型陆续上线国家超算互联网平台。而另一方面，

微视频
大语言模型与 DeepSeek

2025 年 2 月 6 日，澳大利亚政府却以所谓"担心安全风险"为由，禁止在所有政府设备中使用 DeepSeek。

一时间，DeepSeek 风靡全球，人工智能又一次成为全球话题，这一次，话题的中心是中国的 AI。实际上，DeepSeek 专注于开发先进的大语言模型和相关技术，它使用数据蒸馏技术得到更为精炼、有用的数据，在此基础上实现了大模型的高性能、低成本。

1. 数据蒸馏技术

所谓数据蒸馏技术，是一种在机器学习和深度学习领域中用于减少数据集大小的同时保留关键信息的技术。其主要目的是通过生成一个更小但信息量丰富的数据集来加速训练过程，降低计算成本，并可能提高模型的泛化能力。数据蒸馏技术尤其适用于可能包含大量冗余信息或噪声的大规模数据集。

（1）核心思想。数据蒸馏技术的核心思想是通过对原始数据集进行某种形式的压缩或提炼，创建一个"精炼"的数据子集。这个子集应该尽可能地保留对训练模型至关重要的特征和模式，以便于在保持模型性能的同时显著减少所需的训练数据量。

（2）主要方法。

- 基于模型的方法：使用已经训练好的模型来评估每个样本的重要性，然后选择那些对模型贡献最大的样本作为精炼后的数据集。
- 合成数据生成：通过生成对抗网络（GAN）、变分自编码器（VAE）等生成模型直接从原始数据集中学习分布，并生成新的、具有代表性的样本。
- 数据增强与混合：应用数据增强技术（如旋转、缩放、裁剪等）以及样本间的混合（Mixup），以创造更多样化的训练实例，从而有效地扩展训练集的有效性。
- 主动学习：在主动学习框架下，模型会选择最不确定或最有价值的样本进行标注并加入训练集，这种方法可以看作一种特殊形式的数据蒸馏技术。
- 元学习：利用元学习算法找到一组参数或策略，使得少量精挑细选的数据能够快速适应新任务的学习过程。

（3）应用场景。

- 资源受限环境：在计算资源有限的情况下，使用数据蒸馏技术可以帮助快速训练高效的小型模型。
- 隐私保护：通过蒸馏处理可以减少直接访问原始敏感数据的需求，有助于增强隐私保护。
- 提升效率：对于需要频繁更新模型的应用场景，数据蒸馏能显著缩短每次迭代的时间。

尽管数据蒸馏技术提供了许多潜在的好处，但它也面临着一些挑战，包括如何准确地识别和提取最重要的数据特征，避免过拟合到特定的任务或数据集，以及确保蒸馏后的数据集不会丢失重要信息而导致模型性能下降。

数据蒸馏技术是一项前沿的研究课题，它为优化机器学习流程提供了新的视角，特别是在处理大数据集时展现出了巨大的潜力。随着研究的深入和技术的发展，可以期待看到更多创新的数据蒸馏方法出现。

2. 让大模型投入与收益成正比

尽管当前人工智能实现了技术进步、成本降低，但仍然需要持续投入人工智能基础设施，以确保处于技术创新的最前沿。公开资料显示，2024 年 1～8 月，微软、Meta、谷歌和亚马逊四大科技公司在人工智能和数据中心的投资总额达到 1250 亿美元，全年投入约 2180 亿美元。然而，这些开支背后的回报，却并未能在短时间内显现。

为了让"大模型"数以千亿美元计的投入与收益成正比，大语言模型发展需要关注应用层的价值创造。尤其在 ToC（面向消费者）领域，市场上还没有看到所谓的超级应用。专家认为，整个世界都在焦急地寻找类似微信和脸书这样的超级 App。也正因如此，随着低成本算力的 DeepSeek 的成功推出，市场逐渐形成共识：巨头科技企业的高额开支未必能与实际收益成正比。这种趋势蔓延开来，最终导致了美股科技股的估值大幅下挫。

研究表明，DeepSeek 这样的"高性能""低算力成本"大模型的出现，与当前国内人工智能领域的创新环境有关。2024 年，国内的大语言模型呈现了显著进步，营造了一个创新发展的有利大环境。国内公司面对的成本环境更加苛刻，意味着必须在推理和训练方面创新以降低成本。

任务 8.2　大语言模型的工作原理

基于深度学习技术，特别是 Transformer 网络架构的广泛应用，大语言模型通过学习海量文本数据，模仿人类语言的复杂性，极大地提升了 AI 技术的能力，使得机器能够更准确地理解、生成和交互自然语言，其工作原理涉及复杂的数学模型、优化算法以及对伦理和社会影响的深刻考量。大语言模型不仅推动了聊天机器人、智能客服、自动翻译、内容创作等领域的技术革新，还为新兴技术（如语音识别、虚拟助理等）提供了强大的技术支持，创造出了更多商业价值，对社会经济、文化教育、科学研究等多个领域产生了重要影响。

8.2.1　词元及其标记化

在语言模型中，"tokens"是指单词、单词部分（称为子词）或字符转换成的数字列表。每个单词或单词部分都被映射到一个特定的数字表示，称为词元（token）。这种映射关系通常是通过预定义的规则或算法完成的，不同的语言模型可能使用不同的标记化方案，但重要的是要保证在相同的语境下，相同的单词或单词部分始终被映射到相同的词元，如图 8-4 所示。

大多数语言模型倾向于使用子词标记化，因为这种方法高效灵活。子词标记化能够处理单词的变形、错字等情况，从而更好地识别单词之间的关系。

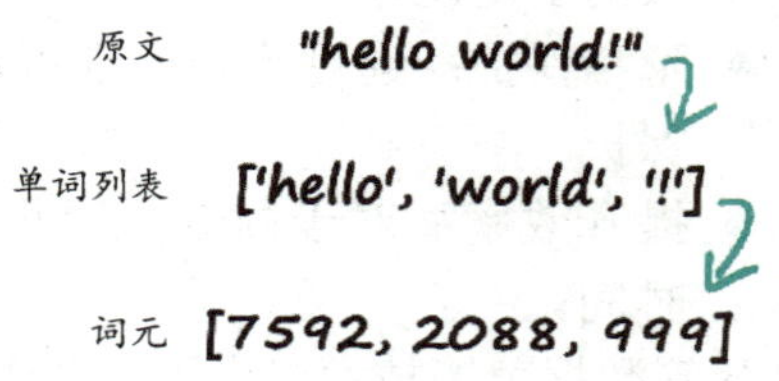

图 8-4　相同的单词（或单词部分）始终被映射到相同的词元

8.2.2　基础模型

大语言模型的训练需要极高的计算资源，包括大量的 GPU（图形处理器）或 TPU（张量处理器）以及相应的资源消耗，这也是其发展的一个重要考量因素。如今，最常见的商业系统是在数千台强大处理器上同时训练数周，耗资达数百万美元。这些程序通常被称为"训练基础模型"（见图 8-5），具有广泛的适用性和很长的使用寿命，它们可以用作许多不同类型专业大语言模型的基础，尽管直接与它们交互也是完全可能的。

大语言模型在完成了对大型文本语料库的基础训练后，就要进入调整阶段。这包括向它提供一系列示例，说明它应该如何回答问题（响应"提示"），最重要的是，它不允许说什么（当然，这反映了其开发者的态度和偏见的价值判断）。初始训练步骤大多是自动化过程，这个社交化步骤是通过**人类反馈强化学习**（Reinforcement Learning from Human Feedback，RLHF）来完成的。人类审查大语言模型对一系列可能引起不

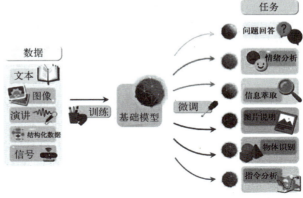

图 8-5　训练基础模型

当行为的提示的反应，然后帮助大语言模型做出改进。

完成训练后，大语言模型接收使用者的提示或问题作为输入，对其进行转换并生成一个回应。与训练步骤相比，这个过程快速而简单，但它是如何将输入转换为回应的？模型将这种"猜测下一个词"的技术扩展到更长的序列上。重要的是，要理解分析和猜测实际上不是在词本身进行的，而是在所谓的标记上进行的——它们代表词的一部分，并且这些标记进一步以"嵌入"形式表达，旨在捕捉它们的含义。

8.2.3　词嵌入及其含义

大语言模型首先使用词嵌入技术将文本中的每个词汇转换为高维向量，确保模型可以处理连续的符号序列。这些向量不仅对词汇本身的含义进行了编码，还考虑了语境下的潜在关联。

将每个单词表示为一种特定形式的向量（列表），称为嵌入。嵌入将给定的单词转换为具有特殊属性的向量（有序数字列表）：相似的单词具有相似的向量表示。例如，"朋友""熟人""同事"和"玩伴"这些词，由于语义相似，它们的嵌入向量也会彼此相似，通过代数组合嵌入来促进某些类型的推理。

单词嵌入的一个缺点是它们不一定能解决多义性问题——单词可能具有多个含义。处理这个问题有几种方法。例如，如果训练语料库足够详细，单词出现的上下文将倾向于聚合成统计簇，每个簇代表同一个单词的不同含义。这允许大语言模型以模棱两可的方式表示单词，将其与多个嵌入相关联。多义性的计算方法是一个持续研究的领域。

当想知道一个词的含义时，可能会查字典。在字典里，会找到用词语表达的关于词义的描述，从而理解一个词的含义。换句话说，通过与其他单词的关系来表示单词的含义，已经被认为是一种行之有效的语义表示方案。

虽然有些词确实指的是现实世界中的真实事物，但是，在相互关联的定义中有很多内在结构。一个单词的语义特征几乎完全可以由其与其他单词的关系网络来表征和编码。

8.2.4　生成和理解

对于生成任务（如文本创作、对话系统），模型根据给定的初始文本或上下文，生成连

续、有逻辑的文本序列。这通常通过采样技术（如贪婪采样、核密度采样）来实现，确保生成的文本既符合语法，又具有连贯性。

而对于理解任务（如问答、情绪分析），模型需要理解输入文本的深层含义，这依赖于模型在预训练和微调阶段学习到的语义理解能力。模型通过分析文本内容，提取关键信息并给出准确的响应或判断。

8.2.5　大语言模型的核心技术

大语言模型中的生成模型是指能够根据给定的输入生成类似真实数据的新数据的算法，主要通过学习大量文本数据中的模式和结构来实现。这些模型通常基于深度神经网络，如变换器（Transformer）架构，利用自注意力机制捕捉长距离依赖关系，并能执行如文本生成、机器翻译、问答等多种任务。典型代表包括基于变分自编码器（VAE）、流模型和直接基于Transformer 的模型，它们在生成连贯且上下文相关的自然语言文本方面表现出色，广泛应用于内容创作、对话系统及语言理解等领域。

大语言模型的核心技术包括基于深度学习架构、自注意力机制、大规模数据集和参数优化等，这些技术共同赋予模型强大的语言理解和生成能力。

（1）深度学习架构。大语言模型通常基于深度神经网络，特别是变换器（Transformer）架构。这种架构通过自注意力机制允许模型在处理序列数据（如自然语言文本）时并行计算，并能有效捕捉序列中长距离的依赖关系。与传统的循环神经网络（RNN）和卷积神经网络（CNN）相比，Transformer 显著提高了训练效率和性能，成为现代自然语言处理任务的核心技术，广泛应用于机器翻译、文本生成、问答系统等领域。其核心组件包括多头自注意力层和前馈神经网络层，使得模型能够高效地理解和生成复杂的语言结构。

（2）自注意力机制。这是变换器架构的关键组成部分，它让模型能够关注输入序列中的不同部分，从而有效地处理长句子或文档中的复杂依赖关系。通过加权求和的方式，模型可以动态地强调某些词的重要性。

（3）大规模数据集。模型训练依赖于极其庞大的文本数据集，这些数据集可能包含来自互联网、书籍、新闻文章等的数十亿条记录。大量多样化的数据有助于提高模型的语言理解和生成能力。

（4）参数优化。大语言模型拥有数亿到数千亿个参数，这使得它们能够在复杂的语言任务中表现出色。更多的参数意味着模型可以学习到更丰富的语言结构和模式，从而更好地理解上下文和语义信息。

（5）预训练与微调。

- 预训练：在大规模未标注的数据上进行无监督学习，使模型学会预测下一个单词或填补空白等任务，从而获得基础的语言能力。其目标通常是学习语言的普遍规律，模型被训练以预测给定序列中缺失的单词（如 BERT）或预测序列的下一个单词（如 GPT 系列）。预训练阶段，模型在大规模的通用文本数据上进行训练，学习语言的基本结构和各种常识。海量的数据集包含互联网文本、书籍、新闻、社交媒体等多种来源，旨在覆盖广泛的主题和语言风格。

以训练狗为例，可以训练它坐、跑、蹲和保持不动。但如果训练的是警犬、导盲犬和猎犬，则需要特殊的训练方法。大语言模型的训练也采用与之类似的思路。预训练完成后，在微调阶段，模型可以在特定任务上进行微调，在更小、带有标签的数据集上进行进一步的训练，使模型适应特定的语言理解和生成任务。这个数据集通常是针对某个特定任务或领域的，如医学文本、法律文本或特定的对话数据。

- 微调：在特定任务的数据集上对预训练模型进行进一步训练，以适应具体的下游任务，如情感分析、问答系统等，让模型更好地理解和生成这个特定领域的语言，从而更好地完成特定的任务。根据任务类型，可能需要调整模型的输出层。例如，在分类任务中，最后的输出会设计为输出类别概率；在生成任务中，则可能使用 Softmax 函数来预测下一个单词。

（6）正则化与优化。为了防止过拟合，大语言模型采用多种正则化技术，如 Dropout、权重衰减等。此外，高效的优化算法（如 Adam 优化器）也被广泛应用于加速训练过程并改善模型性能。

（7）分布式训练与硬件加速。训练如此大规模的模型需要巨大的计算资源，因此通常会使用分布式计算技术和专用硬件（如 GPU、TPU 集群）来加快训练速度并管理内存需求。

8.2.6　大语言模型生成模型

大语言模型生成模型是一种基于深度学习技术的自然语言处理模型，通过在海量文本数据上进行训练，学习语言的模式和规律，从而能够生成连贯、有意义的文本内容。

1. 生成对抗网络（GAN）

生成对抗网络（GAN）是一种深度学习模型，由伊恩·古德费洛等人在 2014 年提出。它通过两个神经网络的相互博弈来训练：一个是生成器，另一个是判别器。这两个网络通过对抗过程共同进化（见图 8-6），目的是让生成器能够创造出几乎无法与真实数据区分的假数据。

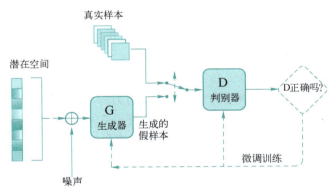

图 8-6　生成对抗网络

（1）生成器：它学习创建逼真的数据以欺骗判别器，其任务是从随机噪声中生成看起来像真实数据的样本。例如，如果 GAN 被用来生成图像，那么生成器会尝试从随机噪声中开始生成逼真的图像。

（2）判别器：它努力区分真实数据与生成的数据，类似于一个二分类器，试图区分给定的数据是来自真实数据集，还是由生成器生成的假数据。

在 GAN 的训练过程中，生成器和判别器交替进行优化。

（1）训练判别器：首先固定生成器，用真实数据和生成器产生的假数据一起训练判别器，使它能够更准确地区分真假。

（2）训练生成器：固定住已经训练好的判别器，只更新生成器的参数，目的是让生成器生成的数据更能欺骗判别器，即让判别器误以为生成的数据是真实的。

随着训练的进行，理想情况下，生成器将学会生成越来越逼真的数据，而判别器将变得难以区分生成的数据和真实数据。最终，当生成器可以完美地模仿真实数据分布时，判别器将无法做出有效区分，此时 GAN 达到了一种平衡状态。

生成对抗网络（GAN）自提出以来已经衍生出了多种变体，它们各有侧重，都有其独特的特点和应用领域，针对不同类型的问题提供了有效的解决方案。

2. 变分自编码器（VAE）

变分自编码器（VAE）是一种生成模型，它结合了自动编码器（AE）和贝叶斯推断的思想。与传统的自动编码器不同，VAE 不仅能够学习数据的压缩表示（即编码），还能通过引入概率分布来生成新的样本，如图 8-7 所示。

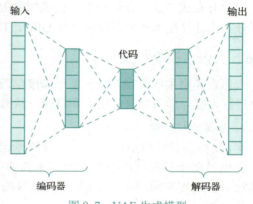

图 8-7　VAE 生成模型

VAE 的关键概念和技术特点如下。

（1）编码器：将输入数据映射到一个潜在空间中的参数化分布（高斯分布），由编码器网络预测出均值和方差。

（2）解码器：从潜在空间中采样得到的随机变量作为输入，尝试重构原始输入数据。

（3）变分下界：为了训练 VAE，最大化一个称为"变分下界"的目标函数，使得可以从该分布中直接采样以生成新样本。

（4）重参数化技巧：为了解决梯度无法穿过随机节点的问题，VAE 采用了重参数化技巧，用反向传播算法有效地计算梯度并更新模型参数。

3. VAE 的潜在空间探索

VAE 的潜在空间探索是理解其工作原理和应用潜力的关键部分。潜在空间是指通过编码器将输入数据映射到的一个低维、连续且结构化的表示空间。在这个空间中，每个点代表一个潜在变量，它可以被解码器用来重构原始输入或生成新的样本。

（1）潜在空间的特性。

● 连续性和平滑性：由于 VAE 强制潜在变量服从某种分布（通常是标准正态分布），这使得潜在空间是连续和平滑的，意味着相近的数据点在潜在空间中的表示也会很接近，反之亦然。

● 语义解释性：虽然 VAE 的潜在空间不是明确设计为具有特定语义意义的，但经过训练后，某些维度可能自然地与数据中的特定属性相关联，如图像中的人物表情、背景颜色等。

（2）可视化技术探索。

● 降维可视化：使用降维算法将高维潜在向量投影到二维或三维空间中进行可视化，可以直观地观察到不同类别或特征如何分布在潜在空间里。

● 插值实验：选择两个已知样本 A 和 B，在它们对应的潜在向量之间进行线性插值，然后将这些中间点解码回原始空间。如果潜在空间足够平滑，那么插值路径上的点应该形成从 A 到 B 的合理过渡。

（3）属性编辑探索：单个维度操作，对于一些 VAE 变体可以通过独立调整潜在向量的各个维度来观察对生成图像的影响。这种方法可以帮助识别哪些维度对应于特定的视觉属性，并允许用户手动编辑这些属性。

4．流模型

流模型是一类生成模型，它们通过一系列可逆变换，将简单的概率分布（如标准正态分布）映射到复杂的数据分布。由于自然语言处理任务的特点与图像、音频等连续型数据有所不同，目前，流模型（规范化流）的应用相对较少。随着研究的深入和技术的发展，流模型也开始逐渐被应用于语言建模领域，特别是在需要精确概率估计和高效采样的场景下。

流模型主要应用于需要精确概率估计和高效采样的领域，如密度估计、异常检测、图像生成、音频合成以及一些特定的自然语言处理任务中。

（1）文本生成。用于改进传统方法。传统的基于自回归的语言模型（如 Transformer、LSTM）虽然在文本生成方面取得了显著成就，但它们通常难以提供精确的概率估计，并且在非自回归设置下表现不佳。而通过引入流模型，可以实现更高效的并行化生成，同时保持生成文本的质量。例如，流模型可以用于学习字符级或词级的语言分布，从而支持快速且多样化的文本生成。

（2）对话系统。增强对话多样性，在构建对话系统时，使用流模型可以帮助克服重复回复的问题，增加对话的多样性和自然度。通过将对话历史映射到一个潜在空间，并在此基础上进行变换，可以生成更加丰富和连贯的回答。

（3）序列到序列任务。例如，翻译和其他跨语言任务，对于机器翻译等序列到序列的任务，流模型可以通过学习源语言和目标语言之间的复杂映射关系来提高翻译质量。这种映射不局限于词汇层面，还可以捕捉句法和语义信息，从而产生更准确的翻译结果。

（4）文本风格转换。保留内容的同时改变风格，流模型可以用于文本风格转换任务，如将正式文体转换为口语化表达或将一种文学风格转换为另一种。通过设计适当的变换函数，可以在不改变原始内容的情况下调整文本风格。

（5）主题建模与文档表示。发现潜在结构，类似于图像中的潜在空间操作，流模型也可以用于文档的主题建模。通过对文档集合进行编码，然后在潜在空间中执行变换，可以揭示文档之间的潜在关系，并为聚类、检索等任务提供更好的表示。

【作业】

1．（　　）研究实现人与计算机之间用自然语言进行有效通信的各种理论和方法，是一门融语言学、计算机科学、数学于一体的科学，探索有效实现自然语言通信的计算机系统。

　　A．深度学习模型　　　　　　　　B．自然语言处理
　　C．基础语言模型　　　　　　　　D．大语言模型

2．（　　）是一种基于深度学习的人工智能系统，它通过在大量文本数据上进行训练，能够理解和生成自然语言。这些模型拥有数亿至数千亿个参数，使其具备强大的语言处理能力。

　　A．深度学习模型　　　　　　　　B．自然语言处理

        C．基础语言模型   D．大语言模型

3．基于深度学习技术，特别是（　　　）网络架构的广泛应用，大语言模型通过学习海量文本数据，模仿人类语言的复杂性，极大地提升了 AI 技术的能力。

    A．Transformer   B．AlexNet   C．VGG Net   D．GoogleNet

4．大语言模型使得机器能够更准确地（　　　）自然语言，其工作原理涉及复杂的数学模型、优化算法以及对伦理和社会影响的深刻考量。

    ① 理解   ② 生成   ③ 交互   ④ 迭代

    A．①③④   B．①②④   C．①②③   D．②③④

5．成立于（　　　）年的 DeepSeek 是一家创新型科技公司，由知名私募巨头幻方量化孕育而生。2025 年 1 月 27 日，DeepSeek 应用登顶苹果美国地区应用商店免费 App 下载排行榜。

    A．2024   B．2023   C．2000   D．2012

6．所谓（　　　）技术是一种在机器学习和深度学习领域中用于减少数据集大小同时保留关键信息的技术。其目的是通过生成更小但信息量丰富的数据集来加速训练过程，降低计算成本。

    A．功能裁剪   B．函数变换   C．参数降维   D．数据蒸馏

7．数据蒸馏技术的核心思想是通过对原始数据集进行某种形式的压缩或提炼，创建一个"精炼"的数据子集。其中的主要方法包括（　　　）以及主动学习、元学习等。

    ① 基于模型的方法   ② 提高算力的方法

    ③ 合成数据生成   ④ 数据增强与混合

    A．①③④   B．①②④   C．①②③   D．②③④

8．尽管当前人工智能实现了技术进步、成本降低，但仍然需要持续投入人工智能基础设施，以确保处于技术创新的最前沿。这其中，DeepSeek 展现的最大特点是（　　　）。

    ① 高性能   ② 小规模   ③ 低算力成本   ④ 降低精度

    A．①②   B．③④   C．①③   D．②④

9．在语言模型中，"tokens"是指单词、单词部分（称为子词）或字符转换成的数字列表。每个单词或单词部分都被映射到一个特定的数字表示，称为（　　　）（token）。

    A．元素   B．机会   C．分量   D．词元

10．大语言模型的训练需要极高的计算资源，包括大量的（　　　）以及相应的能源消耗，这也是其发展的一个重要考量因素。

    A．GPU 和 SPU   B．CPU 或 TPU   C．GPU 或 TPU   D．CPU 或 APU

11．最常见的大语言模型商业系统是在数千台强大处理器上同时训练数周，耗资达数百万美元。这些程序通常被称为"（　　　）"，它具有广泛的适用性和很长的使用寿命。

    A．基础模型   B．专业模型   C．行业模型   D．计算模型

12．大语言模型使用（　　　）技术将文本中的每个词汇转换为高维向量，确保模型可以处理连续的符号序列。这些向量不仅对词汇本身的含义进行了编码，还考虑了语境下的潜在关联。

    A．段嵌入   B．预微调   C．预训练   D．词嵌入

13．对于生成任务（如文本创作、对话系统），模型根据给定的初始文本或上下文，生成连续、有逻辑的（　　　）。通常通过采样技术来实现，确保生成的文本既符合语法，又具

有连贯性。

　　　　A．数字序列　　　　B．文本序列　　　　C．文本数组　　　　D．数值函数

　　14．（　　）的目标通常是学习语言的普遍规律，以此来预测给定序列中缺失的单词或预测序列的下一个单词。模型通过大规模的通用文本数据来学习语言的基本结构和常识。

　　　　A．预训练　　　　B．文本序列　　　　C．文本数组　　　　D．数值函数

　　15．在（　　）阶段，模型可以在特定任务上进行微调，在更小、带有标签的数据集上进行进一步的训练，使模型适应特定的语言理解和生成任务。这个数据集通常针对某个特定任务或领域。

　　　　A．规划　　　　　B．输入　　　　　C．部署　　　　　D．微调

　　16．（　　）是一种深度学习模型，它通过两个神经网络的相互博弈来训练，生成器和判别器这两个网络通过对抗过程共同进化，目的是创造出几乎无法与真实数据区分的假数据。

　　　　A．NET　　　　　B．VAE　　　　　C．GAN　　　　　D．LLM

　　17．（　　）是一种生成模型，它结合了自动编码器和贝叶斯推断的思想。它不仅能够学习数据的压缩表示（即编码），还能通过引入概率分布来生成新的样本。

　　　　A．NET　　　　　B．VAE　　　　　C．GAN　　　　　D．LLM

　　18．流模型是一类生成模型，主要应用于需要精确概率估计和高效采样的领域，如（　　）和音频合成以及一些特定的 NLP 任务中。

　　　　①　密度估计　　　②　复杂计算　　　③　异常检测　　　④　图像生成

　　　　A．①②③　　　　B．②③④　　　　C．①②④　　　　D．①③④

　　19．通过引入流模型，可以实现更高效的并行化生成，同时保持生成文本的质量。例如，流模型可以用于学习字符级或词级的语言分布，从而支持快速且多样化的（　　）。

　　　　A．文本生成　　　　B．对话系统　　　　C．风格转换　　　　D．主题建模

　　20．语言模型起源于（　　）。输入一段音频数据，系统通常会生成多个句子作为候选，而判断哪个句子更合理，就需要用语言模型对候选句子进行排序。

　　　　A．波形识别　　　　B．生物识别　　　　C．语音识别　　　　D．模式识别

【实训与思考】初步应用 DeepSeek 大模型

1．实训目标

　　本项目的"实训与思考"旨在帮助学生初步应用国产 DeepSeek（深度求索）大模型，理解其在 NLP 中的能力，并探索其在实际场景中的应用潜力。实训将围绕文本生成、问答系统和内容编辑等任务展开，帮助学生掌握大模型的实际操作方法。

　　（1）理解 DeepSeek 大模型的能力：通过实际操作，了解 DeepSeek 在文本生成、问答和内容编辑中的表现。

　　（2）掌握基本的提示工程技巧：学习如何通过设计合适的提示（Prompt）引导模型生成高质量的内容。

　　（3）探索应用场景：分析 DeepSeek 在不同场景中的适用性，讨论其优势和局限性。

　　（4）培养实践能力：通过实际操作，提升学生对 AI 技术的理解和应用能力。

2．实训内容

（1）实训准备。

- 注册 DeepSeek 平台：通过手机 App 或者计算机访问 DeepSeek 官网（或相关平台），注册账号并获取 API 密钥。
- 安装必要的工具：安装 Python 环境，并使用 requests 库或其他 API 调用工具。
- 准备实训数据：收集一些简单的文本样本，用于测试模型的生成和理解能力。

（2）文本生成任务。

- 任务描述：使用 DeepSeek 生成一段描述春天（或其他季节）的诗歌。
- 提示设计：设计一个合适的提示，例如："请生成一段描述春天的诗歌，要求包含'花''风''阳光'等元素。"
- 调用 API：通过 API 调用 DeepSeek 模型，输入提示并获取生成的文本。
- 结果评估：分析生成的诗歌是否符合要求，讨论其创意性和连贯性。

（3）问答系统任务。

- 任务描述：使用 DeepSeek 回答一个关于人工智能的问题，例如："人工智能如何改变我们的生活？"
- 提示设计：设计一个清晰的问题提示，例如："请回答：人工智能如何改变我们的生活？请用简洁的语句说明。"
- 调用 API：输入问题并获取模型的回答。
- 结果评估：评估回答的准确性和完整性，讨论模型在理解问题和生成回答方面的能力。

（4）内容编辑任务。

- 任务描述：使用 DeepSeek 对一段文本进行风格转换，如将一段正式的新闻报道转换为幽默风格。
- 提示设计：设计一个包含原始文本和风格要求的提示，例如："请将以下新闻报道转换为幽默风格：[新闻报道内容]。"
- 调用 API：输入提示并获取转换后的文本。
- 结果评估：分析转换后的文本是否符合幽默风格，讨论模型在风格转换方面的能力。

（5）实训总结。

- 小组讨论：讨论 DeepSeek 在不同任务中的表现，分析其优势和局限性。
- 记录实训过程：记录实训中使用的提示、生成的结果以及评估意见。
- 撰写实训报告：总结实训过程和结果，提出改进建议。

3．实训步骤

（1）注册与准备（15min）。

- 注册 DeepSeek 平台并获取 API 密钥。
- 安装 Python 环境和必要的库。

（2）任务实施（60min）。

- 分组完成上述三个任务，每个任务分配 20min。
- 记录实训过程和结果。

（3）小组讨论与总结（20min）。

- 分组讨论实训结果，总结 DeepSeek 的能力和局限性。
- 撰写实训报告，记录讨论结果。

（4）课堂汇报（15min）。

- 每组推选代表汇报实训结果和讨论内容。
- 教师进行点评和总结。

4．实训工具与资源

（1）DeepSeek 平台：提供 API 接口和文档。

（2）编程语言：Python（推荐使用 requests 库进行 API 调用）。

（3）实训数据：简单的文本样本和问题。

5．实训报告模板

（1）实训目的：简述实训的目标和意义。

（2）实训步骤：详细记录实训中使用的提示和调用 API 的过程。

（3）实训结果：展示生成的文本、回答和转换后的文本。

（4）结果分析：分析 DeepSeek 在不同任务中的表现，讨论其优势和局限性。

（5）总结与建议：总结实训过程中的经验教训，提出改进建议。

活动记录与总结：

___

6．实训评价（教师）

评分标准如下：

（1）实训完成度（30 分）：实训任务是否完整？结果是否符合要求？

（2）提示设计（20 分）：提示是否清晰、合理？是否能引导模型生成高质量内容？

（3）结果分析（30 分）：对实训结果的分析是否深入？讨论是否全面？

（4）小组协作（20 分）：小组成员分工是否明确？协作是否顺畅？

项目 9
掌握生成式人工智能技术

学习目标

● 掌握生成式人工智能技术的基本概念和应用场景：理解生成式人工智能的定义、原理及其在不同领域的应用，如文本生成、图像生成、音频生成等。
● 熟悉多模态生成技术及其关键技术：了解多模态生成技术的定义、应用场景以及相关的关键技术，如多模态嵌入、跨模态交互学习、注意力机制等。
● 掌握提示工程的基本原理和方法：学会如何设计和优化提示，以引导生成式人工智能模型生成高质量、符合预期的输出。

任务 9.1　熟悉生成式人工智能

生成式人工智能是指能够创建新数据或内容的系统，如文本、图像和音乐，它通过学习大量现有数据中的模式来生成与训练数据风格相似但内容独特的新实例。这类系统通常基于深度学习模型，尤其是变换器（Transformer）架构，利用自注意力机制捕捉复杂的结构和依赖关系。提示工程则是指设计特定的输入（即提示），以引导生成式人工智能产生期望的输出，通过精心构造的提示，用户可以更精确地控制人工智能生成的内容，从而提高结果的相关性和质量。这两者的结合极大地扩展了人工智能在创意产业、内容生成及个性化服务等领域的应用潜力。

生成式人工智能与人工智能生成内容（AI Generated Content，AIGC）这两个概念紧密相关，AIGC 是生成式人工智能的一个具体应用方向。生成式人工智能的核心能力在于创造、预测、转换和补全信息。而 AIGC 则更侧重于描述由生成式人工智能技术所产出的实际成果，即由人工智能系统自动生成、具体创造出来的作品内容本身，包括简单的文本创作、图像合成以及复杂的音乐生成、视频剪辑等，这些作品展现了人工智能在创意表达方面的潜能。因此，生成式人工智能是底层的技术框架和方法，而 AIGC 是这些技术应用的结果，体现了技术在实际场景中的应用价值和社会影响。两者之间存在一种从技术到产品的逻辑联系，生成式人工智能的发展推动了 AIGC 的多样化和普及化。

9.1.1　生成式人工智能的定义

近年来，生成式人工智能与 AIGC 技术备受社会瞩目，它

> 🎬 微视频
> 生成式人工智能与
> **AIGC**

利用深度学习和大数据等技术，能够自主生成全新、具有创新性的内容。这些新数据或内容与训练数据具有相似的特征但并非完全相同，可以是文本、图像、音频等形式。

早先的**判别式人工智能**是一种专注于学习输入数据与输出标签之间映射关系的人工智能方法，它主要关注如何从给定的输入中准确地预测或分类输出，而不试图理解生成这些数据的底层概率分布。判别式模型直接学习从特征到类别的决策边界，因此它们在许多实际应用中表现出色，尤其是在需要高精度和快速响应的任务上，因其高效性和准确性在众多应用场景中占据重要地位。随着技术的发展，人们将探索如何结合生成式模型的优势，开发出更加全面和强大的人工智能系统。

定义：生成式人工智能是一种基于机器学习的方法，它通过学习大量数据，能够生成与原始数据相似的全新内容。这种技术可以应用于自然语言处理、图像生成、音频合成等多个领域。

如图 9-1 所示，判别式模型需要求出一条决策边界，而生成式模型需要计算联合概率分布。与传统的判别式人工智能相比，生成式人工智能更注重创造和生成，而非简单的分类和识别，它专注于学习现有数据集的模式并基于这些模式创造新的、之前未存在的内容。这种技术使得机器能够模仿创造性过程，生成包括

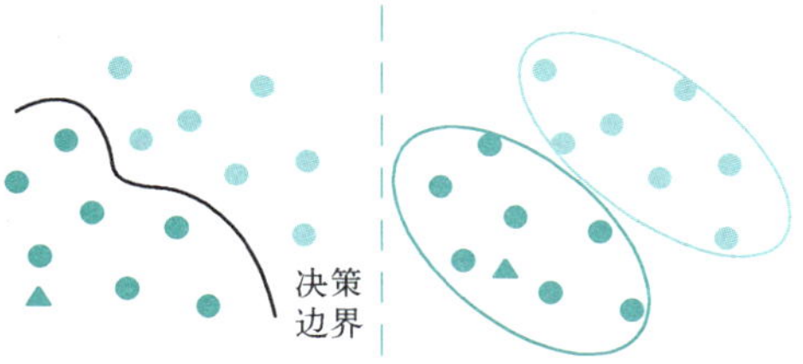

图 9-1   判别式模型（左）与生成式模型（右）

文本、图像、音频和视频等各种类型的内容。生成式模型通过深度学习网络，如变分自编码器（VAE）、生成对抗网络（GAN）或 Transformer 模型（如 ChatGPT）等来实现这一目标。

9.1.2   AIGC 的定义

AIGC 的核心优势在于能够基于大量的数据学习模式，自动创作新的内容，这在很大程度上提高了内容生产的效率和个性化程度。

（1）用户生成内容（UGC）：是指由用户自发创建并分享的各类内容，如评论、博客文章、视频、图片等，通常通过社交媒体平台、论坛和在线社区进行传播。

（2）专业生成内容（PGC）：是指由具有特定专业知识或技能的个人、团体或机构创建的内容，如新闻报道、学术论文、行业分析报告等，旨在提供高质量、权威性和深度的信息。

定义：AIGC 是指利用人工智能技术，特别是机器学习、深度学习等方法，自动生成各种形式的内容，如文本、图像、音频、视频等。这些内容可以是创意性的，如艺术作品、音乐、文章；也可以是实用性的，如新闻报道、产品描述、个性化推荐信息等。

AIGC 代表了人工智能在创意生产和内容生成领域的应用，能够自动化或半自动化地生产高质量、个性化的内容。应用 AIGC 的关键步骤一般包括：数据收集、模型训练、内容生成和后期优化。通过这些过程，人工智能系统能够理解特定主题、风格或用户偏好，进而生成符合要求的内容。

从用户生成内容到专业生成内容，再到现在的 AIGC，人们看到了内容创作方式的巨大变革和进步。通过深度学习与自然语言处理的创新融合，AIGC 拥有无限的创造力。利用人工智能的理解力、想象力和创造力，根据指定的需求和风格，创作出各种内容。诸如 ChatGPT、通义千问等智能系统，AIGC 的出现打开了一个全新的创作世界，为人们提供了

无数的可能性，重塑了信息时代的内容创作生态，甚至让人难以分清背后的创作者到底是人类还是人工智能。

与 AIGC 相关的人工智能术语之间的关系如图 9-2 所示，它们共同构成了 AIGC 的核心要素。

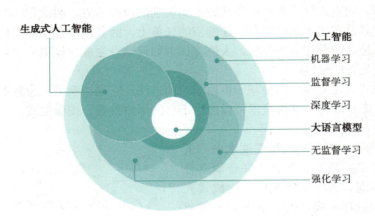

图 9-2　AIGC 与人工智能技术谱系

9.1.3　生成式人工智能的应用场景

AIGC 技术具有强大的创造性和自动化能力，其应用场景广泛且多样，覆盖了多个行业和领域，它的产业生态体系的三层架构如图 9-3 所示，它的典型应用场景大致可以分为文本生成、音频生成、图像生成、视频生成等方面。

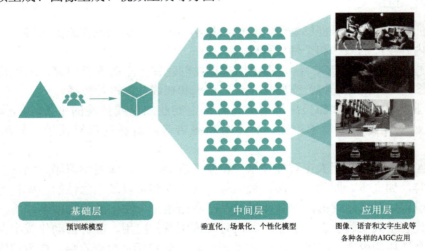

图 9-3　AIGC 产业生态体系的三层架构

生成式人工智能的主要应用场景如下。

（1）文本生成：根据使用场景，基于 NLP 的文本内容生成可分为非交互式与交互式文本生成。非交互式文本生成包括摘要/标题生成、文本风格迁移、文章生成、图像生成文本等。交互式文本生成主要包括聊天机器人、文本交互游戏等。AIGC 能够根据特定主题或情境生成文章、故事、新闻报道、诗歌等文本内容，提高内容创造的效率和多样性，如使用

ChatGPT 等工具进行自动文案撰写。文本生成技术可以大大提高文本创作的效率和质量，为内容创作者提供更多的灵感和选择。

（2）音频生成：在音乐和音频制作领域的相关技术较为成熟。AIGC 可以生成音乐作品、音效、播客内容，用于音乐创作软件和自动配音工具，可以模拟各种声音，甚至合成逼真的人声，如语音克隆，将人声 1 替换为人声 2。还可应用于文本生成特定场景语音，如数字人播报、语音客服等。此外，可基于文本描述、图片内容理解生成场景化音频、乐曲等，这对于语音助手、音乐创作等领域具有重要意义。

（3）图像生成：能够根据用户的描述或输入的关键词，生成各种风格的艺术作品、插图、设计图样，如通过 Stable Diffusion、Midjourney 等工具创作独一无二的视觉艺术。根据使用场景，可分为图像编辑修改与图像自主生成。图像编辑修改可应用于图像超分、图像修复、人脸替换、图像去水印、图像背景去除等。图像自主生成包括端到端的生成，如真实图像生成卡通图像、参照图像生成绘画图像、真实图像生成素描图像、文本生成图像等。图像生成技术在设计、艺术等领域具有广泛的应用前景。

（4）视频生成：它与图像生成的原理相似，主要分为视频编辑与视频自主生成。视频编辑可应用于视频超分（视频画质增强）、视频修复（老电影上色、画质修复）、视频画面剪辑（识别画面内容，自动场景剪辑）。视频自主生成可应用于图像生成视频（给定参照图像，生成一段运动视频）、文本生成视频（给定一段描述性文字，生成与内容相符的视频），能够自动生成短视频、广告、电影预告片等内容，包括剪辑、特效应用、智能编排以及根据剧本生成动态画面。

（5）代码生成：根据功能描述自动生成或优化编程代码，帮助开发者提高工作效率，减少错误，加速软件开发流程。

（6）游戏开发：在游戏产业中，AIGC 可用于角色设计、场景生成、游戏测试以及增强 NPC（非玩家控制角色）的交互智能化，提升游戏体验和开发效率。

（7）金融行业：应用于风险评估、交易策略制定、投资决策支持、个性化金融服务推荐、智能客服等领域，同时需要注意数据安全和隐私保护。

（8）医疗健康：在疾病预测、辅助诊断、个性化治疗方案推荐、药物发现与研发等方面发挥作用，通过学习医疗大数据提供更为精准的医疗服务。

（9）电商零售：实现个性化商品推荐、智能客服、基于用户行为的广告投放、物流优化等，以提升顾客体验和销售效率。

（10）社交网络：开发聊天机器人、语音识别、内容审核、情绪分析等功能，优化用户交流体验，提高平台内容质量和安全性。

（11）教育与培训：生成定制化学习材料、智能辅导、课程内容创作以及交互式学习体验的设计，以适应不同学习者的需求。

9.1.4　大语言模型的幻觉

所谓幻觉，是指大语言模型在回答问题或提示时，实际上并不查阅其训练时接触到的所有词序列，也就是它们通常只访问那些信息的统计摘要。于是，大语言模型出现了幻觉，即产生了模型生成的内容与现实世界的事实或用户输入不一致的现象。至少目前大语言模型并不能很好地验证它们认为或相信可能是真实事物的准确性。

1. 事实性和忠实性幻觉

研究人员将大语言模型的幻觉分为事实性幻觉和忠实性幻觉。

（1）事实性幻觉，是指模型生成的内容与可验证的现实世界事实不一致。它又分为事实不一致（与现实世界信息相矛盾）和事实捏造（无法根据现实信息验证）。比如问模型"第一个在月球上行走的人是谁？"，模型回复"查尔斯·林德伯格在 1951 年月球先驱任务中第一个登上月球"。实际上，第一个登上月球的人是尼尔·阿姆斯特朗。

（2）忠实性幻觉，是指模型生成的内容与用户的指令或上下文不一致。它可以分为指令不一致（输出偏离用户指令）、上下文不一致（输出与上下文信息不符）、逻辑不一致（推理步骤与最终答案之间的不一致）3 类。比如让模型总结今年 10 月的新闻，结果模型却在说 2006 年 10 月的事。

大语言模型采用的数据是致使它产生幻觉的一大原因，其中包括数据缺陷、数据中捕获的事实知识的利用率较低等因素。具体来说，数据缺陷分为错误信息和偏见（重复偏见、社会偏见），此外，大语言模型也有知识边界，所以存在领域知识缺陷和过时的事实知识。

2. 训练和推理过程产生的幻觉

除了数据，训练过程也会使大语言模型产生幻觉。主要是预训练阶段（大语言模型学习通用表示并获取世界知识）、对齐阶段（微调大语言模型使其更好地与人类偏好一致）两个阶段产生问题。

预训练阶段可能会存在以下问题。

（1）架构缺陷。基于前一个词元预测下一个词元，这种单向建模阻碍了模型捕获复杂的上下文关系的能力；自注意力模块存在缺陷，随着词元长度增加，不同位置的注意力被稀释。

（2）暴露偏差。训练策略也有缺陷，模型推理时依赖于自己生成的词元进行后续预测，模型生成的错误词元会在整个后续词元中产生级联错误。

对齐阶段可能会存在以下问题。

（1）能力错位。大语言模型内在能力与标注数据描述的功能间存在错位。当对齐数据需求超出预定义的能力边界时，大语言模型会被训练以生成超出其自身知识边界的内容，从而放大幻觉的风险。

（2）信念错位。基于人类反馈强化学习等的微调，使大语言模型的输出更符合人类偏好，但有时模型会倾向于迎合人类偏好，牺牲信息真实性。

大语言模型产生幻觉的第三个关键因素是推理，存在以下两个问题。

（1）固有的抽样随机性：在生成内容时根据概率随机生成。

（2）不完美的解码表示：上下文关注不足（过度关注相邻文本而忽视了原始上下文）和 Softmax 瓶颈（输出概率分布的表达能力受限）。

研究人员根据致幻原因，总结了现有减轻幻觉现象的方法。

（1）数据相关的幻觉。减少错误信息和偏见，最直观的方法是收集高质量的事实数据，并进行数据清理以消除偏见。对于知识边界的问题，有两种流行方法。一种是知识编辑，直接编辑模型参数来弥合知识差距；另一种是通过检索增强生成来利用非参数知识源。

（2）训练相关的幻觉。根据致幻原因，可以完善有缺陷的模型架构。在模型预训练阶段，最新研究试图通过完善预训练策略、确保更丰富的上下文理解和规避偏见来应对这一问题。例如，针对模型对文档式的非结构化事实知识理解碎片化、不关联，有研究将文档的每个句子转换为独立的事实，从而增强模型对事实关联的理解。此外，还可以通过改进人类偏好判断、激活引导，减轻对齐错位问题。

（3）推理相关的幻觉。不完美的解码通常会导致模型输出偏离原始上下文。研究人员探讨了两种策略，一种是事实增强解码，另一种是译后编辑解码。

9.1.5　生成式人工智能的发展趋势

生成式人工智能的未来发展趋势如下。

（1）技术创新：随着深度学习、强化学习等技术的不断发展，生成式人工智能的性能将得到进一步提升。

（2）应用拓展：生成式人工智能将在更多领域得到应用，如 VR/AR、自动驾驶等，这些应用将进一步提升生成式人工智能的实用价值和社会影响力。

（3）伦理挑战：随着生成式人工智能的普及，人们也需要关注其可能带来的伦理挑战。例如，如何确保生成的内容符合道德和法律要求、如何保护原创作品的权益等。

生成式人工智能带来了许多创新和机遇，具有广阔的应用前景和巨大的发展潜力。但是，生成式人工智能也存在一些潜在的风险和挑战，因此，需要在推进生成式人工智能应用的同时，不断创新和完善生成式人工智能技术，加强风险管理和监管，推动其健康、可持续地发展。

首先，对于生成式人工智能生成的内容，需要建立有效的审核机制，确保其内容符合法律法规和道德标准。同时，也需要加强对原创作品的保护，防止侵权行为的发生。

其次，需要关注生成式人工智能的滥用问题。例如，一些人可能会利用生成式人工智能生成虚假信息或进行恶意攻击。因此，需要加强技术监管和法律制约，防止生成式人工智能被用于非法活动。

最后，需要加强公众对生成式人工智能的认知和了解。通过普及相关知识，提高公众的辨识能力和风险意识，可以更好地应对生成式人工智能带来的挑战和风险。通过深入了解生成式人工智能的基本概念、应用场景以及未来发展趋势，人们可以更好地把握这一技术的发展脉搏，为未来的创新和发展提供有力支持。

任务 9.2　熟悉多模态生成技术

多模态生成技术是指利用 AI 算法来创造涉及两种或更多种不同数据模式（如文本、图像、音频、视频等）的内容。这些技术能够处理、理解和结合多种信息来源，产生更加丰富且复杂的内容结果。多种模态之间可以组合搭配，进行模态间的转换生成（见图 9-4），通过整合不同模态的信息，实现了更加复杂和真实的生成。例如，文本生成图像（AI 绘画、根据提示语生成特定风格图像）、文本生成音频（AI 作曲、根据提示生成特定场景音频）、文本生成视频（AI 视频制作、根据一段描述性文本生成与语义内容相符的视频片段）、图像生成文本（根据图像生成标题、根据图像生成故事）、图像生成视频等。随着技术的进步，多模态技术正逐步成为推动媒体、教育、娱乐、电商等多个行业创新发展的关键技术。

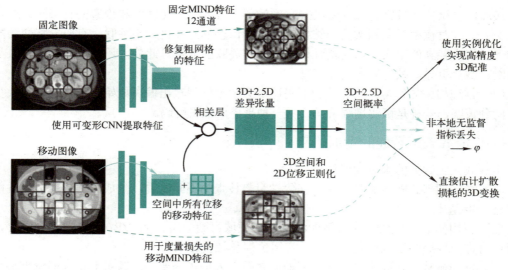

图 9-4　多模态生成处理示意

9.2.1　多模态生成关键技术

多模态生成的技术基础在于整合和处理来自不同类型的输入数据（如文本、图像、音频等），通过深度学习模型（如 Transformer、GAN、VAE 等）捕捉跨模态之间的复杂关系，以生成连贯且一致的多类型输出。

多模态生成的一些关键技术如下。

（1）多模态嵌入：这是一种将不同模态的数据转换成统一的高维向量表示的方法，使得模型能够理解不同模态间的关联性，为跨模态生成和分析打下基础。

（2）跨模态交互学习：模型通过联合训练，学习不同模态之间的相互影响，提高生成内容的相关性和协调性，如根据文本描述生成匹配的图像或视频。

（3）多任务学习：在一个模型中同时处理多个生成任务，每个任务可能对应不同的模态，这样模型可以共享知识，提升整体性能。

（4）注意力机制与 Transformer 架构：这些技术允许模型在处理多模态数据时，能够聚焦于输入中的重要部分，增强对多模态信息的理解和整合能力，提高生成内容的质量和准确性。

深度学习，尤其是神经网络架构，是多模态生成的核心。卷积神经网络（CNN）、循环神经网络（RNN）、变换器（Transformer）及其变体广泛应用于处理不同类型的模态数据。

（5）预训练模型：通过在大规模的数据集上进行预训练，模型可以学到丰富的特征表示，这有助于提高跨模态任务的表现。

模型结构融合策略旨在有效整合来自不同模态（如文本、图像、音频等）的数据，以捕捉跨模态之间的复杂关系，并生成连贯且一致的输出。

以下是几种常见的模型结构融合策略。

（1）早期融合。指在输入阶段或特征提取之前，直接将所有模态的数据转换为统一的向量表示后合并，形成一个联合表示，再传递给下游任务。其优点是简单直观，允许模型在整个训练过程中学习跨模态的交互。面对的挑战主要是需要处理高维数据，可能导致过拟合；不同模态的数据尺度和分布差异可能影响性能。

（2）中间融合。指先对每个模态分别进行特征提取，然后在中间层（如编码器的隐藏层）合并这些特征，再继续后续处理，以在某些层次上共享参数或交互信息。其优点是能够在一定程度上缓解早期融合中的维度灾难问题，同时保持模态间信息的有效交互。面对的挑战是需要精心设计特征提取器以确保各模态信息的质量。

（3）晚期融合。指对每个模态独立地进行完整的处理流程（包括特征提取和预测），最后在输出层或决策层结合各个模态的结果。其优点是为每个模态定制专门的处理逻辑，避免不同模态之间的直接冲突。面对的挑战是难以捕捉深层次的跨模态交互，可能丢失一些潜在的相关性。

（4）交叉模态注意力机制。引入注意力机制来动态权衡不同模态的重要性，使得模型能够根据当前任务需求自动聚焦于最相关的模态信息。例如，Transformer 架构中的自注意力机制被扩展到处理多模态数据，通过计算不同模态之间的相似度矩阵来指导信息流动。其优点是提高了模型对复杂场景的理解能力，增强了灵活性和适应性。

（5）模态特定分支与共享主干。设计一个通用的主干网络用于所有模态的初步处理，之后分叉成多个分支针对各自的特性进一步细化处理。其优点是既保留了模态间的共通特征，又照顾到各自独特的属性。面对的挑战是需要平衡好共享部分和分支部分的设计，以免过度简化或复杂化。

（6）多模态变换器。基于变换器（Transformer）架构，扩展到多个输入流，支持并行处理不同的模态。它是专门为多模态数据设计的模型，利用自注意力机制同时处理多种类型的输入。例如，MUTAN、ViLT 等模型通过调整变换器的内部结构，支持图像到文本、视频到文本等多模态任务。其优点是强大的序列建模能力和并行计算优势，适合处理长依赖性和大规模数据集。

其典型架构如下。

（1）联合嵌入空间：构建一个共同的空间，让来自不同模态的数据点在这个空间中具有相似性度量。

（2）交叉模态生成对抗网络：使用生成对抗网络框架，其中一个生成器试图创建逼真的另一种模态的数据，而判别器则用于评估真实性。

选择合适的融合策略取决于具体的应用场景、可用资源以及预期的效果。随着深度学习技术的发展，越来越多创新性的融合方法将不断涌现，推动多模态生成技术的进步。

9.2.2　视觉与文本结合

视觉与文本结合是指将图像（或视频）和文本两种不同类型的模态数据进行融合，以实现更加丰富和复杂的交互式应用。这种结合可以用于多种场景，如图像字幕生成、视觉问答（VQA）、基于文本的图像合成等。

1. 图像字幕生成

图像字幕生成是指给定一张图片，自动生成一句或多句描述该图片内容的文字。它结合了计算机视觉和 NLP 的能力，需要理解图像内容与文本信息之间的关系，其技术方法如下。

（1）编码器-解码器架构：通常使用卷积神经网络（CNN）作为编码器来提取图像特征，然后通过循环神经网络（RNN）、长短期记忆网络（LSTM）或变换器（Transformer）作为解码器生成相应的句子。

（2）注意力机制：引入注意力模型，使解码器在生成每个单词时能够聚焦于图像的不同区域，从而提高描述的准确性和相关性。

2. 视觉问答

视觉问答（VQA）是指根据提供的图片以及一个自然语言的问题，回答出正确答案，自动生成描述图片的文字说明，其技术方法如下。

（1）联合嵌入空间：构建一个共同的空间，让来自不同模态的数据点在这个空间中具有相似性度量，使得问题和图像可以在同一个语义空间中被比较。

（2）多模态变换器：采用变换器架构来处理图像和文本输入，通过交叉注意力层捕捉两者之间的关系，最终预测答案。

3. 基于文本的图像合成

文本到图像生成，即基于脚本或简短描述文字生成对应的完整图像或视频，如 DALL-E 系列模型（见图9-5），用户输入文本描述，模型依据文字描述生成与之匹配的图像，可用于快速内容创作、新闻摘要生成、个性化视频广告等艺术、广告行业。

图 9-5　DALL-E 系列模型绘画示例

其技术方法如下。

（1）生成对抗网络（GAN）：利用生成器从文本（特征）描述中学习并创建新的图像或视觉内容，同时由判别器评估生成图像的真实性。

（2）条件变分自编码器（CVAE）：通过条件设置，以文本为条件指导图像的生成过程。

（3）扩散模型：一种概率模型，它逐步将噪声添加到初始图像，通过逆向过程生成新图像。

文本引导的图像编辑是根据文本指令对现有图像进行修改，如改变颜色、添加或移除对象等，其技术方法如下。

（1）可控生成模型：设计允许用户指定特定编辑操作的生成模型，如通过文本命令调整图像属性。

（2）掩码引导的编辑：用户可以通过提供文本描述和选择要编辑的区域来指导模型执行精确的图像编辑。

4．生成中的情感一致性

语音识别与合成中的情感传递，综合了文本、表情符号、语音语调等多种信息来判断情绪状态，不仅转录语言内容，还能捕捉说话人的情感状态并反映在合成的语音中。要确保生成的内容（如图像和文本、音乐配图、情感化故事叙述）与初始输入的情感基调相匹配，如快乐的音乐配上令人愉快的风景画。

其技术方法如下。

（1）情感标签：在训练过程中加入情感标签，以便模型能够在生成时考虑情感因素。

（2）情感转移学习：使用预训练的情感分类器帮助模型理解输入文本的情感色彩，并应用于图像生成。

（3）情感分析和表达：利用情感分析工具理解输入内容的情感属性，并指导生成过程以保持一致性。

5．案例：Muse 文生图模型

2023 年，谷歌公开了一个 Muse 模型。作为一种文本到图像的 Transformer 模型，Muse 具有先进的图像生成功能，它在离散空间中进行掩码任务的训练，基于从预训练的 LLM 中提取的文本嵌入，训练 Muse 以预测随机遮蔽的图像元（token，图元或词元）。

谷歌的 Muse 框架如图 9-6 所示，包括在 T5-XXL 预训练的文本编码器、基础模型和超分辨率模型。文本编码器生成一个文本嵌入，用于与基础和超分辨率 Transformer 层的图像 token 进行交叉注意力计算。基础模型使用 VQ 分词器在较低分辨率（256×256）的图像上进行了预训练，并生成了 16×16 的隐空间。序列以可变速率被遮蔽，然后通过交叉熵损失学习预测被遮蔽的图像 token。重建的低分辨率 token 和文本 token 就会被传递到超分辨率模型中，然后学习预测更高分辨率下的遮蔽 token。

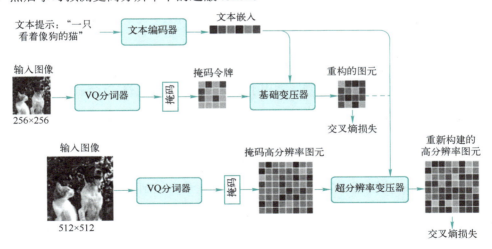

图 9-6　谷歌的 Muse 框架

9.2.3　跨媒体内容生成

跨媒体内容生成指的是利用多种不同类型的媒体数据（如文本、图像、音频、视频等）作为输入，通过计算模型和算法来生成新的、综合性的媒体内容。这种技术旨在捕捉和融合来自不同模态的信息，以创建更加丰富和互动的内容体验。

前面已经介绍了文本到图像/视频的生成，这里继续介绍多模态生成的其他技术形式。

1. 图像到文本生成

图像到文本生成是一种将视觉内容转换为自然语言描述的技术，它结合了计算机视觉和 NLP 两大领域最新进展。该技术使得机器能够"看懂"图片并用人类可读的语言表达出来，广泛应用于图像标注、辅助视觉障碍者理解图片、自动化报告生成等领域。图像到文本生成不仅拓展了机器感知世界的边界，也为各行各业带来了新的可能性。

图像到文本生成的技术基础如下。

（1）计算机视觉。

● 特征提取：使用卷积神经网络（CNN）等深度学习模型从图像中提取高层语义特征，如物体类别、位置关系等。

● 目标检测与分割：识别图像中的多个对象及其边界，有助于构建更详细的场景描述。

（2）NLP。

● 编码器-解码器框架：采用编码器-解码器结构，用卷积神经网络（CNN）作为编码器提取图像特征，再用递归神经网络（RNN）、长短期记忆网络（LSTM）或变换器（Transformer）作为解码器生成文本，其中，编码器负责将图像特征转换为隐含表示，而解码器则基于此生成对应的文本序列。

● 注意力机制：引入注意力机制使模型能够在生成描述时聚焦于图像的不同部分，从而提高描述的相关性和准确性。

（3）多模态融合。

● 跨模态对齐：通过联合训练图像和文本数据集，确保两者之间的语义一致性，以便更好地进行信息转换。

● 特征级融合：在特征空间层面整合视觉和语言信息，形成统一的表示形式，便于后续处理。

图像到文本生成的技术方法如下。

（1）基于模板的方法：规则匹配，根据预定义的模板或模式匹配图像中的元素，并填充相应的文字描述。其优点是简单直观，适用于特定领域内的固定格式化输出。局限性是灵活性差，难以应对复杂的现实世界场景。

（2）端到端深度学习模型：展示和讲述（谷歌，2015 年）是最早提出的一种经典架构，使用 CNN 提取图像特征后连接 RNN/LSTM 生成句子。

其改进模型如下。

● 注意力机制：增强版"展示和讲述"加入了注意力机制，允许模型关注图像的不同区域。

● 基于 Transformer 的模型：近年来兴起的变换器架构因其强大的序列建模能力而被广泛应用，如 ViLT、MDETR 等模型。

（3）预训练与微调。

● 大规模预训练：利用海量无标注或多模态数据进行预训练，学习通用视觉-语言映射关系。

● 下游任务微调：针对具体应用场景调整参数，以适应特定的任务需求，如医学影像报告生成、商品图片描述等。

2．跨媒体翻译

跨媒体翻译是指将一种媒介形式的内容转换为另一种媒介形式的过程，如从图像到文本、从视频到音频、从文本到图像等。它涉及不同媒体类型之间的信息传递，还要求保留原始内容的意义、情感和上下文关系。

定义：跨媒体翻译是利用多模态处理技术和 AI 算法，在不同类型的媒体之间进行内容转换的一种技术。它可以跨越文本、图像、音频、视频等多种数据格式，实现信息的有效传递和表达。

跨媒体翻译的特点如下。

（1）多模态融合：整合多种感官通道的信息，形成综合性的理解框架。

（2）语义一致性：确保转换前后的内容在语义层面保持一致，准确传达原意。

（3）自然交互：支持更贴近人类交流方式的互动模式，如口语对话、视觉反馈等。

（4）情境感知：根据当前环境和用户状态调整输出形式，提高翻译的相关性和准确性。

跨媒体翻译的关键技术如下。

（1）计算机视觉。

- 图像识别与分析：使用卷积神经网络（CNN）等模型提取图像中物体、场景及属性信息。
- 目标检测与跟踪：识别并追踪图像或视频中的人物、物品及其运动轨迹。
- 场景重建：从二维图像重构三维场景结构，辅助理解和生成描述。

（2）NLP。

- 语义解析与生成：解析输入文本的语法结构和语义含义，生成符合目标媒体格式的新内容。
- 对话管理：维持连贯的对话流程，确保每次交互都能推进目标实现。
- 文本到语音/语音到文本：通过 TTS（文本转语音）和 ASR（自动语音识别）技术实现语言形式的转换。

（3）音频处理。

- 声纹识别：验证用户身份，保障信息安全。
- 语音合成与修改：调整音调、语速等因素，使输出声音更加自然流畅。
- 音乐生成与编辑：基于给定的主题或风格创作新的音乐片段。

（4）视频处理。

- 动作捕捉与合成：记录并模拟人体动作，用于动画制作或虚拟角色驱动。
- 视频摘要与检索：提取关键帧或段落，快速定位感兴趣的内容。
- 视频字幕生成：自动为视频添加同步的文字说明，方便观众理解。

（5）多模态融合。

- 特征级融合：在特征表示层面整合不同模态的数据，构建联合嵌入空间。
- 决策级融合：根据各模态提供的线索做出最终决定，优化整体性能。

3．多模态对话系统

多模态对话系统是一种能够处理和生成多种类型输入（如文本、语音、图像、视频等）并进行交互的智能系统。这类系统结合了 NLP、计算机视觉、语音识别与合成等多种技术，以提供更加丰富、自然且人性化的用户体验。

　　定义：多模态对话系统是指可以接收来自不同感官通道的信息（如用户的语音指令、面部表情、手势动作以及环境中的图像或视频），并对这些信息进行综合分析，从而生成适当的回应或行动的智能系统。

　　多模态对话系统的特点如下。

　　（1）跨模态融合：将不同类型的数据源结合起来，形成统一的理解框架。

　　（2）自然交互：支持更贴近人类交流方式的互动模式，包括口语对话、视觉反馈等。

　　（3）情境感知：根据当前环境和用户状态调整响应策略，提高对话的相关性和准确性。

　　多模态对话系统的关键技术如下。

　　（1）NLP。

- 语义理解：解析用户的意图和需求，即使表达方式不完全标准也能正确解读。
- 对话管理：维持连贯的对话流程，确保每次交互都能推进目标实现。
- 文本生成：基于上下文自动生成合适的回答内容。

　　（2）计算机视觉（CV）。

- 物体识别：从图片或视频中提取有用信息，如识别人脸、物品类别等。
- 场景理解：分析整个场景的布局和动态变化，辅助决策过程。
- 情感检测：通过面部表情和肢体语言判断用户的情绪状态。

　　（3）语音处理。

- 自动语音识别（ASR）：将用户的语音转换成文本形式，作为后续处理的基础。
- 语音合成（TTS）：将系统生成的文本转换为自然流畅的语音输出，增强沟通效果。
- 声纹识别：验证用户身份，保障信息安全。

　　（4）多模态融合。

- 特征级融合：在特征表示层面整合不同模态的数据，构建联合嵌入空间。
- 决策级融合：根据各模态提供的线索做出最终决定，优化整体性能。

9.2.4　智能感知与响应

　　在物联网（IoT）环境下，多模态生成技术可以被用来创建智能感知与响应系统，实现对物理世界的全面理解和响应。这些系统能够收集、处理和理解来自多个传感器的数据，并根据环境状态自动生成适当的反应。这种技术的应用范围广泛，包括智能家居、智能城市、工业自动化、健康监护等领域。这种融合不仅增强了系统的环境感知能力，还能通过生成连贯且一致的多类型输出来提供更智能的服务。

1. 技术基础

　　智能感知的技术基础在于利用多样化的传感器网络收集数据，结合边缘计算和云计算进行实时分析，并通过机器学习和 AI 算法实现环境理解与自主决策。

　　（1）数据采集。

- 多传感器融合：在物联网环境中，不同类型的传感器（如温度、湿度、光照、声音、图像、视频摄像头等）部署在网络中，以收集不同模态的数据，捕捉物理世界的各种信息。
- 边缘计算：为了减少延迟并提高效率，数据可以在靠近传感器的边缘设备上进行初步的本地数据处理和分析，只将必要的信息传输到云端或中心服务器，减少延迟并降低带宽需求。

（2）数据预处理。

- 噪声过滤：去除不相关或冗余的数据点，确保后续处理的质量。
- 特征提取：从原始数据中提取有意义的特征，如通过图像识别算法获取物体轮廓或者通过音频分析得到声纹特征。
- 跨模态数据整合：将来自不同传感器的数据融合在一起，形成一个综合的环境模型。
- 表示学习：通过深度学习算法提取每个模态的关键特征，并学习它们之间的关联性。
- 联合建模：构建数学模型来表示不同模态之间的关系，例如，结合视觉和听觉输入以更准确地理解场景。
- 同步与时序分析：确保来自不同来源的数据时间对齐，并且考虑事件发生的时间顺序。

（3）智能决策。

- 规则引擎：基于预定义的逻辑规则快速做出反应。
- 机器学习与深度学习：训练模型预测未来状态或识别复杂模式，支持更复杂的决策过程。

2．制定响应决策

智能响应决策制定基于智能感知的数据，利用机器学习和 AI 算法自动产生优化的行动指令，实现自主且高效的系统反应。

（1）规则引擎：基于预定义的逻辑规则集，当满足特定条件时触发相应的动作。

（2）机器学习/深度学习：利用训练好的模型预测未来趋势或分类当前情境，从而指导决策过程。

（3）强化学习：通过试错学习最佳的行为策略，在动态变化的环境中不断优化系统的表现。

（4）自动控制：直接控制连接到网络的设备，如调节灯光亮度、调整空调温度、启动警报系统等。

（5）通知与反馈：向用户发送消息提醒，提供个性化建议或展示实时监控结果。

（6）服务推荐：根据用户的习惯和偏好，推荐相关的增值服务或产品。

9.2.5　多模态生成的应用场景

多模态生成技术通过整合文本、图像、音频等多种类型的数据，利用深度学习模型捕捉不同模态间的复杂关系，广泛应用于智能助手、自动驾驶、医疗影像分析等领域，不仅提升了机器对环境的理解能力，还实现了更加自然和人性化的交互体验。

多模态生成技术正处于快速发展阶段，随着硬件性能的提升、新算法的不断涌现以及跨学科合作的加深，人们有望看到更多创新的应用和服务。多模态生成的主要应用场景如下。

（1）智能家居。

- 情境感知控制：根据用户的日常行为习惯（如语音命令、手势动作识别）自动调节室内环境设备参数（如照明、空调温度）。
- 个性化服务：根据用户的日常行为习惯（偏好，如音乐选择、阅读内容）提供定制化的建议和服务，如推荐音乐、调节灯光亮度等。

- 场景联动：当检测到主人回家时，自动打开门锁、调节室内照明和播放欢迎音乐；离开家时则关闭电器并设置安防模式。
- 节能管理：根据天气预报和实际能耗情况，智能调节供暖和制冷设备的工作强度。

（2）智能客服。

- 结合语音识别、语义理解与生成回答，创建更加智能和人性化的客服系统，提供更加人性化的用户体验。例如，理解用户的表情和语气，做出合适的回应。
- 客户支持：为企业客户提供全天候的在线咨询服务，解决常见问题。
- 虚拟助手：帮助用户完成复杂的任务，如预订机票、查询信息等。
- 客服聊天机器人：集成图像识别功能，快速回答顾客关于产品的疑问。

（3）社交媒体内容审核。

- 自动标签生成：为上传的照片添加合适的标签，方便用户搜索和分类管理。
- 违规内容检测：识别不适当或违反平台规定的图像，并给出理由说明。
- 产品详情页优化：自动生成详细的产品描述，节省人力成本的同时提高用户体验。

（4）智慧城市。

- 交通管理：通过分析道路摄像机视频和车辆 GPS 数据、车流量传感器及天气预报等信息，优化交通信号灯配置，动态调整信号灯时间，缓解拥堵状况。
- 公共安全监控：实时监测公共场所的安全状况，集成多种传感装置，及时发现异常事件并触发警报机制，快速响应突发事件，如火灾报警、犯罪预防等。

（5）自动驾驶。

- 车内交互：允许驾驶员通过简单的语音指令或手势控制车辆功能。
- 外部通信：与其他交通参与者（如行人、其他车辆）进行有效沟通，确保安全行驶。

（6）工业自动化。

- 故障诊断与预测性维护：利用振动传感器、声学传感器、温度感应及视觉系统检测设备运行状态，提前预警机械设备潜在故障，安排检修计划。
- 质量控制：通过高分辨率相机捕捉产品表面缺陷，结合其他传感器数据确保产品质量符合标准，实时检查生产线上的产品质量，及时发现缺陷并采取纠正措施。

（7）医疗健康与监护。

- 病理切片分析与报告解释：协助医生解读显微镜下的细胞结构，提供初步诊断建议。用通俗易懂的语言解释复杂的医学影像结果，帮助患者了解病情。
- 可穿戴设备：集成如心率监测器、血糖仪、健康追踪器等设备与移动应用程序，持续收集患者的生命体征数据。
- 远程诊疗：医生借助系统远程监控患者病情发展，进行初步诊断，并给予相应的治疗方案，为患者提供持续健康跟踪和紧急情况报警。患者上传照片后，系统可以即时生成病情描述供专业人员参考。
- 康复训练与指导视频：指导病人进行正确的恢复练习，监测进度并及时调整计划。制作针对特定疾病的恢复练习教程，便于患者在家自行练习。
- 辅助生活：帮助老人或残障人士独立生活，如通过语音助手提醒服药时间或呼叫援助。
- 老年人关怀：为独居老人设计安全辅助系统，在紧急情况下能迅速联系家人或急救人员。

（8）多媒体内容创作。
- 图像配文：为图片配上合适的标题或描述性文字，增强传播效果。
- 视频脚本生成：根据提供的素材自动生成详细的拍摄指导或解说词。
- 漫画书改编：将文学作品转换为图文并茂的形式，吸引更多读者群体。
- 音乐可视化：依据音乐节奏、旋律等特性生成相应的视觉效果，如动画或艺术作品。

（9）语音合成与翻译。
- 将文本转换为自然流畅的语音或者在不同语言之间进行语音翻译，从一种语言的语音转换为另一种语言的文字或语音，提升多语言内容的可达性和交互性。
- 文档翻译：将纸质或电子文档中的文字内容转换为目标语言，并保持原有的排版格式。
- 实时会议翻译：提供多语言同声传译功能，打破语言障碍，促进国际交流。
- 新闻报道：实时事件捕捉，记者拍摄现场照片后，系统立即生成简短的文字说明，加快新闻发布速度。

（10）无障碍服务。
- 为视障人士将图像转述为详细的文字描述或为听障人士将语音转换为字幕，增强信息的可访问性。
- 为视觉障碍者提供帮助，通过语音反馈描述周围环境或物品外观，提升生活质量。

（11）教育内容创作。
- 生成包含图像、声音、文字等多元素的互动教学材料，适应不同学习风格，提升教育效果。
- 互动学习平台：利用多模态对话系统创建沉浸式的学习体验，激发学生兴趣。
- 教育工具：创建互动式教材，让学生通过触摸屏操作了解图形背后的科学原理。
- 在线课程开发：创建包含丰富媒体元素的教学资源，提升学习兴趣和效率。
- 职业技能训练：模拟真实工作场景，帮助学员掌握必要的操作技能。

（12）娱乐与游戏。
- 游戏开发：设计更加逼真的人机交互环节，提升玩家参与度。生成动态游戏场景、角色对话、背景音乐等，丰富游戏内容和用户体验。
- 创建 VR/AR 沉浸式的环境，其中声音、图像和其他感官反馈被无缝集成。
- 电影配音与字幕：高效地完成外语影片的本地化处理，扩大受众范围。
- 游戏本地化：调整游戏中出现的文本、音频和视频内容，使之符合当地文化和法规要求。

9.2.6　技术挑战与发展趋势

多模态生成面临的挑战包括跨模态数据的对齐与融合、语义一致性保持以及高效计算资源利用。其解决方案涉及采用先进的深度学习模型（如 Transformer 和 GAN）、引入注意力机制以增强特征提取，并通过预训练与微调策略优化模型性能，同时，利用边缘计算和专用硬件加快处理速度。

（1）异构数据处理：不同传感器产生的数据格式各异，需要统一标准化接口。确保数据对齐，不同模态的数据之间的时间同步性和语义一致性是一个关键挑战。解决方案是开发通用的数据交换协议和中间件平台，简化数据集成流程，找到有效的方法来表示和关联不同模态的数据是关键。

（2）逻辑连贯性：因果关系推理，除了描述静态元素外，还需要解释事物间的动态联系和发展趋势。时间按顺序表达，对于包含动作序列的图像，保持正确的时空关系至关重要。

（3）上下文理解和推理：系统需要具备一定的常识和逻辑推理能力，才能给出合理且连贯的回答或生成恰当的内容。

（4）实时性和可靠性：确保系统能够及时响应变化，同时保持稳定可靠的性能。应该保障系统的稳定运行，确保生成的内容是真实的，并符合用户的期望，特别是在关键任务应用中，如医疗保健领域。解决方案是采用分布式架构和冗余设计，提高系统的容错能力和鲁棒性。

（5）多样性、复杂性与创造力：现实中存在大量罕见但重要的图像类型，现有模型可能无法准确描述（长尾问题）。某些图像的理解依赖于丰富的领域知识，这对通用模型提出了更高的要求。保证生成结果不局限于最可能的选择，而是能够展示多样性和创意。

（6）标准化与互操作性：促进不同品牌和类型设备间的无缝协作，建立统一的标准协议。

（7）可解释性：尽管复杂的模型可以生成令人印象深刻的结果，但它们往往是"黑箱"，缺乏透明度，因此提高模型的可解释性也是一个研究方向。

（8）泛化能力：模型应该能够在未见过的情境下保持良好的性能，这要求更强的抽象能力和适应性。跨模态表示学习，找到一种有效的方法来表征图像和文本之间的语义联系是关键。

（9）能源效率：物联网设备通常依赖于电池供电，对于电池供电的移动或便携式设备，需特别注意降低功耗，考虑节能措施。解决方案是优化算法降低功耗、采用低功耗硬件组件并探索能量收集技术。

（10）模型复杂度与计算资源：为了处理多个模态的数据，系统通常需要强大的计算能力和存储空间，这对硬件设施提出了更高的要求。

（11）数据获取与标注：高质量、多样化的训练数据对于多模态对话系统、跨媒体翻译系统的成功至关重要，但收集和标记这些数据往往成本高昂且耗时较长。

（12）模型复杂度与计算资源：为了处理多个模态的数据，系统通常需要强大的计算能力和存储空间，这对硬件设施提出了更高的要求。

（13）隐私保护与伦理：随着多模态数据的增加，如何在保证数据安全的同时有效利用数据成为一个重要议题。涉及个人敏感信息的处理必须严格遵守相关法律法规，采取有效的加密技术和访问控制措施，防止数据泄露和未经授权的访问，确保合规性和安全性。解决方案是实施加密技术和访问控制策略，保障用户数据的安全性和私密性。

（14）公平性考量：防止算法产生偏见，保证所有群体都能得到公正对待。

（15）用户体验：尽管技术不断进步，但要让所有用户都感到满意仍面临诸多挑战，例如，如何保证翻译的流畅性、准确性和趣味性等问题。

随着 AI 技术的不断发展，多模态生成技术将在以下几个方面取得更大进展。

（1）高效能计算：借助边缘计算和专用硬件加速，实现实时处理大规模图像数据的能力。

（2）更加智能化：通过引入深度强化学习等算法，使系统具备更强的学习能力和适应性。

（3）更广泛的适用性：拓展到更多领域，如法律咨询、金融顾问等专业服务行业。

（4）更好的协作能力：与其他智能设备无缝对接，共同构建一个全面的服务生态系统。

（5）更高的安全性：加强隐私保护机制，确保用户信息安全无虞。

（6）更精细的理解：深入挖掘图像背后的故事，不仅仅是表面现象的描述。

（7）跨模态交互：与其他感知方式（如音频、触觉）相结合，提供更加全面的体验。

（8）个性化定制：根据不同用户的偏好和上下文环境生成独特的描述内容。

任务 9.3　掌握提示工程原理

本质上，提示是指向 LLM 提供输入的方法，是与任何 LLM 交互的基本方式，如图 9-7 所示。用户可以把提示看作给模型提供的指令。当用户使用提示时，会告诉模型希望它反馈什么样的信息。这种方法类似于学习如何提出正确的问题以获得最佳答案的方法。但是，用户能从中获得的内容是有限的，这是因为模型只能反馈它从训练中获知的内容。

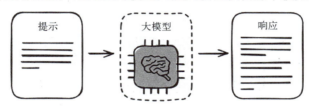

图 9-7　提示是基本交互方式

9.3.1　提示工程的定义

大语言模型（LLM）正在发展成为像水、电一样的人工智能基础设施。像预训练 LLM 这种艰巨的任务通常只会有少数技术实力强、财力雄厚的公司去做，而大多数人则会是其用户。对一般用户来说，掌握用好 LLM 的技术更加重要。

🎬 微视频
提示工程的技术与应用

人们已经运用各种技术来从这些 LLM 系统中提取所需的输出，其中的一些方法会改变模型的行为从而更好地贴近人们的期望，而另一些方法则侧重于增强人们查询 LLM 的方式，以提取更精确和更有关联的信息。提示、微调和检索增强生成等技术是其中应用最广泛的。

选择提示工程、微调工程还是检索增强生成方法，取决于应用项目的具体要求、可用资源和期望的结果。每种方法都有其独特的优势和局限性。提示是易用且经济高效的，但提供的定制能力较少。微调以更高的成本和复杂性提供充分的可定制性。检索增强生成实现了某种平衡，提供最新且与特定领域相关的信息，复杂度适中。

提示工程是促使 LLM 取得更好结果的艺术和科学。作为一种策略，LLM 关注提示词的开发和优化，用于引导 LLM 生成高质量、符合预期的输出，帮助用户将语言模型应用于各种场景和研究领域。掌握提示工程相关技能可以帮助用户更好地了解 LLM 的能力和局限性。研究人员可以利用提示工程来提高 LLM 处理复杂任务场景的能力，如问答和算术推理能力以及 LLM 的安全性。开发人员可以通过提示工程设计和实现与 LLM 或其他生态工具的交互和高效接轨，借助专业领域知识和外部工具来增强 LLM 的能力。随着 LLM 参数量的剧增和功能的日益强大，如何有效地与这些模型进行交互以获取有用的信息或创造性的内容变得尤为重要。

（1）设计有效提示：这是指构造问题或指令的方式，目的是最大化模型的响应质量。这包括选择合适的词汇、句式结构，甚至创造上下文环境，以激发模型展示其最佳性能。比如，通过构建问题-回答对，精心设计的提示可以引导模型输出特定类型的内容，如创意写作、代码编写、专业建议等。

（2）领域知识嵌入：为了提高模型在特定领域的表现，提示工程可能会融入该领域的专业知识。这有助于模型更好地理解和生成与该领域相关的高质量内容，如在化学、生物学或法律等专业领域。

（3）提示优化与迭代：通过不同的提示策略，评估模型输出的质量，并据此调整提示，以达到最优效果。这可能包括 A/B 测试、迭代改进以及使用自动化工具来寻找最有效的提示形式。

（4）减少偏见与提高一致性：由于 LLM 也可能承载了训练数据中的偏见，提示工程也致力于设计减少偏见的提示，以及确保模型输出的一致性和可预测性。这可能涉及制定公平性原则，以及使用特定的提示来测试和校正模型的偏见。

（5）利用提示模板和示例：开发一套提示模板和示例，可以作为引导模型输出的起点。这些模板可以根据不同的应用场景进行定制，帮助用户快速上手并获得期望的结果。

（6）模型交互的界面设计：为了让非技术人员也能高效使用 LLM，提示工程还包括设计直观易用的用户界面，让用户能够轻松输入提示、调整设置并查看模型的响应。

9.3.2　提示任务的定义

大语言模型通过运用大量的文本数据进行训练，学习语言的结构和模式。例如，大语言模型 GPT 通过对海量数据进行分析，学会了如何在不同语境下生成连贯和有意义的文本。用户在使用大语言模型时，系统依赖于提示词提供的上下文信息，提示词越清晰、越具体，系统越能理解用户的意图。

当用户输入提示词后，系统会通过以下步骤生成回答。

（1）解析提示词：首先解析输入的提示词，提取关键词和语境。

（2）检索知识库：根据解析结果，从训练数据中检索相关信息。

（3）生成文本：结合上下文和检索到的信息，生成连贯的回答。

每一步都依赖提示词的质量。如果提示词模糊或缺乏具体性，则人工智能的解析和检索过程就会受到影响，最终生成的回答也可能不尽如人意。提示是用户与人工智能模型交互的桥梁，更是一种全新的"编程语言"。与传统的编程语言相比，提示通常更加即时和互动。用户可以直接在人工智能模型的接口中输入提示并立即看到结果，而无须经过编译或长时间的运行过程。用户通过精心设计的提示来指导人工智能模型产生特定的输出，执行各种任务。

提示任务的范围非常广泛，从简单问答、文本生成到复杂的逻辑推理、数学计算和创意写作等。作为生成式人工智能时代的"软件工程"，提示工程涉及如何设计、优化和管理提示内容，以确保人工智能模型能够准确、高效地执行用户的指令，如图 9-8 所示。

（1）设计：提示设计需要仔细选择词汇、

图 9-8　提示工程的内容

构造清晰的句子结构并考虑上下文信息，确保人工智能模型能够准确理解用户的意图并产生符合预期的输出。

（2）优化：优化提示可能涉及调整词汇选择、改变句子结构或添加额外的上下文信息，以提高人工智能模型的性能和准确性。这可能需要多次尝试和迭代，以达到最佳效果。

（3）管理：随着 AGI 应用的不断增长和复杂化，管理大量的提示内容变得至关重要。这包括组织、存储和检索提示，以便在需要时能够快速找到并使用它们。同时，还需要定期更新和维护这些提示，以适应人工智能模型的改进和变化的需求。

9.3.3　提示词分类

提示词是用户输入的指令或问题，用来引导人工智能生成相应的回答。提示词分为系统提示和用户提示两大类，理解两者的区别（见表 9-1）有助于有效地引导人工智能生成所需的回答。

表 9-1　系统提示和用户提示的区别

属性	系统提示	用户提示
设定者	人工智能开发者或工程师	终端用户
灵活性	通常预定义，灵活性较差	用户可随时修改，灵活性好
适用范围	广泛，适用于多种任务	具体，针对特定问题或任务
作用	规范和优化人工智能的整体行为与输出	直接引导人工智能生成具体回答

（1）系统提示：这是人工智能模型内部使用的提示，通常用于指导模型如何执行特定任务。这种系统提示可以确保人工智能在不同用户交互中保持一致的语气和结构，提升用户体验。这些提示通常由人工智能开发者或工程师预先设计，用来规范和优化人工智能的工作方式。

（2）用户提示：是由终端用户输入的具体指令或问题，用来引导人工智能生成特定的回答。通过用户提示，用户可以精准地控制人工智能的输出，使其更符合个人需求和特定情境。用户提示的灵活性和多样性使得它们能够针对具体需求进行定制。

9.3.4　提示构成

一个完整的提示应该包含清晰的指示、相关上下文、有助于理解的示例、明确的输入以及期望的输出格式描述。

（1）指示：是对任务的明确描述，相当于给模型下达了一个命令或请求，它告诉模型应该做什么，是任务执行的基础。

（2）上下文：是与任务相关的背景信息，它有助于模型更好地理解当前任务所处的环境或情境。在多轮交互中，上下文尤其重要，因为它提供了对话的连贯性和历史信息。

（3）示例：给出一个或多个具体示例，用于演示任务的执行方式或所需输出的格式。这种方法在机器学习中被称为示范学习，已被证明对提高输出正确性有帮助。

（4）输入：是任务的具体数据或信息，它是模型需要处理的内容。在提示中，输入应该被清晰地标识出来，以便模型能够准确地识别和处理。

（5）输出格式：是模型根据输入和指示生成的结果。提示中通常会描述输出格式，以便后续模块能够自动解析模型的输出结果。常见的输出格式包括结构化数据格式如 JSON、XML 等。

9.3.5　提示调优

提示调优是一个人与机器协同的过程，需要明确需求、注重细节、灵活应用技巧，以实现最佳的交互效果。

（1）人的视角：明确需求。它确保清晰、具体地传达自己的意图。策略是简化复杂需求，分解为模型易理解的指令。

（2）机器的视角：注重细节。机器缺乏人类直觉，需要详细提供信息和上下文。策略是精确选择词汇和结构，避免歧义，提供完整的线索。

（3）模型的视角：灵活应用技巧。不同的模型、情境需要有不同的提示表达方式。策略是通过实践找到最佳词汇、结构和技巧，适应模型特性。

9.3.6　提示工程技术

一个好的提示词应该能够帮助使用者明确人工智能的任务、提供必要的背景信息、限定回答的范围和深度，其中应该遵循的原则如下。

（1）明确性：提示词应清晰明确，避免模糊不清的问题。

（2）简洁性：尽量保持提示词简洁明了，避免过于复杂的句子结构。

（3）具体性：提供具体的背景信息和期望的回答方向，减少歧义。

（4）连贯性：在多轮对话中，提示词应保持前后一致，确保对话连贯性。

提示输入通常是一组描述如何执行所需任务的指令。例如，要使用 ChatGPT 根据职位描述起草求职信，可以使用以下提示：

"您是一位申请以下职位的申请人。写一封求职信，解释为什么您非常适合该职位。"

这看上去很容易，但研究人员发现，LLM 提供的结果在很大程度上取决于给出的具体提示。所以，虽然解释清楚一项任务（如写求职信）似乎很简单，但简单的调整（如措辞和格式）会极大影响用户收到的模型输出。

提示工程从根本上来说是不断做实验改变提示内容，以了解提示的变化对模型生成内容的影响，因此不需要高级的技术背景，而只需一点好奇心和创造力即可。此外，每个使用 LLM 的用户都可以成为一名提示工程师。最基本的原因是，提示工程将为 LLM 的输出带来更好的结果，即使只使用了一些基本技术，也可以显著提高许多常见任务的性能。

由于提示工程的效果很大程度上取决于模型的原始学习水平，所以它可能并不总能提供用户需要的最新或最具体的信息。当用户处理的是一般性的主题或当用户只需要一个快速答案而不需要太多细节时，提示工程的效果比较好。

1. 链式思考提示

链式思考（Chain-of-Thought，CoT）提示又称思维链提示，是一种注重和引导逐步推理的方法。通过将多步骤问题分解为若干中间步骤，构建一系列有序、相互关联的思考步骤，使模型能够更深入地理解问题，并生成结构化、逻辑清晰的回答（见图 9-9），使 LLM 能够解决零样本或少样本提示无法解决的复杂推理任务。

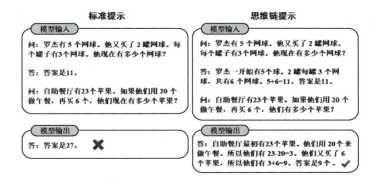

图 9-9 链式思考提示示例

链式思考提示的特点如下。

（1）有序性：要求将问题分解为一系列有序的步骤，每个步骤都建立在前一个步骤的基础上，形成一条清晰的思考链条。

（2）关联性：每个思考步骤之间必须存在紧密的逻辑联系，以确保整个思考过程的连贯性和一致性。

（3）逐步推理：模型在每个步骤中只关注当前的问题和相关信息，通过逐步推理的方式逐步逼近最终答案。

CoT 提示法对于多步骤推理问题、受益于中间解释的任务或只用简单的标准提示技术不足以完成的任务来说是一种有用的技术。

2．生成知识提示

生成知识提示是一种强调知识生成的方法，通过构建特定的提示语句，引导模型从已有的知识库中提取、整合并生成新的、有用的知识或信息内容，其特点如下。

（1）创新性：旨在产生新的、原创性的知识内容，而非简单地复述或重组已有信息。

（2）引导性：通过精心设计的提示语句，模型被引导去探索、发现并与已有知识进行交互，从而生成新的见解或信息。

（3）知识整合：该过程涉及对多个来源、多种类型的知识进行融合和整合，以形成更全面、深入的理解。

3．少样本提示

"少样本提示"是指通过提示向 LLM 授予一项任务，而该模型之前未曾见过该任务的数据。即使没有任何示例，LLM 也能够通过简单的提示正确执行多步骤推理任务，而这是通过少样本提示方法无法做到的。

考虑一个想要使用 LLM 来完成的任务：按内容中表达的情绪来分类客户评论。当 LLM 通过提示接收一项任务时，如果模型以前没有接收过该任务的数据，这就被称为零样本提示。

不过，在针对文本的各种语言任务中，人们几乎总能通过一些示例或者说"少样本提示"来提高性能，但会附加几个期望的输出示例。针对文本的语言任务，通过一些示例可以提高性能，这被称为少样本提示。

事实上，提供示例可以显著提高模型完成任务的能力。与其他机器学习模型不同，LLM 能够执行它们尚未训练过的各种任务。但每种方法都有其自身的局限性。虽然少样本提示对于许多任务来说是一种有效的技术，但在解决更复杂的推理任务时，它往往会力不从心。

4．自一致提示

自一致提示是一种由谷歌研究人员引入的建立在 CoT 基础上的提示技术，这种方法旨在为 LLM 提供多种推理路径，然后在生成的响应中选择最一致的答案。与 CoT 结合使用时，自一致提示方法会更强大，并可提高复杂推理任务的性能。

自一致提示方法的三个步骤如下。

（1）使用 CoT 提示语言模型。

（2）从语言模型中采样一组不同的推理路径。

（3）边缘化推理路径以聚合最终答案，并选择最一致的答案。

来看一个分析电子邮件的示例。假设一家软件咨询公司每天收到数百封电子邮件，但通常大多数都是促销内容或垃圾邮件。公司希望将电子邮件分类为重要或不重要两类。邮件示意如下。

您好！

我相信这封电子邮件会让您感到满意。我们目前正面临严峻挑战，鉴于您在软件工程方面的成功记录，相信您的专业知识可以提供宝贵见解和建议以有助于解决此问题。

能否在您方便的时候尽早安排一次会议，来讨论细节并探讨我们如何合作应对这一挑战？

非常感谢您对此事的及时关注。

此致

赵大刚

现在，将此电子邮件放入提示中，并要求 LLM"将上述电子邮件分类为重要或不重要，因为它与软件咨询公司相关。让我们一步一步思考。"然后，可以使用这个提示来生成多个响应，从中选择最一致的响应。

响应：电子邮件明确提到组织内部面临严峻挑战，这表明了此事的重要性。我会将这封电子邮件归类为"重要"。

响应：电子邮件提到组织内部面临严峻挑战，但并没有描述问题或挑战。我会将这封电子邮件归类为"不重要"。

响应：虽然没有明确说明，但电子邮件的语气和要求立即关注的请求表明了一种紧迫感，强调了及时回应的重要性。我会将这封电子邮件归类为"重要"。

通过探索多种路径，LLM 很可能得出正确或很有意义的响应。此外，它可能有助于抵消模型或其训练数据中可能固有的偏差。虽然自一致提示方法在单独使用 CoT 方法没有效果时展现出了改善的结果，但对于需要探索或战略前瞻性的任务来说，它还是不够的。

5．思维树提示

思维树提示（ToT）是一个超越 CoT 的激励框架，鼓励模型探索多种想法作为使用 LLM 解决更广泛问题的中间步骤。将复杂思维过程通过树状结构清晰展现，逐级分解主题或问题，形成具有逻辑层次和关联性的思维节点，从而帮助用户更清晰地组织和表达思考过程，如图 9-10 所示。该技术要求 LLM 在每个级别上考虑多个解决方案，鼓励模型不断评估其结果，规范其决策过程，并增强其对所选解决方案的信心。换句话说，它通过生成中间步骤和潜在的解决方案来形成动态决策，然后对其进行评估以确定它们是否走在正确的道路上。

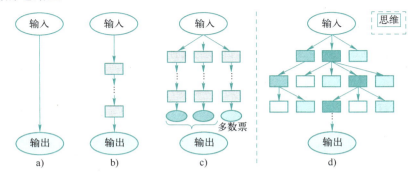

图 9-10　思维树提示

a) 输入/输出提示　b) 思维链提示　c) 与思维链提示的自治性　d) 思维树提示

思维树提示的核心特点如下。

（1）层次性：将思考过程分解为多个层次，每个层次代表不同的思维深度和广度。

（2）关联性：各思维节点之间逻辑联系紧密，形成一个相互关联、互为支撑的思维网络。

（3）可视化：通过将思维过程以树状图的形式展现，增强了思考过程的可视化和直观性。

例如，如果任务是创建一个业务策略，LLM 首先为该策略生成多个潜在的初始步骤，然后，当生成初始想法时，可以让模型对每一个想法根据输入的提示来进行自我评价。在这里，LLM 将评估每个想法或步骤与待解决问题的目标的契合程度。该评估阶段可能会对每个想法进行排名或者在适当的情况下打分。然后，被评估为不太有用或不太合适的想法会被丢弃，并且可以扩展剩余的想法。在这个框架中继续类似的自我批评和排名过程，直到做出最终决定。这种技术允许 LLM 同时评估和追求多条路径。

以下是利用 ToT 框架的一个简化版本的分步过程。

第 1 阶段：头脑风暴。要求 LLM 在考虑各种因素的同时产生三个或更多个选项。

第 2 阶段：评估。要求 LLM 通过评估其利弊来客观地评估每个选项的潜在成功概率。

第 3 阶段：扩展。要求 LLM 更深入地研究合适的想法，完善它们，并想象它们在现实世界中的影响。

第 4 阶段：决策。要求 LLM 根据生成的评估和场景对每个解决方案进行排名或评分。

对于涉及搜索类型的工作、填字游戏甚至创意写作的问题类型，ToT 框架的性能比 CoT 有很大提高。然而，它需要多次提示和多个迭代才能得出最终答案。

【作业】

1．生成式人工智能的核心能力在于（　　）和补全信息，而 AIGC 则更侧重于描述由生成式人工智能技术所产出的实际成果。

① 创造　　　　　② 预测　　　　　③ 转换　　　　　④ 精简

A．①③④　　　　B．①②④　　　　C．②③④　　　　D．①②③

2．（　　）人工智能是一种基于机器学习的方法，它通过学习大量数据，能够生成与原始数据相似的全新内容。这种技术可以应用于多个领域，如 NLP、图像生成、音频合成等。

    A．判别式   B．条件式   C．生成式   D．逻辑式

    3．AIGC 是指利用（   ）等方法，自动生成各种形式的内容，如文本、图像、音频、视频等。其核心优势在于其能够基于大量的数据学习模式，自动创作新的内容。

    ① AI 技术   ② 机器学习   ③ 思维科学   ④ 深度学习

    A．①③④   B．①②④   C．①②③   D．②③④

    4．LLM 正在发展成为 AI 的一项基础设施。对一般用户来说，掌握用好 LLM 的技术更加重要。用好 LLM 的两个层次是（   ）。

    ① 掌握提示工程   ② 执行 LLM 的预训练任务

    ③ 做好 LLM 的微调   ④ 严格测试 LLM 技术产品

    A．①③   B．②④   C．①②   D．③④

    5．选择（   ），这取决于应用项目的具体要求、可用资源和期望的结果。每种方法都有其独特的优势和局限性。

    ① 质量工程   ② 提示工程   ③ 微调工程   ④ 检索增强生成方法

    A．①③④   B．①②④   C．②③④   D．①②③

    6．"（   ）"是促使 LLM 取得更好结果的艺术和科学。这些 LLM 可用于所有类型的语言任务，从起草电子邮件和文档到总结或分类文本都能适用。

    A．质量工程   B．提示工程   C．微调工程   D．检索工程

    7．在提示工程中，（   ）是指构造问题或指令的方式，目的是最大化模型的响应质量。这包括选择合适的词汇、句式结构，甚至创造上下文环境，以激发模型展示其最佳性能。

    A．领域知识嵌入   B．减少偏见与提高一致性

    C．提示优化与迭代   D．设计有效提示

    8．在提示工程中，（   ）是指为提高模型在特定领域的表现，提示工程可能会融入该领域的专业知识。这有助于模型更好地理解和生成与该领域相关的高质量内容。

    A．领域知识嵌入   B．减少偏见与提高一致性

    C．提示优化与迭代   D．设计有效提示

    9．在提示工程中，（   ）是指通过不同的提示策略，评估模型输出质量，并据此调整提示以达到最优效果。这可能包括 A/B 测试、迭代改进以及使用工具来寻找最有效的提示形式。

    A．领域知识嵌入   B．减少偏见与提高一致性

    C．提示优化与迭代   D．设计有效提示

    10．作为生成式人工智能时代的"软件工程"，提示工程涉及如何（   ）提示内容，以确保 AI 模型能够准确、高效地执行用户的指令。

    ① 设计   ② 优化   ③ 管理   ④ 计算

    A．①②③   B．②③④   C．①②④   D．①③④

    11．一个完整提示的构成应该包含（   ）以及有助于理解的示例和期望的输出格式描述。

    ① 清晰的指示   ② 相关上下文   ③ 明确的输入   ④ 可视化描述

A．①③④　　　　B．①②④　　　　C．①②③　　　　D．②③④

12．提示调优是一个人与机器协同的过程，需要（　　），以实现最佳的交互效果。

① 明确需求　　　② 自动编程　　　③ 注重细节　　　④ 应用技巧

A．①②④　　　　B．①③④　　　　C．①②③　　　　D．②③④

13．研究人员发现，LLM 提供的结果在很大限度上取决于给出的（　　）。所以，虽然解释清楚一项任务似乎很简单，但简单的调整会极大影响用户收到的模型输出。

A．图片分辨率　　B．词汇数量　　　C．质量指标　　　D．具体提示

14．提示工程从根本上来说是不断做实验改变提示内容，以了解提示的变化对模型生成内容的影响，因此不需要高级的技术背景，而只需一点（　　）即可。

① 好奇心　　　　② 忍耐力　　　　③ 创造力　　　　④ 执行力

A．①③　　　　　B．②④　　　　　C．①②　　　　　D．③④

15．由于提示工程的效果很大程度上取决于模型的原始学习水平，所以它可能并不总能提供用户需要的最新或最具体的信息。当用户处理的是（　　），而不需要太多细节时，提示工程的效果比较好。

① 精确答案　　　② 一般性主题　　③ 快速答案　　　④ 丰富细节

A．①③　　　　　B．②④　　　　　C．②③　　　　　D．①④

16．（　　）提示是一种注重和引导逐步推理的方法。通过将多步骤问题分解为若干中间步骤，构建一系列有序、相互关联的思考步骤，使模型能够解决复杂推理任务。

A．生成知识　　　B．思维树　　　　C．自一致　　　　D．思维链

17．（　　）提示是一种建立在 CoT 基础上的提示技术，这种方法旨在为 LLM 提供多种推理路径，然后在生成的响应中选择最一致的答案。与 CoT 结合使用时，这种方法会更强大。

A．生成知识　　　B．思维树　　　　C．自一致　　　　D．思维链

18．所谓（　　），是指大语言模型在回答问题或提示时，实际上并不查阅其训练时接触到的所有词序列，也就是它们通常只访问那些信息的统计摘要。

A．障碍　　　　　B．幻觉　　　　　C．不足　　　　　D．缺陷

19．大语言模型的幻觉分为事实性幻觉和忠实性幻觉。所谓忠实性幻觉，是指模型生成的内容产生的不一致现象。它可以分为（　　）3 类。

① 三观不一致　　② 指令不一致　　③ 上下文不一致　④ 逻辑不一致

A．①③④　　　　B．①②④　　　　C．①②③　　　　D．②③④

20．除了数据，训练过程也会使大语言模型产生幻觉，问题主要存在于（　　）。研究人员根据致幻原因，总结了减轻幻觉现象的方法。

① 对齐阶段　　　② 预训练阶段　　③ 策划阶段　　　④ 推理过程

A．①③④　　　　B．①②④　　　　C．①②③　　　　D．②③④

【实训与思考】熟悉阿里云大模型"通义千问"

"通义千问"是阿里云推出的大规模语言模型（网址为 https://tongyi.aliyun.com/，见图 9-11）。2023 年 4 月 11 日，在阿里云峰会上首次揭晓了"通义千问"大模型，并在之前一周开启了企业邀请测试，上线了测试官网。初次发布后的几个月内，"通义千问"持续迭

代和优化。到 2023 年 10 月 31 日，阿里云发布了通义千问 2.0 版本。这一版本采用了千亿参数的基础模型，在阅读理解、逻辑思维等多个方面的能力有显著提升。自首度发布以来，"通义千问"在短时间内实现了重大技术升级和功能扩展。

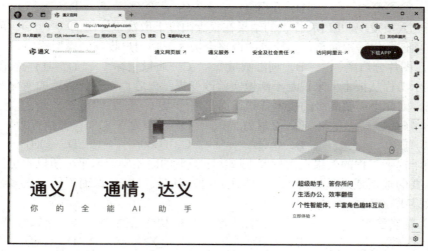

图 9-11　通义千问登录页面

1．实训目的

（1）熟悉阿里云通义千问大模型，体会"一个不断进化的人工智能大模型"的实际含义。

（2）探索大模型产品的测试方法，提高应用大模型的学习和工作能力。

（3）熟悉多模态概念和多模态大模型，关注大模型产业的进化发展。

2．实训内容与步骤

大模型产品如雨后春笋，虽然推出时间都不长，但进步神速。阿里云的"通义千问"大模型"不断进化"，很好地诠释了大模型的发展现状。在如图 9-12 所示的页面单击"立即使用"按钮，开始实训探索活动。

图 9-12　通义千问对话页面

请尝试通过以下多个问题，体验通义千问大模型的工作能力，并做简单记录。在计算机钉钉或者手机钉钉的操作页面中，也可以随意调用通义千问功能进行对话。

（1）常识题：如院校地址、专业设置、师资队伍、发展前景等。

问：＿＿＿＿＿＿＿＿＿＿＿＿＿＿＿＿＿＿＿＿＿＿＿＿＿＿＿＿＿＿＿＿＿

答：＿＿＿＿＿＿＿＿＿＿＿＿＿＿＿＿＿＿＿＿＿＿＿＿＿＿＿＿＿＿＿＿＿

评价：□ 完美　　　　　　　□ 待改进　　　　　□ 较差

（2）数学题：例如，动物园里有鸵鸟和长颈鹿共 70 只，其中鸵鸟脚的总数比长颈鹿脚的总数多 80 只。问：鸵鸟和长颈鹿各有多少只？

答：＿＿＿＿＿＿＿＿＿＿＿＿＿＿＿＿＿＿＿＿＿＿＿＿＿＿＿＿＿＿＿＿＿

问：＿＿＿＿＿＿＿＿＿＿＿＿＿＿＿＿＿＿＿＿＿＿＿＿＿＿＿＿＿＿＿＿＿

答：＿＿＿＿＿＿＿＿＿＿＿＿＿＿＿＿＿＿＿＿＿＿＿＿＿＿＿＿＿＿＿＿＿

评价：□ 正确　　　　　　　□ 待改进　　　　　□ 较差

（3）角色扮演：例如，现在你是某电商平台的一位数据分析师。麻烦整理一份数据分析报告的提纲，约 300 字，分析前一次电商促销活动效果不如预期的可能原因。

答：＿＿＿＿＿＿＿＿＿＿＿＿＿＿＿＿＿＿＿＿＿＿＿＿＿＿＿＿＿＿＿＿＿

问：＿＿＿＿＿＿＿＿＿＿＿＿＿＿＿＿＿＿＿＿＿＿＿＿＿＿＿＿＿＿＿＿＿

答：＿＿＿＿＿＿＿＿＿＿＿＿＿＿＿＿＿＿＿＿＿＿＿＿＿＿＿＿＿＿＿＿＿

评价：□ 正确　　　　　　　□ 待改进　　　　　□ 较差

（4）文章生成：例如，请问 AIGC 的创业机会有哪些？

答：＿＿＿＿＿＿＿＿＿＿＿＿＿＿＿＿＿＿＿＿＿＿＿＿＿＿＿＿＿＿＿＿＿

问：＿＿＿＿＿＿＿＿＿＿＿＿＿＿＿＿＿＿＿＿＿＿＿＿＿＿＿＿＿＿＿＿＿

答：＿＿＿＿＿＿＿＿＿＿＿＿＿＿＿＿＿＿＿＿＿＿＿＿＿＿＿＿＿＿＿＿＿

（5）程序代码：请用 Python 语言写一个冒泡程序。

答：＿＿＿＿＿＿＿＿＿＿＿＿＿＿＿＿＿＿＿＿＿＿＿＿＿＿＿＿＿＿＿＿＿

问：＿＿＿＿＿＿＿＿＿＿＿＿＿＿＿＿＿＿＿＿＿＿＿＿＿＿＿＿＿＿＿＿＿

答：＿＿＿＿＿＿＿＿＿＿＿＿＿＿＿＿＿＿＿＿＿＿＿＿＿＿＿＿＿＿＿＿＿

注：如果回复内容重要，但页面空白不够，请写在纸上粘贴如下。

－－－－－－－－－－－－－－ 请将丰富内容另外附纸粘贴于此 －－－－－－－－－－－－－－

3. 实训总结

_____

_____

4. 实训评价（教师）

_____

项目 10
掌握人工智能技术的应用

学习目标
● 掌握 AIGC（人工智能生成内容）的文本生成技术及其在自然语言处理领域的应用。
● 理解预测分析、智能推荐系统和自动规划技术的基本原理与应用案例。
● 通过实践项目，提升在自然语言处理、计算机视觉和智能推荐系统方面的实战能力。
● 培养综合思维能力和创新精神，引导学生关注人工智能技术的伦理和社会影响以及
未来发展方向。

任务 10.1 掌握 AIGC 文本生成技术

人工智能的应用涵盖众多领域，深入到人们生活的各个方面，不仅提高了效率，还开辟了全新的可能性。以下是一些典型的例子。

（1）自然语言处理（NLP）：包括智能语音助手（如 Siri、Alexa）、机器翻译（如谷歌翻译）以及自动文本生成（如新闻稿自动生成、客服聊天机器人）。

（2）计算机视觉：应用于图像和视频分析，如面部识别系统、自动驾驶汽车中的环境感知、医疗影像诊断等。

（3）推荐系统：电商平台（如亚马逊、淘宝）和流媒体服务（如 Netflix、YouTube）使用 AI 来分析用户行为，提供个性化的产品或内容推荐。

（4）自动化与机器人技术：工业机器人用于制造流程中的重复性任务；服务机器人可以在零售、酒店业等领域提供客户服务。

（5）智能决策支持：金融行业利用人工智能进行风险评估、欺诈检测、投资策略优化等；物流和供应链管理中也用 AI 来优化路线规划和库存控制。

（6）游戏与娱乐：在电子游戏中利用人工智能创建动态难度调整、非玩家角色（NPC）的行为逻辑以及生成新的游戏内容等。

（7）健康医疗：人工智能辅助诊断工具帮助医生更准确地判断病情、设计个性化治疗方案、加速药物发现过程等。

近年来迅速发展的 AIGC（人工智能生成内容）技术已经走向实际应用，不断推动着自然语言处理的领域边界。它允许机器根据给定的提示或上下文创建全新、有意义的文本

内容。这些技术在应用中展示了巨大潜力，包括自动写作、聊天机器人、翻译系统、对话系统等。

10.1.1 文本摘要生成

文本摘要是自然语言处理中的一个重要任务，旨在从较长的文本中提取关键信息。应用深度学习方法，文本摘要技术能够处理各种类型的文档，并在多个应用场景中表现出色，推动着自然语言处理向更高层次发展。

一个好的摘要应该具有以下特点。

（1）简洁性：用尽可能少的文字传达必要的信息。

（2）连贯性：确保生成的摘要逻辑清晰，易于理解。

（3）准确性：忠实于原文的意思，不歪曲或遗漏重要细节。

根据生成方式的不同，文本摘要可以分为两大类。

（1）抽取式摘要：直接从原始文本中选择最相关的句子或片段组成摘要，而不改变其内容，常见的算法包括 TF-IDF（词频-逆文档频率）、TextRank 等图模型以及基于注意力机制的方法，其优点是简单直观、容易实现、保持了原文的语言风格。但是，它可能无法捕捉到全局语义结构，有时会显得冗长或重复。

（2）生成式摘要：通过理解和重述原文来创建全新的句子，类似于人类撰写摘要的方式。它主要依赖于序列到序列（Seq2Seq）架构及其变体，如带有注意力机制的 RNN、LSTM、Transformer 等。其优点是能够生成更紧凑且流畅的摘要，更接近人类撰写的质量。但它训练难度较大，需要大量标注数据；可能会引入事实错误或产生幻觉，即生成不符合实际的信息。

文本摘要技术已经被广泛应用于各个领域，具体如下。

- 新闻媒体：快速生成新闻标题和简短报道。
- 法律文件：简化复杂的法规条款，便于公众理解和查阅。
- 学术研究：帮助研究人员高效浏览大量文献，找到感兴趣的论文。
- 企业报告：为管理层提供精炼的业务分析结果，辅助决策制定。
- 社交媒体监控：实时跟踪热点话题，汇总公众意见。

10.1.2 诗歌生成

诗歌生成是自然语言处理中一个充满创意和挑战的任务，也是将美学和技术相结合的一次探索，它要求机器不仅能够生成语法正确的句子，还要捕捉到诗歌特有的韵律、节奏、情感以及诗意。随着深度学习技术的发展，尤其是基于 Transformer 架构的模型的成功应用，诗歌生成的质量得到了显著提升。

诗歌生成的主要方法如下。

（1）基于规则的方法：使用预定义的语法规则和模板来生成诗句。它简单直观，易于实现，可以保证生成的诗句符合特定格式（如五言绝句、七言律诗等）。但是，其缺乏灵活性和多样性，难以产生真正富有创造性的作品。

（2）统计语言模型：通过分析大量诗歌数据中的词汇共现模式，预测下一个词的概率分布。它能捕捉到一定程度的语言规律，适用于简单的诗句生成。但是，其生成的诗句可能较为机械，缺乏连贯性和深层次的情感表达。

（3）循环神经网络（RNN）及其变体：利用 LSTM 或 GRU 等结构来处理序列数据，捕捉时间上的依赖关系。它能够生成具有一定连贯性和逻辑性的诗句；支持多轮对话形式的交互式诗歌创作。但是，其对于长距离依赖关系的捕捉能力有限，容易出现"记忆衰退"现象。

（4）Transformer 架构：引入了自注意力机制，使得模型可以并行处理输入序列的不同部分，更好地理解上下文信息。其在大规模数据集上表现出色，能够学习复杂的模式并生成高质量的诗句；支持多种风格和主题的诗歌创作。代表性模型有 GPT 系列、BERT、T5 等。

（5）强化学习：通过奖励函数引导模型生成更符合人类审美标准的诗句。它可以优化生成内容的艺术性和创造性；适合用于评估和改进现有的生成模型。但是，设计有效的奖励函数是一个难题，需要大量的标注数据和试错过程。

诗歌生成的模型与工具中，开源项目主要如下。

（1）PoetGAN：结合生成对抗网络（GAN）思想，旨在提高生成诗句的真实感和多样性。

（2）使用深度学习生成诗歌：基于 TensorFlow，提供了多种经典诗歌生成算法的实现。

（3）WuDao Poetry 机器人：是由阿里云开发的大规模预训练模型，专为中文诗歌生成而设计，支持古风、现代等多种风格。

诗歌生成的主要应用场景如下。

（1）教育领域：辅助学生学习古典文学知识，激发他们的创造力和写作兴趣。

（2）文化娱乐：为用户提供个性化的诗歌推荐服务或举办线上诗歌创作比赛。

（3）社交互动：帮助人们表达情感，增进彼此之间的交流，如发送定制的情诗给爱人。

（4）艺术创作：艺术家们可以将生成的诗句融入其他媒介中，如绘画、音乐等，创造出独特的跨媒体作品。

10.1.3   简单对话系统

简单对话系统是自然语言处理和人工智能领域的一个应用，旨在通过计算机程序实现人机之间的自然对话，为人们的生活带来便利。其核心任务是从用户输入中理解意图，并根据上下文生成合适的回复。这一过程涉及以下几个关键步骤。

步骤 1：输入解析。将用户的文本或语音输入转换为机器可以处理的形式，如词向量或特征表示。

步骤 2：意图识别。确定用户表达的具体需求或问题类型，这可以通过分类模型来完成。

步骤 3：槽位填充。提取出与特定任务相关的实体信息（如时间、地点等），这些被称为"槽位"。

步骤 4：对话管理。根据当前对话状态选择适当的响应策略，决定下一步的操作。

步骤 5：输出生成。基于选定的策略构造并返回给用户的最终回答，可以是预定义模板中的句子或是通过生成模型创建的新文本。

简单对话系统的常见架构主要如下。

（1）规则基础型：依赖于人工编写的规则和模式匹配来进行对话控制。它易于理解和实现，对于结构化强的任务效果较好。但灵活性差，难以应对复杂或未预见的情况。

（2）检索式：从预先准备好的候选回复库中挑选最匹配的回答。它可以使用 TF-IDF、

Word2Vec 或其他相似度计算方法来衡量输入与候选回复之间的相关性。其优点是快速且稳定，不需要复杂的训练过程。但缺乏创造性和适应新情境的能力。

（3）生成式：利用深度学习模型（如 RNN、LSTM、Transformer 等）直接生成新的回复文本。常见的有 Seq2Seq 架构及其变体，结合注意力机制可以提高生成质量，它能够产生更自然、流畅的对话；具有一定的创造性。但需要大量标注数据进行训练，可能会引入事实错误或幻觉。

（4）混合型：结合检索式和生成式的优点，先尝试检索合适的回复，若找不到满意结果再使用生成模型补充。兼顾了效率和灵活性，适用于多种场景。

其技术组件主要如下。

- 自然语言理解（NLU）：负责解析用户输入，包括分词、词性标注、命名实体识别等任务。
- 对话管理器（DM）：维护对话的状态，跟踪对话历史，并决定下一步的动作。
- 自然语言生成（NLG）：将对话管理器的指令转换为人类可读的语言形式。
- 知识库/数据库：存储有关领域的背景知识，供对话系统查询以提供准确的答案。

简单对话系统广泛应用于各个行业，具体如下。

（1）客户服务：自动应答客户的常见问题，如订单状态查询、退换货政策等。

（2）信息查询：帮助用户获取天气预报、新闻资讯、公共交通时刻表等实用信息。

（3）教育辅导：辅助学生解答作业题，提供学习建议。

（4）娱乐互动：如聊天机器人、虚拟助手等产品，让用户享受个性化的交流体验。

（5）智能家居：控制家电设备，设置提醒事项等。

10.1.4 多语种翻译

文本生成技术在翻译任务中的应用已经取得了显著的进展，尤其是在神经机器翻译（NMT）领域，它不仅改变了传统翻译行业的工作方式，也为人们跨越语言障碍提供了前所未有的便利。利用深度学习模型的强大表示能力和生成能力，现代翻译系统能够提供更准确、流畅且自然的翻译结果。

（1）神经机器翻译（NMT），其架构特点主要如下。

- 编码器-解码器结构：其中编码器将源语言句子转换为一个连续的向量表示（上下文向量），解码器则基于这个向量生成目标语言的句子。
- 注意力机制：使得解码器可以在每一步都关注到源句子的不同部分，从而提高了长句和复杂结构翻译的质量。

常见模型主要如下。

- RNN/LSTM/GRU：早期 NMT 模型多使用递归神经网络及其变体（如 LSTM 和 GRU）来处理序列数据。这些模型能够捕捉时间上的依赖关系，但存在训练速度慢和难以并行化的问题。
- Transformer：基于自注意力机制的 Transformer 架构已经成为主流，它不仅支持高效的并行计算，还能更好地建模长距离依赖关系，极大地提升了翻译性能。

（2）多模态翻译。除了纯文本输入外，一些研究探索了结合图像、音频等其他形式的数据来进行翻译。例如，在旅游指南或产品说明书中，图片可以辅助理解文字内容，提高翻译准确性。

（3）低资源语言的支持。对于那些缺乏大规模平行语料库的语言对，研究人员开发了多种策略来增强翻译效果。

- 迁移学习：利用高资源语言的知识迁移到低资源语言上，如共享参数或预训练模型。
- 无监督翻译：仅依靠单语数据进行训练，通过对抗训练或其他方法实现跨语言映射。
- 数据增强：通过对现有数据集进行扩增或合成新样本，增加可用训练数据的数量和多样性。

（4）集成与混合方法。为了充分利用不同方法的优势，许多系统采用了集成或混合的方法。

- 规则+统计+NMT：结合传统的基于规则方法、统计机器翻译（SMT）以及 NMT，以弥补各自的不足之处。
- 多模型融合：同时运行多个独立的翻译模型，并通过某种方式组合它们的输出，如加权平均或选择最佳候选。

（5）后编辑与人机协作。尽管自动翻译系统的质量不断提高，但在某些情况下仍然需要人工干预。因此，出现了"后编辑"模式，即先由机器生成初步翻译，再由专业译者进行校正和完善。此外，还有些工具支持实时的人机协作，让译者可以直接参与到翻译过程中，指导模型改进特定领域的术语使用或风格偏好。

翻译任务中的应用实例如下。

（1）谷歌翻译：这是全球最受欢迎的在线翻译服务之一，它广泛采用 NMT 技术，支持超过 100 种语言之间的互译。

（2）DeepL 翻译器：它以高质量的翻译著称，特别是在欧洲语言间的翻译表现尤为突出。DeepL 利用了 Transformer 架构，并且特别注重优化翻译的流畅性和准确性。

（3）微软 Azure 认知服务：提供了丰富的 API 接口，允许开发者轻松，将先进的翻译功能集成到自己的应用程序中。

10.1.5　图像生成

图像生成技术能够创建逼真的视觉内容或艺术化效果，被广泛地应用于艺术与设计、娱乐与媒体、虚拟现实、游戏开发、广告设计、医疗影像合成以及自动化内容生成等多个行业和领域。

1. 艺术与设计

（1）创意辅助：艺术家和设计师可以利用图像生成技术快速生成概念图、纹理、图案等，激发灵感并加速创作过程。作为辅助工具，它帮助艺术家探索新的创意方向，尝试不同风格的表现形式，它还可以自动生成具有特定艺术风格的作品，用于装饰、展览等多种用途。

（2）风格迁移：将不同艺术作品的风格特点融合在一起，创造出独特的视觉效果，适用于绘画、摄影等多种形式的艺术创作。

2. 娱乐与媒体

（1）虚拟角色设计：用于创建游戏角色、电影角色或其他数字人物的形象，确保每个角色都有独特的外观和个性；创建更加丰富和互动的游戏环境，如 NPC 行为模拟、关卡设计等；通过 AI 驱动的虚拟人物进行直播或表演，提供全新的娱乐形式。

（2）虚拟现实（VR）和增强现实（AR）：生成逼真的虚拟环境、物体或生物，提升用户的沉浸感和交互体验，如游戏场景、虚拟旅游等，增强用户的沉浸感。

（3）影视特效制作：快速生成符合导演意图的高质量的特效镜头、虚拟场景、视觉效果和场景氛围，减少实际拍摄的成本和难度，如背景合成、特效制作等，减少实际拍摄的成本和难度，节省后期制作时间。

（4）视频处理：实现老旧影片或低清视频的高清化，提升观看体验；也可用于实时视频通话中的画质增强。

3. 广告与营销

（1）个性化内容生成与定制：根据目标受众的特点快速生成定制化的广告素材，提高广告的相关性和吸引力，如生成特定风格的产品图片或宣传海报；根据品牌调性和市场需求生成独特的产品包装、宣传海报等视觉材料。

（2）A/B 测试优化：快速生成多种版本的广告创意，用 A/B 测试找到最有效的设计方案。

（3）增强用户体验（UX）：为用户提供个性化的界面主题或背景图案，提升交互乐趣。

4. 医疗健康

（1）医学影像分析：提升 CT、MRI 等医学成像设备获取的图像分辨率，帮助医生更准确地诊断疾病、发现细微病变，更好地理解和预测疾病，如生成更多的 CT 扫描图像或 X 光片，辅助诊断和治疗计划。

（2）手术模拟与训练：生成详细的虚拟患者模型（三维重建图像），供外科医生练习复杂的手术操作，降低实际手术风险。

（3）康复训练：创建个性化的康复方案，帮助患者在家完成专业的物理治疗课程。

（4）疾病检测：生成更多样化的病变图像，帮助医生识别早期症状或难以察觉的微小变化，提高诊断准确性。

（5）病理分析：通过合成不同阶段的病理切片图像，深入理解疾病的发展过程，制定个性化治疗策略。

（6）放疗计划：优化放射治疗剂量分布图，确保肿瘤区域得到充分照射的同时最大限度地保护周围正常组织。

（7）数据增强：为训练机器学习模型提供更多样化的数据集，尤其是针对罕见病或特殊病例，提高模型的鲁棒性和泛化能力。

（8）减少辐射暴露：利用合成图像代替真实的 X 光片或 CT 扫描，减少患者接受的辐射剂量，特别是儿童和孕妇等敏感群体。

5. 自动驾驶

（1）场景模拟：模拟各种驾驶场景，测试和改进车辆的安全性能，包括天气变化、交通状况等因素。

（2）数据增强：为训练自动驾驶算法提供多样化的数据集，提高系统的鲁棒性和泛化能力。

6. 时尚与零售

（1）虚拟试衣：通过生成用户穿着不同服装的效果图，提供在线购物时的参考，改善用户体验。

（2）产品展示：快速生成高质量的产品设计草图或渲染图，加速研发流程，用于电商平台的商品展示，不用实物拍摄即可呈现多种视角和细节。

（3）消费电子：应用于智能手机、平板计算机等设备，即使在不理想的拍摄条件下也能获得高质量的照片和视频。

7. 建筑与房地产

（1）建筑设计可视化：生成建筑外观和内部空间的效果图，帮助客户直观地理解设计方案，以促进销售。

（2）房产营销：生成虚拟的室内装饰方案，让潜在买家提前体验未来的居住环境。

8. 教育与培训

（1）互动学习材料：生成生动的教学资源，如教学插图、科学实验动画、历史场景重现等，使学习更加有趣和有效。

（2）职业技能训练：模拟真实的工作环境，如工厂生产线、医院急诊室等，培养学生的专业技能。

9. 科学研究

（1）数据可视化：生成复杂数据的图形表示，帮助研究人员更清晰地理解实验结果，发现新的模式或趋势。

（2）模拟实验：在无法直接观察或实验的情况下，通过生成图像来推测可能的结果，如天文学。

（3）卫星遥感：改善卫星拍摄的照片质量，用于地理测绘、环境监测等领域，提供更高精度的数据支持。

10. 安全与监控

（1）异常检测：结合图像生成技术与监控系统，实时生成正常情况下的预期图像，对比实际画面以识别异常行为或事件。

（2）隐私保护：在不泄露个人身份信息的前提下，生成模糊处理后的监控图像，既保持了监控的有效性，又保护了隐私。

（3）监控系统：从低分辨率监控摄像头捕获的画面中提取更多有用信息，辅助安防工作，如人脸识别、车牌识别等。

任务 10.2　理解预测、推荐和游戏技术

本任务主要探讨人工智能在预测分析、推荐系统和自动规划等高级应用领域的具体实践和价值。通过奥利·阿什菲尔特利用气候数据预测波尔多葡萄酒品质的案例，展示了大数据预测分析的强大能力及其在传统领域引发的变革与争议。接着，介绍智能推荐系统的工作原理和应用实例，包括奈飞的电影推荐系统和亚马逊的图书推荐系统，强调这些系统如何通过分析用户行为和偏好，提供个性化的内容或产品，从而提升用户体验和商业价值。最后，还涉及自动规划技术的基本概念和应用，包括其在机器人规划、流程规划、动画设计等领域的应用示例，展示了人工智能在复杂问题求解中的高效性和实用性。

10.2.1 大数据预测分析——葡萄酒品质评估

奥利·阿什菲尔特是普林斯顿大学的一位经济学家，他的日常工作就是研究数据，利用统计学，他从大量的数据资料中提取出隐藏在数据背后的信息。

奥利非常喜欢喝葡萄酒，他说："当上好的红葡萄酒有了一定的年份时，就会发生一些非常神奇的事情。"

奥利曾花费心思研究的一个问题是如何通过数字评估波尔多葡萄酒的品质。与品酒专家通常使用的"品咂并吐掉"的方法不同，奥利用数字指标来判断能拍出高价的酒所应该具有的品质特征。"其实很简单，"他说，"酒是一种农产品，每年都会受到气候条件的强烈影响。"因此奥利收集了法国波尔多地区的气候数据加以研究，他发现如果收割季节干旱少雨且整个夏季的平均气温较高，该年份就容易生产出品质上乘的葡萄酒。正如彼得·帕塞尔在《纽约时报》中报道的那样，奥利给出的统计方程与数据高度吻合。

当葡萄熟透、汁液高度浓缩时，波尔多葡萄酒是最好的。夏季特别炎热的年份，葡萄很容易熟透，酸度就会降低。炎热少雨的年份，葡萄汁也会高度浓缩。因此，天气越炎热干燥，越容易生产出品质一流的葡萄酒。熟透的葡萄能生产出口感柔润（即低敏度）的葡萄酒，而汁液高度浓缩的葡萄能够生产出醇厚的葡萄酒。

奥利把这个葡萄酒的理论简化为下面的方程式：

$$葡萄酒的品质 = 12.145 + 0.001\,17 \times 冬天降雨量 + 0.061\,4 \times 葡萄生长期平均气温 - 0.003\,86 \times 收获季节降雨量$$

把任何年份的气候数据代入这个公式，奥利就能够预测出任意一种葡萄酒的平均品质。如果把这个公式变得再稍微复杂精巧一些，还能更精确地预测出 100 多个酒庄的葡萄酒品质。他承认"这看起来有点太数字化了"，"但这恰恰是法国人把葡萄酒庄园排成著名的 1855 个等级时所使用的方法"。

然而，当时传统的评酒专家并未接受奥利利用数据预测葡萄酒品质的做法。英国的《葡萄酒》杂志认为，"这个公式显然是很可笑的，我们无法重视它。"纽约葡萄酒商人威廉姆·萨科林认为，从波尔多葡萄酒产业的角度来看，奥利的做法"介于极端和滑稽可笑之间"。

发行过《葡萄爱好者》杂志的罗伯特·帕克把奥利形容为"一个彻头彻尾的骗子"，尽管奥利是世界上最受敬重的数量经济学家之一，但是他的方法对于帕克来说，"其实是在用尼安德特人的思维（讽刺其思维原始）来看待葡萄酒。这是非常荒谬甚至非常可笑的。"帕克说奥利"就像某些影评一样，根据演员和导演来告诉你电影有多好，实际上却从没看过那部电影"。

帕克的意思是，人们只有亲自去看过了一部影片，才能更精准地评价它，如果要对葡萄酒的品质评判得更准确，也应该亲自去品咂一下。但是有这样一个问题：在几个月的时间里，人们是无法品尝到葡萄酒的。波尔多和勃艮第的葡萄酒在装瓶之前需要盛放在橡木桶里发酵 18~24 个月。像帕克这样的评酒专家需要酒装在桶里 4 个月以后才能第一次品尝，此时，这种酒还不能使品尝者得出关于酒的品质的准确信息。例如，巴特菲德拍卖行酒品部的前经理布鲁斯·凯泽曾经说过："发酵初期的葡萄酒变化非常快，没有人，我是说不可能有人，能够通过品尝来准确地评估酒的好坏。至少要放上 10 年，甚至更久。"

与之形成鲜明对比的是，奥利从对数字的分析中能够得出气候与酒价之间的关系。他发现冬季降雨量每增加 1mm，酒价就有可能提高 0.001 17 美元。当然，这只是"有可能"而已。不过，对数据的分析使奥利可以预测葡萄酒的未来品质——这是品酒师有机会尝到第一口酒的数月之前，更是在葡萄酒卖出的数年之前。在葡萄酒期货交易活跃的今天，奥利的预测能够给葡萄酒收集者极大的帮助。

20 世纪 80 年代后期，奥利开始在半年刊的简报《流动资产》上发布他的预测数据。

20 世纪 90 年代初期，《纽约时报》在头版头条登出了奥利的最新预测数据，这使得更多人了解了他的思想。奥利公开批判了帕克对 1986 年波尔多葡萄酒的估价。帕克对 1986 年波尔多葡萄酒的评价是"品质一流，甚至非常出色"。但是奥利不这么认为，他认为由于生产期内过低的平均气温以及收获期过多的雨水，这一年葡萄酒的品质注定平平。

奥利对 1989 年波尔多葡萄酒的预测才是这篇文章中真正让人吃惊的地方，尽管当时这些酒在木桶里仅仅放置了 3 个月，还从未被品酒师品尝过，奥利预测这些酒将成为"世纪佳酿"。他保证这些酒的品质将会"令人震惊地一流"。根据他自己的评级，如果 1961 年的波尔多葡萄酒评级为 100 的话，那么 1989 年的葡萄酒将会达到 149。奥利甚至大胆地预测，这些酒"能够卖出过去 35 年中所生产的葡萄酒的最高价"。

看到这篇文章，评酒专家非常生气。在接下来的几年中，《葡萄酒观察家》拒绝为奥利（以及其他人）的简报做任何广告。

评酒专家们开始辩解，极力指责奥利本人以及他所提出的方法。他们认为奥利的方法无法准确地预测未来的酒价。例如，《葡萄酒观察家》的品酒经理托马斯·马休斯抱怨说，奥利对价格的预测，"在 27 种酒中只有三次完全准确"。即使奥利的公式"是为了与价格数据相符而特别设计的"，他所预测的价格却"要么高于要么低于真实的价格"。然而，对于统计学家（以及对此稍加思考的人）来说，预测有时过高，有时过低是件好事，因为这恰好说明估计量是无偏的。因此，帕克不得不常常降低自己最初的评级。

1990 年，奥利更加陷于孤立无援的境地。在宣称 1989 年的葡萄酒将成为"世纪佳酿"之后，数据告诉他 1990 年的葡萄酒将会更好，而且他也照实说了。现在回头再看，我们可以发现当时《流动资产》的预测惊人地准确。1989 年的葡萄酒确实是难得的佳酿，而 1990 年的也确实更好。为什么在连续两年中生产出两种"世纪佳酿"？事实上，自 1986 年以来，每年葡萄生长期的气温都高于平均水平。法国的天气连续 20 多年温暖和煦。对于葡萄酒爱好者们而言，这显然是生产柔润的波尔多葡萄酒的最适宜的时期。

传统的评酒专家们在这个时期才开始更多地关注天气因素。尽管他们当中很多人从未公开承认奥利的预测，但他们自己的预测也开始越来越密切地与奥利的方程式联系在一起。此时奥利依然在维护自己的网站，但他不再制作简报。

指责奥利的人仍然把他的思想看作是异端邪说，因为他试图把葡萄酒的世界看得更清楚。他从不使用华丽的辞藻和毫无意义的术语，而是直接说出预测的依据。

葡萄酒经销商和专栏评论家们都能够从维持自己在葡萄酒品质方面的信息垄断者地位中受益。葡萄酒经销商利用长期高估的最初评级来稳定葡萄酒价格。《葡萄酒观察家》和《葡萄酒爱好者》能否保持葡萄酒品质的仲裁者地位，决定着上百万资金的"生死"。很多人要谋生，就只能依赖于喝酒的人不相信这个方程式。

也有迹象表明事情正在发生变化。伦敦克里斯蒂拍卖行国际酒品部主席迈克尔·布罗德本特委婉地说："很多人认为奥利是个怪人，我也认为他在很多方面的确很怪。但是我发现，他的思想和工作会在多年后依然留下光辉的痕迹。他所做的努力对于打算买酒的人来说非常有帮助。"

10.2.2　智能推荐系统——奈飞电影推荐

智能推荐系统是一种利用人工智能技术分析用户行为和偏好并自动提供个性化内容或产品的系统，旨在提升用户体验和满意度。

成立于 1997 年的在线影片租赁服务商奈飞（Netflix）总部位于加利福尼亚州洛斯盖图，公司在美国、加拿大、日本等国提供互联网随选流媒体播放，定制 DVD、蓝光光碟在线出租业务。

2011 年，奈飞的网络电影销量占据美国用户在线电影总销量的 45%。2017 年 4 月 26 日，奈飞与爱奇艺达成在剧集、动漫、纪录片、真人秀等领域的内容授权合作。2018 年 6 月，奈飞进军漫画领域。

2012 年 9 月 21 日奈飞宣布，来自 186 个国家和地区的四万多个团队经过近三年的较量，一个由来自奥地利、加拿大、以色列和美国的计算机、统计和人工智能专家组成的 7 人团队 BPC 夺得了奈飞大奖，团队由原本是竞争对手的三个团队重新组团。获奖团队成功地将奈飞的影片推荐引擎的推荐效率提高了 10%。奈飞大奖的参赛者们不断改进影片推荐效率，奈飞的客户为此获益。这项比赛的规则要求获胜团队公开他们采用的推荐算法，这样很多商业都能从中获益。

第一个奈飞大奖成功地解决了一个巨大的挑战，为提供了 50 个以上评级的观众准确地预测他们的电影欣赏口味。随着一百万美元大奖的颁发。奈飞很快宣布了第二个百万美元大奖，希望世界上的计算机专家和机器学习专家们能够继续改进推荐引擎的效率。下一个百万美元大奖的目标是为那些不经常做影片评级或根本不做评级的顾客推荐影片，要求使用一些隐藏着观众口味的地理数据和行为数据来进行预测。同样，获胜者需要公开他们的算法。如果解决这个问题，奈飞就能够很快开始向新客户推荐影片，而不需要等待客户提供大量的评级数据后才做出推荐。

新的比赛所用数据集有 1 亿条数据，包括评级数据、顾客年龄、性别、居住地区邮编和以前观看过的影片。所有的数据都是匿名的，没有办法关联到奈飞的任何一个顾客。

推荐引擎是奈飞公司的一个关键服务，千万个顾客都能在一个个性化网页上对影片做出 1～5 的评级。奈飞将这些评级放在一个巨大的数据集里，该数据集容量超过 30 亿条。奈飞使用推荐算法和软件来标识具有相似品味的观众对影片可能做出的评级。几年来，奈飞已经使用参赛选手的方法提高了影片推荐的效率，得到很多影片评论家和用户的好评。

10.2.3　智能推荐系统——亚马逊图书推荐

虽然亚马逊的故事大多数人都耳熟能详，但只有少数人知道它早期的书评内容是由人工完成的。当时，它聘请了一个由 20 多名书评家和编辑组成的团队，他们写书评、推荐新书、挑选非常有特色的新书标题放在亚马逊的网站上。这个团队创立了"亚马逊的声音"这个版块，成为当时公司皇冠上的一颗宝石，是其竞争优势的重要来源。《华尔街日报》的一篇文章中热情地称他们为全美最有影响力的书评家，因为他们使得书籍销量猛增。

亚马逊公司的创始人及总裁杰夫·贝索斯决定尝试一个极富创造力的想法：根据客户个人以前的购物喜好，为其推荐相关的书籍。

从一开始，亚马逊就从每一个客户那里收集了大量的数据。比如说，他们购买了什么书籍？哪些书他们只浏览却没有购买？他们浏览了多久？哪些书是他们一起购买的？客户的信息数据量非常大，所以亚马逊必须先用传统的方法对其进行处理，通过样本分析找到客户之间的相似性，但这些推荐信息是非常原始的。詹姆斯·马库斯回忆说："推荐信息往往为你提供与你以前购买物品有微小差异的产品，并且循环往复。"

亚马逊的格雷格·林登很快就找到了一个解决方案。他意识到，推荐系统实际上并没有必要把顾客与其他顾客进行对比，这样做其实在技术上也比较烦琐。它需要做的是找到产品之间的关联性。1998 年，林登和他的同事申请了著名的"item-to-item（逐项）"协同过滤技术的专利。方法的转变使技术发生了翻天覆地的变化。

因为估算可以提前进行，所以推荐系统不仅快，而且适用于各种各样的产品。因此，当亚马逊跨界销售除图书以外的其他商品时，也可以对电影或烤面包机这些产品进行推荐。由于系统中使用了所有的数据，推荐会更理想。林登回忆道："在组里有句玩笑话，说的是如果系统运作良好，亚马逊应该只推荐你一本书，而这本书就是你将要买的下一本书。"

现在，公司必须决定什么应该出现在网站上，是亚马逊内部书评家写的个人建议和评论？还是由机器生成的个性化推荐和畅销书排行榜？林登做了一个关于评论家所创造的销售业绩和计算机生成内容所产生的销售业绩的对比测试，他发现两者之间相差甚远。他解释说，通过数据推荐产品所增加的销售远远超过书评家的贡献。计算机可能不知道为什么喜欢海明威作品的客户会购买菲茨·杰拉德的书，但是这似乎并不重要，重要的是销量。最后，编辑们看到了销售额分析，亚马逊也不得不放弃每次的在线评论，最终，书评团队被解散了。林登回忆说："书评团队被打败、被解散，我感到非常难过。但是，数据没有说谎，人工评论的成本是非常高的。"

如今，据说亚马逊销售额的三分之一都来自它的个性化推荐系统。

知道人们为什么对这些信息感兴趣可能是有用的，但这个问题目前并不是很重要。但是，知道"是什么"可以创造点击率，这种洞察力足以重塑很多行业，不仅仅是电子商务。所有行业中的销售人员早就被告知，他们需要了解是什么让客户做出了选择，要把握客户做决定背后的真正原因，因此专业技能和多年的经验受到高度重视。大数据显示，还有另外一个在某些方面更有用的方法，亚马逊的推荐系统梳理出了有趣的相关关系，但不知道背后的原因——知道是什么就够了，没必要知道为什么。

10.2.4　游戏科学与《黑神话：悟空》

3A（AAA）游戏的说法起源于美国，在 20 世纪 90 年代后期开始形成，它通常是指大量的金钱（A lot of money）、大量的资源（A lot of resources）、大量的时间（A lot of time），代表着巅峰的制作质量、顶级的技术和巨大的市场影响力。它们不仅仅是为玩家带来极致体验的娱乐产品，更是科技、艺术和商业的完美结合，在文化、技术和市场上产生了深远的影响。它定义了行业的最高标准，也成为全球玩家心目中的黄金标杆，是更大的游戏生态系统的重要支柱。它充当游戏技术进步的火炬手，不断突破图形、游戏机制和叙事设计领域的界限。3A 游戏通常由大型游戏公司或知名工作室开发，往往拥有庞大的制作团队，开发资金可能高达数百万甚至数亿美元，开发周期也通常为数年，以确保在图形、音效、剧情等各方面达到极高的水准。

《黑神话：悟空》游戏（见图 10-1）首次亮相，就在全球范围内掀起了一股热潮。这款由中国团队"游戏科学"打造的 3A 游戏，成为中国文化与技术实力的一次大胆展示。2024

年 8 月，3A 游戏《黑神话：悟空》正式上线，并迅速成为 Steam、WeGame 等多个游戏平台销量榜首，同时在线玩家一度突破 200 万人，发行三天，游戏销售额超 20 亿元、销量超 1000 万份。

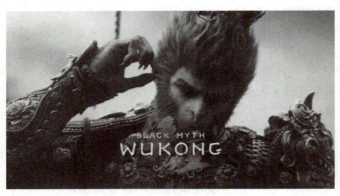

图 10-1　《黑神话：悟空》游戏

《黑神话：悟空》这款游戏之所以引发如此强烈的关注，不仅因为它的高品质画面和复杂的玩法，更因为它深深植根于中国的文化传统。游戏以经典名著《西游记》为背景，玩家将化身为"天命人"，在充满神秘与危险的旅程中探索传说的真相。游戏中精致还原的中国古建筑和独特的妖怪设计，都成为玩家们津津乐道的话题。

1. 海外 KOL 助力游戏传播

值得一提的是，海外的 KOL（关键意见领袖）在推广《黑神话：悟空》中发挥了重要作用。这些 KOL 通过各种社交媒体平台，向全球玩家展示了游戏的独特魅力。他们不仅对游戏的玩法和画面表示赞叹，更对其中蕴含的中国文化深感兴趣。许多 KOL 在视频中详细讲解了《西游记》的背景故事和游戏中的文化元素，激发了更多外国玩家对中国传统文化的浓厚兴趣。

例如，在一些外国论坛和社交媒体上，有玩家分享了他们为了更好地理解游戏而阅读《西游记》的经历，还有人通过 KOL 的推荐开始学习有关中国神话的知识。这种跨文化的交流和理解，无疑是《黑神话：悟空》成功的一个重要标志。

TGA 是由加拿大籍游戏媒体人杰夫·吉斯利主办且得到索尼、微软、任天堂等知名企业支持的电子游戏奖项。提前两年就写好 TGA 年度最佳游戏获奖感言的冯骥说，赢的时候才自信只是对结果的复读，他和游戏科学一直在"做具体的事，做困难的事，做相信的事……在做这些，当然应该自信"。

2007 年，冯骥写下《谁谋杀了我们的游戏》，带着改变国产网游糟糕现状的满腔热血进入游戏行业。2014 年，他成立游戏科学，决心要用扎实的技术去解决具体问题，用实事求是的态度做一款高品质的游戏。2018 年，他和团队终于"重走西游"，弥补在《斗战神》上留下的遗憾，《黑神话：悟空》正式踏上取经路，让唢呐声第一次在被誉为游戏奥斯卡的 TGA 上响起，即便遗憾错失年度最佳游戏，也留下了"功成何须裂裟证"的江湖美誉。

《黑神话：悟空》是一场全球性的文化盛宴。它向世界展示了中国文化的深度与魅力，也让全球玩家感受到了中国游戏产业的崛起。可以说，《黑神话：悟空》不仅为中国游戏产业树立了新的标杆，也为中国文化在全球范围内的传播提供了全新的平台。

2．海外技术：光影渲染，玩家沉浸式体验

《黑神话：悟空》爆火，更引人关注的是背后的算法和技术。让中国游戏在国际舞台占有一席之地，必须依靠强力的技术支持，两大技术底座是：虚幻引擎 5 和英伟达的技术支持。

2021 年 5 月，"史诗游戏"对外发布了虚幻引擎 5 的预览版。同一年，游戏科学就决定用虚幻引擎 5 来开发游戏。自此以后，虚幻引擎 5 就一直被视作《黑神话：悟空》的期待因素之一。

业内对虚幻引擎 5 的评价是："简洁低调地改写游戏规则，颠覆产业。"其中的核心技术是 Nanite（虚拟微多边形几何技术）和 Lumen（全动态全局光照技术）。

Nanite 简单来说是将模型上的面分为众多簇，只有当玩家贴近模型时，引擎才会将簇继续细分进行并行渲染。这大大节省了图形算力，集中渲染玩家目光所及之处的角色、物品、场景等细节，如图 10-2 所示。

图 10-2　Nanite 和虚拟阴影贴图

如今，3D 游戏光影越来越复杂，要实现逼真的动态光照，按传统手段需要足够多的光照贴图，这提高了游戏的制作成本，尤其是光影昼夜更替、天气变化系统的游戏。而 Lumen 只要在画面中添加光源，就能根据情况自动调节光源，极大地节省了烘焙光照贴图的时间，其演示效果如图 10-3 所示。

图 10-3　Lumen 演示效果

除了这两个核心技术外，卷积混响、环境立体声渲染、Chaos 物理系统、Niagara 粒子系统等改进，进一步提升了虚拟引擎 5 的价值，简化了开发流程的同时更好地实现影音、物流效果。

虚幻引擎 5 的客户涵盖市面上大部分开发游戏公司、工作室和开发商，已经成了游戏产品的基建之一。

如果说虚幻引擎 5 聚焦于开发端，那么英伟达则主要作用于用户体验端。英伟达的光线追踪技术，进一步将游戏视觉效果推向极致。

根据英伟达的对外表述，在《黑神话：悟空》中，通过支持全景光线追踪技术并将每项设置为最大值，DLSS 3（英伟达 AI 渲染技术）可带来性能的成倍提升，使得 GeForce RTX 4080 SUPER（英伟达显卡）的用户能在《黑神话：悟空》的基准测试中达到每秒近 74 帧的帧率；GeForce RTX 4070 Ti SUPER（英伟达显卡）的用户可以在每秒 66 帧的帧率下享受 4K 效果。

3. 国产技术：从画面到动作，精准捕捉 3D 细节

我们来看看《黑神话：悟空》中的"中国技术"基因。

在 CG（游戏、图片或过场动画）的创作中存在工程量巨大的资产建模、场景搭建，如果追求高品质，游戏团队一般在创作前会寻找一系列可参照的真实古代建筑和物品，以便让最终成品做到真实细致、有史可循。

在充满中式美学的《黑神话：悟空》中，与现实景观建筑匹配的景点就有 36 个，包括四川安岳茗山寺、重庆大足石刻、杭州灵隐寺、山西玉皇庙、浙江时思寺等。《黑神话：悟空》艺术总监杨奇曾提到，他们走遍全国，实地扫描古建古迹，形成自己的数字资产，再经过长达数月加工和美化，最后才能呈现出如此精美的画面。比如在扫描第一版重庆大足石刻时，建模一度达到夸张的"12 亿个面"。这个扫描过程，《黑神话：悟空》借助的便是上海回音星旅旗下原生扫描数字资产库 PBRMAX，如图 10-4 所示。

图 10-4　PBRMAX 采集团队实景拍摄

为了能采集到质量足够高的材质模型，PBRMAX 颠覆了传统材质扫描仪的原有结构，在保证超 8K 分辨率材质输出的同时，将扫描范围扩展到数平方米，精确捕捉物体全貌，呈现更细腻的材质纹理和更准确的物理属性。目前，PBRMAX 官网上线的高精细度原生扫描 PBR 材质模型有 5000 多件，均为 16bit 色彩、原生 HDR。

保证动作画面流畅感的主要因素之一，还有空间计算-OptiTrack 光学定位捕捉技术，该技术由北京青年科技团队"虚拟动点"提供。

在《黑神话：悟空》中，角色动作相当复杂，传统临摹难以呈现诸多细节，容易造成人物失真。同时，《黑神话：悟空》的游戏场景参考了真实的寺庙、佛像、森林、岩石等，场景形态逼真，在这样的高精度场景下打斗，对动捕也提出了很高的要求。即不仅需要实时捕捉动作，还要通过算法计算实时驱动动画形象，保证游戏中虚拟形象的实时交互。

具体来说，虚拟动点用扫描+动捕的方式 1∶1 记录真实人神态、身体姿势及行动细节，通过实时捕捉演员动作，对 2D 图像快速进行 3D 重建。同时，通过准确识别标记点，运算输出标记点质心数据，反馈系统通过算法计算实时驱动角色虚拟化身，保证影片中真实人物与虚拟形象的实时交互。

除了人物角色外，《黑神话：悟空》中，还有许多动物角色，比如天命人的第一个关卡——虎先锋。作为既能四足爬行，也能两足站立的角色，常规情况下，演员在动捕过程中只能看到一副动物骨骼，难以把控表演的准确度。虚拟动点将骨骼与老虎的整体形象放在一起驱动，演员可实时看到老虎动态，从而在表演过程中及时进行调整。

值得一提的是，早在《黑神话：悟空》之前，OptiTrack 技术就已在《封神》《流浪地球2》《三体》《刺杀小说家》多部影视作品中应用。

4．AIGC：游戏创作的"副驾驶"

游戏是受技术创新驱动的产业。《黑神话：悟空》背后技术的角力，证明 AI 技术在游戏中的广泛应用，并且还在不断升级从内容创作、生产方式到体验场景的方方面面。

网易高级副总裁王怡曾表达，AIGC 对语音生成、原画生成、视频动捕、模型生成等多个关键生产环节的效率提升已达到 90%；游戏《完美世界》也将 AI 技术应用于智能 NPC、场景建模、AI 绘画、AI 剧情、AI 配音等研发管线中的多个环节。

许多业内人士认为，AI 技术已经"陪练"游戏多年，但其角色一直未曾变过，就是游戏创作的副驾驶。游戏的开发和创作始终由人主导，AI 技术则是加速、完善了创作这一过程。

【作业】

1．在人工智能应用场景中，（　　）是指图像和视频分析，如面部识别系统、自动驾驶汽车中的环境感知、医疗影像诊断等的应用。

    A．计算机视觉　　　　　　　　B．游戏与娱乐
    C．机器人技术　　　　　　　　D．智能决策支持

2．在人工智能应用场景中，（　　）是指金融行业进行风险评估、欺诈检测、投资策略优化等；物流和供应链管理中也用人工智能来优化路线规划和库存控制。

    A．计算机视觉　　　　　　　　B．游戏与娱乐
    C．机器人技术　　　　　　　　D．智能决策支持

3．AIGC 的文本生成技术不断推动着自然语言处理的领域边界，在应用中展示了巨大潜力，包括（　　）和对话系统等。

    ① 自动写作　　② 聊天机器人　　③ 翻译系统　　④ 编译程序
    A．①③④　　B．①②④　　C．①②③　　D．②③④

4．（　　）旨在从较长的文本中提取关键信息。深度学习方法技术能够处理各种类型的文档，并在多个应用场景中表现出色。其方式主要有摘取式和生成式两种。

  A．简单对话系统 B．文本摘要 C．翻译系统 D．诗歌生成

  5．（ ）是将美学和技术结合的一次探索，它要求机器不仅能够生成语法正确的句子，还要捕捉到文字特有的韵律、节奏、情感以及诗意。

  A．简单对话系统 B．文本摘要 C．翻译系统 D．诗歌生成

  6．（ ）旨在通过计算机程序实现人机之间的自然对话，核心任务是从用户输入中理解意图，并根据上下文生成合适的回复。

  A．简单对话系统 B．文本摘要 C．翻译系统 D．诗歌生成

  7．（ ）不仅改变了传统工作方式，也为人们跨越语言障碍提供了前所未有的便利。通过深度学习模型的强大表示能力和生成能力，系统能够提供更准确、流畅且自然的结果。

  A．简单对话系统 B．文本摘要 C．翻译系统 D．诗歌生成

  8．诗歌生成是自然语言处理中一个充满创意和挑战的任务，生成的主要方法是（ ）以及强化学习和 Transformer 架构。

  ① 基于规则的方法   ② 面向对象程序设计方法
  ③ 统计语言模型   ④ 循环神经网络及其变体

  A．①②③   B．①③④   C．①②④   D．②③④

  9．在诗歌生成的主要方法中，（ ）引入了自注意力机制，使得模型可以并行处理输入序列的不同部分，更好地理解上下文信息，能够学习复杂的模式并生成高质量的诗句。

  A．基于规则   B．统计模型   C．循环网络   D．Transformer 架构

  10．所谓低资源语言的支持，是指对于那些缺乏大规模平行语料库的语言对，研究人员开发了多种策略来增强翻译效果，其中包括（ ）。

  ① 递归学习   ② 迁移学习   ③ 无监督翻译   ④ 数据增强

  A．②③④   B．①②③   C．①②④   D．①③④

  11．AIGC 图像生成技术能够创建逼真的视觉内容或艺术化效果，被广泛地应用于（ ）、游戏开发、广告设计、医疗影像合成以及自动化内容生成等多个行业和领域。

  ① 艺术与设计   ② 科学计算   ③ 娱乐与媒体   ④ 虚拟现实

  A．①②③   B．②③④   C．①③④   D．①②④

  12．（ ）是指艺术家和设计师可以利用图像生成技术快速生成概念图、纹理、图案等，激发灵感并加速创作过程，它帮助艺术家探索新的创意方向，尝试不同风格的表现形式。

  A．数据增强   B．创意辅助   C．用户体验   D．风格迁移

  13．（ ）是将不同艺术作品的风格特点融合在一起，创造出独特的视觉效果，适用于绘画、摄影等多种形式的艺术创作。

  A．数据增强   B．创意辅助   C．智能推荐   D．风格迁移

  14．普林斯顿大学经济学家奥利花费心思研究的一个问题是如何通过（ ）评估波尔多葡萄酒的品质，这与品酒专家通常使用的方法不同。

  A．数字   B．品酒   C．化验   D．目测

  15．（ ）系统是一种利用人工智能技术分析用户行为和偏好并自动提供个性化内容或产品的系统，旨在提升用户体验和满意度。

  A．数据增强   B．创意辅助   C．智能推荐   D．风格迁移

  16．（ ）是奈飞公司的一个关键服务，千万个顾客能在一个个性化网页上对影片做

出 1~5 的评级，评级数据集容量超过几十亿条。奈飞使用算法和软件来标识用户评级。

　　A．数据增强　　　　B．推荐引擎　　　C．虚幻引擎 5　　D．预测分析

17．3A（AAA）游戏的说法起源于美国，在 20 世纪 90 年代后期开始形成，它通常是指（　　），代表着巅峰的制作质量、顶级的技术和巨大的市场影响力。

　　① 大量的金钱　　　② 大量的资源　　　③ 大量的人力　　　④ 大量的时间

　　A．①②③　　　　　B．②③④　　　　　C．①③④　　　　　D．①②④

18．《黑神话：悟空》爆火，更引人关注的是背后的算法和技术。让中国游戏在国际舞台占有一席之地的两大强力技术底座是：（　　）和英伟达的技术支持。

　　A．Nanite 技术　　　B．Lumen　　　　　C．虚幻引擎 5　　D．预测策略

19．（　　）是将模型上的面分为众多簇，只有当玩家贴近模型时，引擎才会将簇继续细分进行并行渲染。这大大节省了图形算力，集中渲染玩家目光所及之处的细节。

　　A．Nanite 技术　　　B．Lumen　　　　　C．虚幻引擎 5　　D．预测策略

20．3D 游戏的光影变得越来越复杂，按传统手段会大大提高游戏的制作成本。而（　　）只要在画面中添加光源，就能根据情况自动调节光源，极大地节省了烘焙光照贴图的时间。

　　A．Nanite 技术　　　　　　　　　　B．Lumen 技术
　　C．虚幻引擎 5　　　　　　　　　　　D．预测策略

【实训与思考】提升人工智能应用的实战能力

　　本项目的"实训与思考"能够帮助学生更好地理解和应用所学知识，提升他们的自然语言处理、计算机视觉应用和智能推荐系统的实践能力，同时培养他们的综合思维能力和创新精神。

1．自然语言处理实践

　　（1）文本摘要系统开发。选择一个新闻数据集（如 CNN/Daily Mail 数据集），使用 Python 和深度学习框架（如 TensorFlow 或 PyTorch）开发一个文本摘要系统。尝试使用不同的模型架构（如 Seq2Seq、Transformer 等），并比较它们的性能。将你的实践过程和结果写成一篇报告（不少于 1000 字），并展示不同模型生成的摘要示例。

　　思考：在开发文本摘要系统的过程中，你如何选择模型架构？不同模型架构对摘要质量和生成速度有何影响？文本摘要系统的性能是否满足实际应用需求？为什么？

　　目的：通过文本摘要系统开发实践，让学生理解文本摘要的基本原理和实现方法，掌握不同模型架构的特点和性能优化技巧，同时培养他们的编程能力和数据分析能力。

　　（2）诗歌生成模型训练。使用 Python 和深度学习框架（如 TensorFlow 或 PyTorch）训练一个诗歌生成模型（如 Transformer）。通过调整模型参数和训练数据，观察生成诗歌的质量和风格变化。将实践过程和结果写成一篇报告（不少于 1000 字），并展示生成的诗歌示例。

　　思考：在训练诗歌生成模型的过程中，你如何选择训练数据？模型参数调整对生成诗歌的质量和风格有何影响？诗歌生成模型是否能够生成具有艺术价值的作品？为什么？

　　目的：通过诗歌生成模型训练实践，让学生理解诗歌生成的基本原理和实现方法，掌握模型参数调整对生成内容的影响，同时培养他们的创造力和编程能力。

2．计算机视觉应用实践

（1）图像分类系统开发。选择一个图像数据集（如 CIFAR-10 或 ImageNet），使用 Python 和深度学习框架（如 TensorFlow 或 PyTorch）开发一个图像分类系统。尝试使用不同的模型架构（如 ResNet、VGG 等），并比较它们的性能。将你的实践过程和结果写成一篇报告（不少于 1000 字），并展示不同模型的分类效果。

思考：在开发图像分类系统的过程中，你如何选择模型架构？不同模型架构对分类准确率和训练时间有何影响？图像分类系统的性能是否满足实际应用需求？为什么？

目的：通过图像分类系统开发实践，让学生理解图像分类的基本原理和实现方法，掌握不同模型架构的特点和性能优化技巧，同时培养他们的编程能力和数据分析能力。

（2）目标检测系统开发。选择一个目标检测数据集（如 PASCAL VOC 或 COCO），使用 Python 和深度学习框架（如 TensorFlow 或 PyTorch）开发一个目标检测系统。尝试使用不同的模型架构（如 YOLO、SSD 等），并比较它们的性能。将你的实践过程和结果写成一篇报告（不少于 1000 字），并展示不同模型的目标检测效果。

思考：在开发目标检测系统的过程中，你如何选择模型架构？不同模型架构对检测速度和准确率有何影响？目标检测系统的性能是否满足实际应用需求？为什么？

目的：通过目标检测系统开发实践，让学生理解目标检测的基本原理和实现方法，掌握不同模型架构的特点和性能优化技巧，同时培养他们的编程能力和数据分析能力。

3．智能推荐系统实践

（1）电影推荐系统开发。选择一个电影数据集（如 MovieLens），使用 Python 和机器学习框架（如 Scikit-Learn）开发一个电影推荐系统。尝试使用不同的推荐算法（如协同过滤、基于内容的推荐等），并比较它们的性能。将你的实践过程和结果写成一篇报告（不少于 1000 字），并展示不同算法的推荐效果。

思考：在开发电影推荐系统的过程中，你如何选择推荐算法？不同推荐算法对推荐准确率和用户满意度有何影响？电影推荐系统的性能是否满足实际应用需求？为什么？

目的：通过电影推荐系统开发实践，让学生理解智能推荐系统的基本原理和实现方法，掌握不同推荐算法的特点和性能优化技巧，同时培养他们的编程能力和数据分析能力。

（2）电商推荐系统开发。选择一个电商数据集（如亚马逊），使用 Python 和机器学习框架（如 Scikit-Learn）开发一个电商推荐系统。尝试使用不同的推荐算法（如协同过滤、基于内容的推荐等）并比较其性能。将实践过程和结果写成一篇报告（不少于 1000 字），并展示推荐效果。

思考：在开发电商推荐系统的过程中，你如何选择推荐算法？不同推荐算法对推荐准确率和用户满意度有何影响？电商推荐系统的性能是否满足实际应用需求？为什么？

目的：通过电商推荐系统开发实践，让学生理解智能推荐系统的基本原理和实现方法，掌握不同推荐算法的特点和性能优化技巧，同时培养他们的编程能力和数据分析能力。

4．综合思考与讨论

（1）人工智能技术的伦理和社会影响。思考在实际应用中可能的伦理和社会影响，如隐私保护、数据安全、算法偏见等问题。提出你认为可行的解决方案，并写成短文（不少于 1000 字）。

思考：人工智能技术在提高效率和便利性的同时，是否带来了新的伦理和社会问题？如何在应用人工智能技术的同时保护用户隐私和数据安全？如何减少算法偏见对社会公平的影响？

　　目的：引导学生思考人工智能技术的伦理和社会影响，培养他们的伦理意识和社会责任感，同时提高他们对技术应用中潜在风险的重视程度。

　　（2）人工智能技术的未来发展方向。结合当前发展趋势，思考未来可能的发展方向，如更高效的学习算法、更广泛的应用领域、与其他技术的结合等。提出你认为可行的研究方向或应用场景，并将你的思考写成一篇短文（不少于 1000 字）。

　　思考：未来人工智能技术将如何突破当前的局限性？哪些领域可能会受益于人工智能技术的进步？人工智能与其他技术（如量子计算、区块链等）的结合将带来哪些新的机遇和挑战？

　　目的：引导学生关注人工智能技术的未来发展方向，培养他们的创新思维和前瞻性思维，同时激发他们对前沿技术研究的兴趣和热情。

5．实训总结

_____

_____

6．实训评价（教师）

_____

_____

项目 11
熟悉机器人及其智能化

学习目标

- 熟悉传统机器人学的基本概念和原理，包括机器人的组成、运动方式以及传统机器人学的局限性。
- 掌握机器人与人工智能生成内容（AIGC）结合的技术和应用，理解其带来的创新可能性以及面临的挑战。
- 理解机器人技术在不同领域的应用现状和未来发展方向，包括工业自动化、医疗、服务等领域。
- 通过实训项目，提升机器人编程和应用能力，培养综合思维能力和创新精神。

任务 11.1　熟悉传统机器人学

机器人是一种能够半自主或全自主工作的智能机器，具有感知、决策、执行等基本特征。它能够通过编程和自动控制来执行如作业或移动等任务，辅助甚至替代人类完成危险、繁重、复杂的工作，提高工作效率与质量，服务人类生活，扩大或延伸人的活动及能力范围。宇树 B2 工业四足机器人如图 11-1 所示。

如今，机器人学早就超出了科学幻想的领域，并在工业自动化、医疗、太空探索等领域发挥着重要作用。软件机器人模拟器不但简化了机器人工程师的开发工作，还为研究人工智能算法和机器学习提供了工具。

在传统的计算机编程中，程序员必须尽力考虑所有可能遇到的情况并一一制定应对策略。无论创建何种规模的程序，一半以上的工作（软件测试）都在于找到那些处理错误的案例，并修改代码来纠正它们。

几十年来，人们发明了许多工具来使编程更加有效并降低错误发生的概率。与 1946 年计算机刚问世时相比，编程无疑更加高效，但仍避免不了存在大量错误。无论使用何种工具，程序员在编写程序时每百行间还是

图 11-1　宇树 B2 工业四足机器人

会产生数量大致相同的错误。这些错误不仅出现在程序本身及所使用的数据中，更存在于任务的具体规定中。如果利用逻辑、规则和框架编写通用的人工智能程序，那么程序必定十分庞大，并且漏洞百出。

11.1.1　"中文房间"

1986 年，约翰·希尔勒进行了一项名为"中文房间"的思维实验，来证明能够操控符号的计算机即使模拟得再真实，也根本无法理解它所处的这个现实世界。

一位只懂英语的人在一个房间中，这个房间除了门上有一个小窗口之外，全部都是封闭的。他随身带着一本关于中文翻译的书。房间里还有足够的稿纸、铅笔和橱柜。写着中文的纸片通过小窗口送入房间中，房间中的人可以用他的书来翻译这些文字并用中文回复，他的回答可能是完全正确的。这样，房间里的人可以让任何房间外的人认为他会说流利的中文，如图 11-2 所示。

图 11-2　"中文房间"思维实验

被测试者代表计算机，他所经历的也正是计算机的工作内容，即遵循规则、操控符号。所以，就算计算机技术无比先进，已经能用语言与人自然地交流，但它仍可能无法真正懂得语言本身。

"中文房间"实验验证的假设就是看起来完全智能的计算机程序其实根本不理解自身所处理的各种信息。这个实验否定了图灵测试的可靠性，并且还说明了人工智能所能达到的极限，包括机器学习和潜在的人工智能的可能性。从本质上说，计算机永远只是被限定在操作字符上，AI 最多也只能做到"不懂装懂"。

11.1.2　传统机器人学

通常，一个机器人由 3 个部分组成。

（1）一个传感器集合。

（2）一个定义机器人的行为的程序。

（3）一个传动器和受动器集合。

在传统的机器人学中，机器人拥有一个中央"大脑"，负责构建并维护环境地图，然后根据地图制订计划。首先，机器人的传感器（如接触、光线和超声波等传感器）从环境中获得信息。机器人的"大脑"将传感器收集的信息组合起来并更新它的环境地图。然后，机器人决定运动的路线，它通过传动器和受动器执行动作。传动器由一些发动机组成，它们连接到受动器；受动器包括轮子和机械臂等，与机器人的环境交互。"传动器"这个词也常常用来泛指传动器或受动器。

简单地说，传统机器人接收来自传感器（可能有多个传感器）的输入，组合传感器信息，更新环境地图，根据它当前掌握的环境视图制订计划，最后执行动作。但是，这种方法是有问题的。问题之一是它需要进行大量计算。另外，因为外部环境总是在变化，所以很难让环境地图符合最新情况。例如，一些生物（如昆虫）不掌握外部世界的地图，甚至没有记忆，但是它们却活得非常自在；模仿它们会不会更好？这些问题引出了一种新型的机器人学，称为基于行为的机器人学（Behavior Based Robotic，BBR），它在当今的机器人实验室中占主要地位。

11.1.3　建立包容体系结构

可以使用包容体系结构来实现 BBR。约翰·希尔勒认为，"中文房间"实验证明了能够操控符号的程序不具备自主意识。自该论断发布以来，众说纷纭，各方抨击和辩护的声音不断。不过，它确实减缓了纯粹基于逻辑的人工智能研究，转而倾向于支持建立摆脱符号操控的系统。其中一个极端尝试就是包容体系结构，强调完全避免符号的使用，不是用庞大的框架数据库来模拟世界，而是关注直接感受世界。

1. 包容体系结构

1986 年，麻省理工学院人工智能实验室的领导者罗德尼·布鲁克斯在文章"大象不下棋"中提出了包容体系结构：**基于行为的机器人依赖于一组独立的简单行为**。行为的定义包括触发它们的条件（如一个传感器读数）和采取的动作（涉及一个受动器）。一个行为建立在其他行为之上。当两个行为发生冲突时，一个中央仲裁器决定哪个行为应该优先。机器人的总体行为是突然的，但 BBR 的效果好于其部分之和，较高层行为包容较低层行为。

包容体系结构不是一个只关注隐藏在数据中心的文本的程序，而是实实在在的物理机器人，它利用不同设备（传感器）来感知世界，并通过其他设备（传动器）来操控行动。罗德尼·布鲁克斯曾说："这个世界就是描述它自己最好的模型，它总是最新的，它总是包括需要研究的所有细节。诀窍在于正确地、足够频繁地感知它。"这就是情境或具身人工智能，也被许多人看作至关重要的一项创造，因为它能够建立抛弃庞大数据库的智能系统，而事实证明建立庞大数据库是非常困难的。

包容体系结构建立在多层独立行为模块的基础上。每个行为模块都是一个简单程序，从传感器那里接收信息，再将指令传递给传动器。层级更高的行为可以阻止低层行为的运作。

情境或具身人工智能这两个术语的概念稍有不同。情境人工智能是实实在在放置于真实环境中的，具身人工智能则拥有物理实体。前者暗示其本身必须与非理性环境进行交互，后者则是利用非理想的传感器和传动器完成交互。当然，在实际操作中，二者不可分割。

2. 包容体系结构的实现

包容体系结构令人信服地解释了低等动物的行为，例如，蟑螂等昆虫和蜗牛等无脊椎动物。利用该结构创建的机器人编程是固定的。如果想要完成其他任务，则需要再建立一个新的机器人。这与人脑运作的方式不同，随着年龄的增长和阅历的增加，人们的大脑同样也在成长和改变，但并不是所有的动物都有像人脑一样复杂的大脑。

对许多机器人来说，这种程度的智能刚好合适。例如，智能真空吸尘器只需要以最有效的方式覆盖整个地板面积，而不会在运行过程中被可能出现的障碍物干扰。在更加智能的机器人的最底层系统中，包容体系结构可以用来执行反射。有物体接近眼睛时人们会眨眼，触碰到扎手的东西时人们会快速地把手收回来，这两种行为发生得太快，根本无法涉及意识思考。事实上，条件反射不一定都会关乎大脑。医生轻敲膝盖，观察小腿前踢反应，这时信号仅从膝盖上传至脊柱再重新传回肌肉，对于机器人而言，如果运行太多软件，思考时间就会相对较长。编写条件反射程序可以帮助人们创建兼顾环境和智能的机器人。

这为今后继续发展提供了一种新的途径，因为包容体系结构已经成功再现了昆虫、条件反射等行为，但它还未曾展示出更高水平的逻辑推理能力，无法处理语言或高水平学习等问题。无疑，包容体系结构是一块重要的拼图，但还不能解开所有的谜题。

利用包容体系结构技术创建的第一个机器人名叫艾伦，它具备三层行为模块。最底层模块通过声呐探测物体位置并远离物体来避开障碍物。在孤身一人时，它将保持静止，一旦有物体靠近就立刻跑开。物体靠得越近，闪避的推动力越大。中间一层对行为做出了修改，机器人每10s会朝一个随机方向移动。最高层则利用声呐寻找远离机器人所处位置的点，并调整路径朝该点前进。作为一个实验，艾伦成功展示了包容体系结构技术。但就机器人本身来说，从一个地方到另一个地方漫无目的的移动确实没有什么成就可言。

赫伯特机器人是利用包容体系结构创建的第三个机器人，它拥有24个8位微处理器，能够运行40个独立行为。赫伯特机器人在麻省理工学院人工智能实验室中漫步，寻找空饮料罐，再将它们统一带回，理论上供回收利用。实验室的学生会将空罐子丢在地上，罐子的大小形状全部统一，并且都是竖直放置，这些条件都让目的易拉罐变得更容易被识别和收集。

赫伯特机器人没有存储器，无法设计在实验室中行走的路径。除此之外，它的所有行为都不曾与任何人沟通，全靠从传感器接收输入信息再控制传动器作为输出。例如，当它的手臂伸展出去时，手指会置于易拉罐的两侧，随即握紧。但这并不是软件控制的结果，而是因为手指之间的红外光束被切断了。与之类似，由于已经抓住了罐子，手臂就将收回。

与严格执行规则和计划的机器人相比，赫伯特机器人能够更加灵活地采取应对措施。例如，它正在过道上向下滚动，有人递给它一个空罐子，它也会立刻抓住罐子送往回收基地，但这一举动并不会打扰它的搜寻过程，它合上手掌是因为已经抓住了罐子，它的下一步行动就是直接回到基地而不是继续盲目搜索。

虽然不具备存储器的机器人似乎无法进行多项有用的任务，但研究人员开发了解决这类局限的方法。托托机器人能够在真实环境中漫步并绘制地图，其绘制的地图不是数据结构模式而是一组地标。地标在被发现后会产生相应行为，托托机器人通过激活与某地相关的行为回到该地。这一行为不断重复，持续发送信息激活最接近的其他行为。随着激活的持续进行，与机器人当前位置相关的行为迟早会被激活。最早开启激活的信息将经过次数最少的地标行为到达目的地，由此选择最优路径。机器人朝着激活信号来源的地标方向移动，在到达目的地后又接收到新的激活信号，再继续朝着新信号指示方向前进。最终，它经由地标间的最短路径到达指定位置。

机器人判定地标的方式与人类不同，人类可能会将某些办公室房门、盆栽植物或是大型打印机认作地标，而机器人则是根据自身行为进行判断，是否紧邻走廊、是否靠墙这些都会成为机器人的考虑因素。托托机器人只能探索一小块区域并且根据指令回到特定位置，而更加复杂的机器人则能够将地标与活动及事件联系起来，并在某些情况下主动回到特定位置。太阳能机器人可以确定光线充足的区域，并在电量低时回到该区域。收集易拉罐的机器人则可以记住人们最容易丢罐子的地方。

11.1.4　机器感知与机器思维

机器感知是指能够使用传感器输入的资料（如照相机、传声器、声呐以及其他的特殊传感器）来推断世界的状态。计算机视觉能够分析影像输入，另外还有语音识别、人脸识别和物体识别。

机器感知是由一连串复杂程序所组成的大规模信息处理系统，信息通常由很多常规传感器采集，经过这些程序的处理后，会得到一些非基本感官能得到的结果。机器感知研究如何用机器或计算机模拟、延伸和扩展人的感知或认知能力，包括机器视觉、机器听觉、机器触觉等。例如，计算机视觉、模式（文字、图像、声音等）识别、自然语言理解等，都是人工智能领域的重要研究内容，也是在机器感知或机器认知方面高智能水平的计算机应用。

正确运用机器感知技术，研发智能交通数据采集系统，科学系统地分析、改造现有的交通管理体系，对缓解城市交通难题有极大帮助。利用逼真的三维数字模型展示人口密集的商业区、重要文物古迹旅游点等，以不同的观测视角部署安全设施的位置，提早预防和对突发事件进行及时处理，为维系社会公共安全提供保障。

（1）机器智能：研究如何提高机器应用的智能水平，把机器变得更聪明。这里，"机器"主要指计算机、自动化装置、通信设备等。人工智能专家系统就是用计算机去模拟、延伸和扩展专家的智能，基于专家的知识和经验，可以求解专业性问题的、具有人工智能的计算机应用系统，如医疗诊断专家系统、故障诊断专家系统等。

（2）机器思维：具体地说是计算机思维，如专家系统、机器学习、计算机下棋、计算机作曲、计算机绘画、计算机辅助设计、计算机证明定理、计算机自动编程等。

（3）感知机器或认知机器：研制具有人工感知或人工认知能力的机器。包括视觉机器、听觉机器、触觉机器等，如文字识别机、感知机、认知机、工程感觉装置、智能仪表等。

（4）机器行为：研究如何用机器（计算机）去模拟、延伸、扩展人的智能行为，如自然语言生成用计算机等模拟人说话的行为；机器人行动规划模拟人的动作行为；倒立摆智能控制模拟杂技演员的平衡控制行为；机器人的协调控制模拟人的运动协调控制行为；工业窑炉的智能模糊控制模拟窑炉工人的生产控制操作行为；轧钢机的神经网络控制模拟操作工人对轧钢机的控制行为等。

微视频　机器人"三原则"

11.1.5　机器人"三原则"

机器人是自动执行工作的机器装置，是高级整合控制论、机械电子、计算机、材料和仿生学的产物，在工业、医学、农业、建筑业甚至军事等领域中均有重要用途。它既可以接受人类指挥，又可以运行预先编排的程序，也可以根据以人工智能技术制定的原则纲领行动。机器人的任务是协助或取代人类工作，如制造业、建筑业或是危险的工作。

随着工业自动化和计算机技术的发展，机器人开始进入大量生产和实际应用阶段。之后，由于自动装备海洋开发空间探索等实际问题的需要，对机器人的智能水平提出了更高的要求。特别是危险环境等人们难以胜任的场合更迫切需要机器人，从而推动了智能机器人的研究。

一般来说，人们接受这种说法，即机器人是靠自身动力和控制能力来实现各种功能的一种机器。国际标准化组织采纳了美国机器人协会给机器人下的定义："**一种可编程和多功能的操作机，或是为了执行不同的任务而具有可用计算机改变和可编程动作的专门系统。**"

我国业界对机器人的定义是："**机器人是一种自动化的机器，这种机器具备一些与人或生物相似的智能能力，如感知能力、规划能力、动作能力和协同能力，是一种具有高度灵活性的自动化机器。**"

在研究和开发未知及不确定环境下作业的机器人的过程中，人们逐步认识到机器人技术的本质是感知、决策、行动和交互技术的结合。有一些技术可在人工智能研究中用来建立世界状态的模型和描述世界状态变化的过程。此外，由于机器人是一个综合性的课题，除机械手和步行机构外，还要研究机器视觉、触觉、听觉等传感技术以及机器人语言和智能控制软件等，这是一个涉及精密机械信息传感技术、人工智能方法、智能控制以及生物工程等学科的综合技术。

为了防止机器人伤害人类，1942 年，科幻小说家艾萨克·阿西莫夫在小说《钢洞》中提出了"机器人三原则"。

（1）机器人不得伤害人类，不得看到人类受到伤害而袖手旁观。

（2）机器人必须服从人类给的命令，除非这种命令与第一原则相冲突。

（3）只要与第一或第二原则没有冲突，机器人就必须保护自己。

这是给机器人赋予的伦理性纲领，机器人学术界一直将这三条原则作为机器人开发的准则。

机器人是一种能够自动执行任务的机械装置，通常由计算机程序控制。它们可以是完全自主的，也可以在人类监督下操作。机器人通常分为以下类别。

（1）工业机器人：用于制造业中的重复性任务，如焊接、装配和包装。

（2）服务机器人：为个人或企业提供服务，如家庭清洁机器人、导览机器人。

（3）医疗机器人：用于手术辅助、康复训练等医疗场景。

（4）特种机器人：用于极端环境下的作业，如深海探测、太空探索等。

（5）协作机器人：人们可以与机器人在生产线上协同工作，充分发挥机器人的效率及人类的智能。这种机器人不仅性价比高，而且安全方便，能够极大地促进制造企业的发展。

协作机器人扫除了人机协作的障碍，让机器人彻底摆脱护栏或围笼的束缚，其开创性的产品性能和广泛的应用领域，为工业机器人的发展开启了新时代。

任务 11.2　结合机器人与 AIGC

本任务主要探讨机器人与人工智能生成内容（AIGC）的结合及其带来的创新可能性，强调了智能机器人与非智能机器人的区别，并指出 AIGC 技术如何通过增强机器人的交互能力、提供个性化服务以及支持自动化内容创作，推动机器人在多个领域的应用，同时还讨论了这种结合面临的挑战，如隐私保护、内容质量控制和伦理问题，并介绍了机器人的组成、运动方式以及相关技术案例，如波士顿动力的机器人大狗和宇树科技的四足机器人，展示了机器人技术的最新进展和未来发展方向。

11.2.1　智能与非智能机器人

在许多情况下，有必要区分智能机器人和非智能机器人，这种区分有助于明确不同类型的机器人的功能、应用场景和技术要求。

区分智能机器人与非智能机器人的几个重要原因如下。

（1）技术复杂度。智能机器人通常包含先进的传感器、复杂的控制系统以及强大的计算能力，能够执行自主决策和学习任务。它们可能利用人工智能技术（如机器学习、深度学习等）来处理信息并做出响应；而非智能机器人往往依赖预编程的指令集进行操作，其行为是固定的，不具备自我学习或适应新环境的能力。这类机器人通常用于重复性高且环境变化小的任务。

（2）应用范围。智能机器人适用于需要高度灵活性和适应性的场景，如服务机器人（如家庭助手）、医疗机器人（如手术辅助）、无人驾驶车辆等。这些领域要求机器人能够根据实际情况调整自身的行为模式；而非智能机器人主要用于特定任务的自动化，如工业生产线上的机械臂、自动导引车（AGV）等。这些任务的特点是流程固定、环境可控、对智能化程度的要求较低。

（3）成本与维护。由于采用了更先进的技术和组件，智能机器人开发和部署的成本较高。同时，软件更新和系统维护也更加复杂，但长期来看，智能机器人可以通过学习来提高效率，减少人为干预；而非智能机器人相对而言设计和制造成本较低，维护也较为简单，适合大规模部署于单一任务环境中。

（4）用户期望与体验。用户期待智能机器人具备更高的互动性和个性化服务能力，这要求机器人不仅能完成基本任务，还能理解用户的意图，提供定制化服务；而非智能机器人主要关注的是任务执行的准确性和稳定性，用户体验更多集中在功能实现而非交互体验上。

（5）法律与伦理考量。随着智能水平的提升，智能机器人涉及隐私保护、数据安全等问题，此外，当智能机器人造成损害时，责任界定变得更加复杂；而非智能机器人由于其行为完全由预设程序控制，责任界定相对简单明了，更多集中在设备本身的可靠性和安全性上。

11.2.2　AIGC 应用于机器人

如今，AIGC 与机器人的结合为多个领域带来了创新的可能性。这种结合不仅增强了机器人的功能，还拓宽了它们的应用范围。机器人与 AIGC 结合的关键在于利用生成式人工智能增强机器人的交互能力、个性化服务和自动化内容创作，使其能够更自然地与人类沟通并提供定制化的解决方案。

（1）增强机器人的交互能力。

- 自然语言处理（NLP）：通过集成先进的 NLP 模型，机器人能够理解和生成更加自然流畅的语言，从而提高人机交互的体验。例如，服务机器人可以更准确地理解用户的请求，并以更人性化的方式回应。
- 情感识别与生成：除了文字内容，AIGC 还可以帮助机器人识别和表达情感，使得互动更加贴近人类的情感交流。

（2）个性化服务。

- 用户画像构建：利用 AIGC 技术分析用户的行为数据，建立详细的用户画像，从而提供个性化的服务。例如，智能家居助手可以根据家庭成员的不同喜好调整环境设置或推荐内容。
- 定制化内容生成：根据用户的偏好自动生成新闻摘要、音乐播放列表等个性化内容，提升用户体验。

（3）自动化内容创作。

- 自动报告生成：在工业监控、医疗健康等领域，机器人可以通过传感器收集数据，并使用 AIGC 技术自动生成详细的报告或分析结果，减少人工干预。
- 教育与培训材料生成：教育机器人可以根据学习者的进度和需求，自动生成适合的教学内容或练习题。

尽管 AIGC 与机器人的结合带来了许多可能性，但也面临着一些挑战，具体如下。

（1）隐私保护：随着机器人收集的数据越来越多，如何确保用户隐私不被侵犯成为一个重要议题。

（2）内容质量控制：虽然 AIGC 能快速生成大量内容，但保证这些内容的质量和准确性仍然是一个挑战。

（3）伦理问题：需要考虑 AI 生成的内容是否符合社会价值观，避免产生负面影响。

11.2.3　机器人的组成

开发机器人涉及的技术问题极其纷杂，在某种程度上，这取决于人们实现精致复杂的机器人功能的雄心。从本质上讲，机器人的工作是问题求解的综合形式。

机器人的早期历史着重于运动和视觉（称为机器视觉）。计算几何和规划问题是与其紧密结合的学科。在过去几十年中，随着语言学、神经网络和模糊逻辑等领域成为机器人技术的研究与进步的一个不可分割的部分，机器人学习的可能性变得更加现实。

在 1967 年日本召开的第一届机器人学术会议上，人们就提出了两个有代表性的定义。一是森政弘与合田周平提出的："机器人是一种具有移动性、个体性、智能性、通用性、半机械半人性、自动性、奴隶性 7 个特征的柔性机器"。从这一定义出发，森政弘又提出了用自动性、智能性、个体性、半机械半人性、作业性、通用性、信息性、柔性、有限性、移动性 10 个特性来表示机器人的形象。此外，加藤一郎提出具有如下 3 个条件的机器称为机器人。

（1）具有脑、手、脚三要素的个体。

（2）具有非接触传感器（用眼、耳接收远方信息）和接触传感器。

（3）具有平衡觉和固有觉的传感器。

可以说机器人就是具有生物功能的实际空间运行工具，可以代替人类完成一些危险或难以进行的劳作、任务等。机器人能力的评价标准包括：智能，指感觉和感知，包括记忆、运算、比较、鉴别、判断、决策、学习和逻辑推理等；机能，指变通性、通用性或空间占有性等；物理能，指力、速度、可靠性、联用性和寿命等。

机器人一般由执行机构、驱动装置、检测装置、控制系统、复杂机械等组成，如图 11-3 所示。

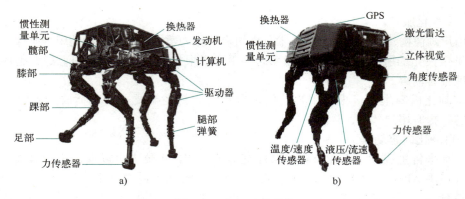

图 11-3　机器人的结构

a) 后视图　b) 前视图

（1）执行机构。即机器人本体，其臂部一般采用空间开链连杆机构，其中的运动副（转动副或移动副）常称为关节，关节个数通常为机器人的自由度数。根据关节配置形式和运动坐标形式的不同，机器人执行机构可分为直角坐标式、圆柱坐标式、极坐标式和关节坐标式等类型。出于拟人化的考虑，常将机器人本体的有关部位分别称为基座、腰部、臂部、腕部、手部（夹持器或末端执行器）和行走部（对于移动机器人）等。

（2）驱动装置。即驱使执行机构运动的机构，按照控制系统发出的指令信号，借助于动力元件使机器人进行动作。它输入的是电信号，输出的是线、角位移量。机器人使用的驱动装置主要是电力驱动装置，如步进电机、伺服电机等，此外也有采用液压、气动等驱动装置。

（3）检测装置。实时检测机器人的运动及工作情况，根据需要反馈给控制系统，与设定信息进行比较后，对执行机构进行调整，以保证机器人的动作符合预定的要求。作为检测装置的传感器大致可以分为两类：一类是内部信息传感器，用于检测机器人各部分的内部状况，如各关节的位置、速度、加速度等，并将所测得的信息作为反馈信号送至控制器，形成闭环控制；另一类是外部信息传感器，用于获取有关机器人的作业对象及外界环境等方面的信息，以使机器人的动作能适应外界情况的变化，使之达到更高层次的自动化，甚至使机器人具有某种"感觉"，向智能化发展，如视觉、声觉等外部传感器给出工作对象、工作环境的有关信息，利用这些信息构成一个大的反馈回路，从而大大提高机器人的工作精度。

（4）控制系统。一种是集中式控制，即机器人的全部控制由一台微型计算机完成；另一种是分散（级）式控制，即采用多台微机来分担机器人的控制，如当采用上、下两级微机共同完成机器人的控制时，主机常用于负责系统的管理、通信、运动学和动力学计算，并向下级微机发送指令信息；作为下级从机，各关节分别对应一个 CPU，进行插补运算和伺服控制处理，实现给定的运动，并向主机反馈信息。根据作业任务要求的不同，机器人的控制方式又可分为点位控制、连续轨迹控制和力（力矩）控制。

值得注意的是，机器人电力供应与人类之间存在一些重要的类比，就像人类需要食物和水来为身体运动和大脑功能提供能量。目前，机器人的"大脑"并不发达，因此需要动力（通常由电池提供）进行运动和操作。现在思考，当"电源"快没电了（即当人们饿了或需要休息时）会发生什么？人们可能将不能做出好的决定、犯错误、表现得很差或很奇怪。机器人也会发生同样的事情。因此，它们的供电必须是独立的、受保护和有效的，并且应该可以平稳降级。也就是说，机器人应该能够自主地补充自己的电量，而不会完全崩溃。

末端执行器使机器人身上的任何设备可以对环境做出反应。在机器人世界中，它们可能是手臂、腿或轮子，即可以对环境产生影响的任何机器人组件。驱动器是一种机械装置，允许末端执行器执行其任务。驱动器可以包括电动机、液压或气动缸以及温度敏感或化学敏感的材料。这样的执行器可以用于激活轮子、手臂、夹子、腿和其他效应器。

11.2.4　机器人的运动

运动学是关于机械系统运行的最基础研究。在移动机器人领域，这是一种自下而上的技术，涉及物理、力学、软件和控制领域。机器人技术每时每刻都需要软件来控制硬件，因此这种系统很快就变得相当复杂。无论是想让机器人踢足球，还是登上月球或是在海面下工作，最根本的问题都是运动。机器人如何运动？它的功能是什么？典型的执行器如下。

- 轮子用于滚动。
- 腿可以走路、爬行、跑步、爬坡和跳跃。
- 手臂用于抓握、摇摆和攀爬。
- 翅膀用于飞行。
- 脚蹼用于游泳。

在机器人领域中，一个常见的概念是物体运动自由度，这是表达机器人可用的各种运动类型的方法。例如，考虑直升机的运动自由度（称为平移自由度）。一般来说，有 6 个自由度（DOF）可以描述直升机（见图 11-4）可能的原地转圈、俯仰和偏航等运动。

图 11-4　直升机

原地转圈意味着从一侧转到另一侧，俯仰意味着向上或向下倾斜，偏航意味着左转或右转。像汽车（或直升机在地面上）一样的物体只有 3 个自由度（没有垂直运动），但是只有两个自由度可控。也就是说，地面上的汽车通过车轮只能前后移动，并通过其方向盘向左或向右转。如果一辆汽车可以直接向左或向右移动（比如说使其每个车轮转动 90°），那么这将增加另一个自由度。由于机器人运动更加复杂，如手臂或腿试图在不同方向上移动（如在人类的手臂中有肌腱套），因此自由度的数量是个重要问题。

一旦开始考虑运动，就必须考虑稳定性。人和机器人都有重心，它使人们在地面上走路能够保持平衡。重心太低意味着在地面上拖行前进，重心太高则意味着不稳定。与这个概念紧密联系的是支持多边形的概念，这是增强机器人稳定性的关键平台。人类也有这样的支持平台，只不过可能没有意识到，它就在人们躯干中的某个位置。对于机器人，当它有更多条腿时，也就是有 3 条、4 条或 6 条腿时，影响通常会更小。

11.2.5　波士顿机器人大狗

1992 年，马克·雷伯特等人创办了波士顿动力公司，首先开发了全球第一个能自我平衡的跳跃机器人（见图 11-5），之后公司获得美国国防部投资用于机器人的研究，虽然当时美国国防部还想不出这些机器人能做什么，但认为这个技术未来是有用的。这也印证了"商业模式是做出来的"的道理。当时，很多机器人行走缓慢，平衡很差，而波士顿机器人模仿生物学运动原理，使机器人保持动态稳定。

2005 年，波士顿动力公司的专家创造了四腿机器人大狗。这个项目是由美国国防部高级研究计划局资助的，源自国防部为军队开发新技术的任务。

三大机器人系统——大狗、亚美尼亚和 Cog，每个项目都代表了 20 世纪晚期以来科学家数十年来的不懈努力，解决了在机器人技术领域出现的复杂而细致的技术问题。大狗主要关注运动和重载运输，特别用于军事领域；亚美尼亚展现了运动的各个方面，强调了人类元素，即了解人类如何移

图 11-5　波士顿机器人

动；Cog 更多的是思考，这种思考区分了人类与其他生物，被视为人类所特有的。

2012 年，大狗机器人升级，可跟随主人行进 20 英里○。

2015 年，美军开始测试这种具有高机动能力的四足仿生机器人的试验场，开始试验大狗机器人与士兵协同作战的性能。大狗机器人的动力来自一部带有液压系统的汽油发动机，它的四条腿完全模仿动物的四肢设计，内部安装有特制的减振装置。机器人的长度为 1m，高 70cm，质量为 75kg，从外形上看，它基本上相当于一条真正的大狗。

大狗机器人的内部安装有一台计算机，可根据环境的变化调整行进姿态。而大量的传感器则能够保障操作人员实时地跟踪大狗机器人的位置并监测其系统状况。这种机器人的行进速度可达到 7km/h，能够攀越 35°的斜坡。它可携带质量超过 150kg 的武器和其他物资。大狗机器人既可以自行沿着预先设定的简单路线行进，也可以进行远程控制。

11.2.6　宇树科技及其四足机器人

宇树机器人（杭州宇树科技）专注于四足机器人的研发，提供高机动性、低成本的解决方案。这是一家创立于 2016 年的公司，但已经拿下全球四足机器人市场的半壁江山，出货量占比超过六成，客户包含亚马逊、谷歌、英伟达、Meta 等。

在宇树科技发布的 B2 机器狗进阶版 B2-W 的炫技视频里，四足变四轮的它轻松展示了托马斯全旋、侧空翻、360°跳跃转体等丝滑连招，还能从 2.8m 高处飞跃而下。这条视频甚至很快得到了马斯克的转发和评论。

宇树人形舞蹈机器人（见图 11-6）的主要特点如下。

○ 1 英里≈1.6km。——编辑注

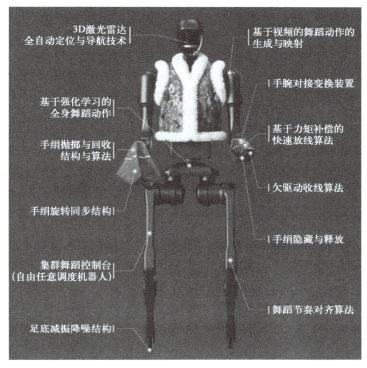

图 11-6　宇树人形舞蹈机器人（为凸显机械感而去掉了其外皮壳体）

（1）高性能四足机器人。机器人模仿动物的运动方式，具有良好的地形适应性和灵活性。它们能够在复杂和不平的地形上行走、跑步甚至跳跃。

（2）先进技术集成。采用最新的传感器技术、控制算法和人工智能，使得机器人能够自主导航、避开障碍物，并与环境进行互动。

（3）模块化设计。其设计通常是模块化的，这意味着用户可以根据需要添加或移除组件，如传感器、摄像头等，以满足不同应用场景的需求。

（4）开放平台。提供开放的软件开发工具包（SDK），鼓励开发者和研究人员基于其硬件平台开发新的应用。这不仅促进了技术创新，也为教育机构提供了一个理想的实验平台。

例如以下机器人产品：

（1）宇树 A1 机器人。这是一款轻量级且高度灵活的四足机器人，以其小巧的体积和出色的机动性著称，适合用于研究、教育和个人爱好者探索四足机器人技术。

（2）AlienGo。这是一款更大尺寸的四足机器人，设计用于更重载荷的任务，如物流运输、巡检等工作。它的稳定性和耐用性使其成为工业应用的理想选择。

（3）B1。这是一款专为恶劣环境设计的四足机器人，具备防水、防尘功能，适用于户外探险、灾难救援等场景。

（4）人形机器人 G1。英伟达（NVIDIA）与宇树机器人团队在一次活动中展示了一款令人惊艳的人形机器人 G1，该机器人不仅能够模仿著名运动员（如 C 罗、科比和勒布朗·詹姆斯）的标志性动作，还可以为观众带来精彩绝伦的舞蹈表演。这一突破性的表现吸引了广泛的关注，标志着人形机器人技术向前迈出了重要一步。

G1 人形机器人基于对齐仿真和真实物理（ASAP）的新模型，这是由卡内基梅隆大学与英伟达的研究团队共同提出的一种技术框架。这一模型采用强化学习技术，结合真实世界的数据，专注于优化机器人在动态环境下的表现和学习能力，有效地缩小了仿真与现实之间的差距，使得人形机器人能够流畅自如地执行高度复杂的动作。

实际上，G1 的技术背景并不只是一个单一的突破，而是目前人形机器人技术界的一次集体努力。随着 AI 与机器人技术的不断融合，机器人的智能水平正在迅速提高。这一现象的出现，必将对未来的社会生活和工作方式产生深远的影响。当 AI 可以模仿人类的行为进行复杂的体力活动时，人们不仅需要思考其技术层面的进步，更应意识到这种改变将如何影响人类的身份、劳动市场及社会结构。

随着人形机器人的不断发展，相关技术的开放性也在加强。目前，G1 项目的论文和代码已经开源，期待有更多的研究人员和开发者参与进来，共同推动这一领域的进步。这样的合作方式有助于加速技术的进步，分享技术的迭代成果，不仅可以为科研人员提供更多的实验基础，同时也有助于推动创新和产业化。

从消费者的角度来看，G1 人形机器人的出现预示着未来智能机器人的使用场景更加多元，如在家庭生活中提供陪伴、帮助教育，或是在公共场合进行艺术展示与互动体验。对于普通用户而言，这类创新产品的普及意味着生活方式的改变，在将其融入日常生活的过程中，更多人将感受到科技的魅力与便捷。

当然，伴随着人形机器人技术的不断进步，隐私、安全和伦理问题同样不可忽视。当机器人逐渐具备更为复杂的学习与交互能力后，人们需要认真思考如何有效地监管以确保技术的良性发展与使用。

【作业】

1. 在传统的计算机编程中，程序员必须（　　）。
   A. 重点考虑关键步骤并设计精良的算法
   B. 尽力考虑所有可能遇到的情况并一一制定应对策略
   C. 良好的独立工作能力，独自完成从需求分析到程序运行的所有步骤
   D. 全部工作就在于编程，需要编写出庞大的程序代码集

2. 几十年来，人们发明了许多工具来使编程更加有效，降低错误发生的概率。人们发现，如果利用逻辑、规则和框架编写通用的人工智能程序，那么程序必定（　　）。
   A. 十分庞大，并且漏洞百出　　　　　　B. 短小精悍但也漏洞百出
   C. 短小精悍且可靠性强　　　　　　　　D. 庞大复杂但可靠性强

3. 科学家"中文房间"实验验证的假设就是看起来完全智能的计算机程序（　　）。
   A. 基本上能理解和处理各种信息
   B. 完全能理解自身处理的各种信息
   C. 确实能方方面面发挥其强大的功能
   D. 其实根本不理解自身所处理的各种信息

4. 在传统的机器人定义中，一般认为一个机器人由（　　）三部分组成。
   ① 一个传感器集合　　　　　　　　② 一个定义机器人的行为的程序
   ③ 一个控制器和一个运算器　　　　④ 一个传动器和受动器集合
   A. ①③④　　　　　　B. ①②④　　　　　　C. ①②③　　　　　　D. ②③④

5．包容体系结构强调（　　），不是用庞大的框架数据库来模拟世界，而是关注直接感受世界。

A．强化抽象符号的使用　　　　　　B．重视用符号代替具体数字

C．完全避免符号的使用　　　　　　D．克服具体数字的困扰

6．包容体系结构是（　　），利用不同传感器感知世界，并通过传动器来操控行动。

A．一段表达计算逻辑的程序　　　　B．实实在在的物理机器人

C．通用计算机的一组功能　　　　　D．一组用于包装作业的传统设备

7．包容体系结构建立在多层独立行为模块的基础上。每个行为模块都是（　　），从传感器那里接收信息，再将指令传递给传动器。

A．一个简单程序　　　　　　　　　B．一段复杂程序

C．重要而繁杂的功能函数　　　　　D．重要而庞大的

8．机器感知是指能够使用（　　）所输入的资料推断世界的状态。

A．键盘　　　　B．鼠标器　　　　C．光电设备　　　　D．传感器

9．机器感知研究如何用机器或计算机模拟，延伸和扩展（　　）的感知或认知能力。

A．机器　　　　B．人　　　　C．机器人　　　　D．计算机

10．机器感知包括（　　）等多种形式。

① 机器制动　　② 机器视觉　　③ 机器听觉　　④ 机器触觉

A．②③④　　　B．①②③　　　C．①③④　　　D．①②④

11．机器智能研究如何提高机器应用的智能水平。这里的"机器"主要是指（　　）。

① 计算机　　② 自动化装置　　③ 通信设备　　④ 空调设备

A．①②④　　　B．①③④　　　C．②③④　　　D．①②③

12．机器思维，如专家系统、机器学习、计算机下棋、计算机作曲、计算机绘画、计算机辅助设计、计算机证明定理、计算机自动编程等，可以概括为（　　）思维。

A．互联网　　　B．计算机　　　C．机器人　　　D．传感器

13．机器人是"（　　）"，它是高级整合控制论、机械电子、计算机、材料和仿生学的产物。

A．自动执行工作的机器装置　　　　B．造机器的人

C．机器造的人　　　　　　　　　　D．主动执行工作任务的工人

14．为了防止机器人伤害人类，科幻小说家艾萨克·阿西莫夫于（　　）年在小说中提出了"机器人三原则"。

A．1942　　　B．2010　　　C．1946　　　D．2000

15．科幻小说家艾萨克·阿西莫夫提出的"机器人三原则"包括（　　）。

① 机器人不得伤害人类，不得看到人类受到伤害而袖手旁观

② 人类应尊重并不得伤害机器人

③ 原则上机器人应服从人类给的命令

④ 只要与第一或第二原则没有冲突，机器人就必须保护自己

A．①②④　　　B．①③④　　　C．①②③　　　D．②③④

16．在许多情况下，有必要区分智能机器人和非智能机器人，这种区分有助于明确不同类型的机器人的功能、应用场景和技术要求，区分的重要原因包括（　　）以及用户期望与体验等。

① 技术复杂度　　② 应用范围　　③ 外观形状　　④ 成本与维护

A．①②③　　　B．②③④　　　C．①②④　　　D．①③④

17．如今，AIGC 与机器人的结合为多个领域带来了创新的可能性，其关键方面在于利用生成式人工智能增强机器人的（　　），使其能够更自然地与人类沟通并提供定制化的解决方案。

① 降低成本　　　② 交互能力　　③ 个性化服务　　④ 内容创造

A．①②④　　　B．①③④　　　C．①②③　　　D．②③④

18．在 1967 年日本召开的第一届机器人学术会议上，人们提出的有代表性的定义指出："机器人是一种具有（　　）、智能性、半机械半人性、自动性、奴隶性特征的柔性机器"。

① 移动性　　　　② 个体性　　　③ 通用性　　　　④ 紧凑性

A．①②③　　　B．②③④　　　C．①②④　　　D．①③④

19．机器人一般由执行机构、（　　）和复杂机械等组成。其中，执行机构即机器人本体，其臂部一般采用空间开链连杆机构。

① 驱动装置　　　② 检测装置　　③ 感知装置　　　④ 控制系统

A．①③④　　　B．①②④　　　C．①②③　　　D．②③④

20．值得注意的是，机器人需要动力（通常由电池提供）进行运动和操作，它的供电必须是独立、受保护和有效的，并且可以（　　）。

A．断电保护　　　B．临时中断　　　C．平稳降级　　　D．持续充电

【实训与思考】机器人编程与应用

本项目的"实训与思考"能够帮助学生更好地理解和应用所学的知识，提升他们的机器人编程和应用能力，同时培养他们的综合思维能力和创新精神。

1．机器人编程实践

（1）机器人模拟器编程。使用机器人模拟器（如 V-REP、Gazebo 等）搭建一个简单的机器人环境，如一个移动机器人在迷宫中导航的任务。编写一个简单的控制程序，使机器人能够通过传感器感知环境并自主导航至目标位置。将你的实践过程和代码实现写成一篇报告（不少于 800 字）。

思考：在编程过程中，如何选择传感器和控制算法？如何处理机器人在导航过程中遇到的障碍物？通过这次实践，你对机器人编程和控制有了哪些新的认识？

目的：通过机器人模拟器编程实践，让学生理解机器人编程的基本方法和控制逻辑，掌握传感器数据的处理和运动控制的实现，同时培养他们的编程能力和问题解决能力。

（2）基于行为的机器人编程。在上述机器人模拟器环境中，实现一个基于行为的机器人控制程序。定义几种基本行为（如避障、寻路、目标检测等），并通过行为之间的优先级和仲裁机制实现机器人的自主导航。将你的实践过程和代码实现写成一篇报告（不少于1000 字）。

思考：基于行为的机器人编程与传统编程方法有何不同？行为之间的优先级和仲裁机制如何影响机器人的行为表现？通过实践，你认为基于行为的机器人编程的优势和局限性是什么？

目的：通过基于行为的机器人编程实践，让学生理解基于行为的机器人学的基本原理和

实现方法，掌握行为定义和仲裁机制的设计，同时培养他们的创新思维和实践能力。

2. 机器人技术应用实践

（1）机器人在工业自动化中的应用。选择一个工业自动化场景（如汽车制造、电子装配等），分析机器人在该场景中的应用现状和优势。设计一个机器人自动化生产线的方案，包括机器人的选型、布局、任务分配等。将你的设计方案和分析结果写成一篇短文（不少于1000字）。

思考：在工业自动化中，机器人如何提高生产效率和质量？机器人技术的应用是否面临挑战？如何解决这些挑战？通过这次实践，你对机器人在工业自动化中的应用有了哪些新的认识？

目的：通过分析机器人在工业自动化中的应用，让学生理解机器人技术在实际生产中的重要性和应用方法，培养他们的系统设计能力和综合分析能力。

（2）机器人在医疗领域的应用。选择一个医疗领域的问题（如手术辅助、康复训练等），设计一个机器人解决方案。分析机器人在该领域的应用现状和优势，提出你的改进建议。将你的设计方案和分析结果写成一篇短文（不少于1000字）。

思考：机器人在医疗领域的应用是否具有潜力？如何设计机器人以满足医疗领域的特殊需求？机器人技术在医疗领域的应用是否面临伦理和法律问题？如何解决这些问题？

目的：通过分析机器人在医疗领域的应用，让学生理解机器人技术在医疗领域的应用方法和优势，培养他们的创新思维和伦理意识。

3. 机器人技术的伦理与社会影响思考

（1）机器人的伦理问题。结合本章内容，思考机器人技术可能带来的伦理问题，如机器人的自主性、责任归属、隐私保护等。提出你认为可行的解决方案或应对措施，并将你的思考写成一篇短文（不少于1000字）。

思考：随着机器人技术的发展，伦理问题为什么变得如此重要？如何在充分利用机器人技术的同时保护人类的伦理道德？政府、企业和个人在其中应承担哪些责任？

目的：引导学生关注机器人技术的伦理问题，培养他们的伦理意识和社会责任感，同时提高他们对技术应用中潜在风险的重视程度。

（2）机器人技术的社会影响。分析机器人技术对社会的影响，包括就业结构、教育需求、社会观念等方面。提出你认为可行的应对策略或建议，并将思考写成一篇短文（不少于1000字）。

思考：机器人技术的发展是否会对就业市场产生冲击？如何调整教育体系以适应机器人技术的发展？社会观念是否需要改变以适应机器人技术的广泛应用？

目的：引导学生思考机器人技术对社会的广泛影响，培养他们的社会分析能力和前瞻性思维，同时激发他们对技术与社会关系的深入思考。

4. 综合实践项目

机器人技术综合应用项目。选择一个实际应用场景（如智能家居、物流配送、灾难救援等），设计一个完整的机器人解决方案，包括机器人的选型、功能设计、编程实现、测试评估等。将你的实践过程和结果写成一篇详细的项目报告（不少于1500字），并在班级内进行10min的项目展示。

思考：在完成机器人技术综合应用项目的过程中，你遇到了哪些技术难题？你是如何解决这些难题的？通过这个项目，你对机器人技术的综合应用有了哪些新的认识？

目的：通过一个完整的机器人技术综合应用项目，让学生掌握机器人技术的全流程，培养他们的综合实践能力和项目管理能力，同时提升他们的团队合作能力和表达能力。

5. 实训总结

_____

_____

6. 实训评价（教师）

_____

项目 12
掌握群体智能技术

学习目标

- 理解群体智能的基本概念及其在自然界中的表现形式，特别是蚂蚁、蜜蜂等社会性昆虫的行为模式。
- 掌握群体智能的主要算法，包括蚁群优化（ACO）算法和粒子群优化（PSO）算法，并理解其在实际问题中的应用。
- 了解群体智能在不同领域的应用现状，包括机器人协同、路径规划、数据挖掘、军事应用等。
- 通过实践项目，提升学生对群体智能算法的编程能力、问题解决能力和创新思维。
- 探讨群体智能技术的未来发展方向及其在社会和技术进步中的潜在影响。

任务 12.1　熟悉群体智能技术

对群体智能（又称群集智能）的研究源于对蚂蚁、蜜蜂等社会性昆虫群体行为的研究，最早被用在细胞机器人系统的描述中。群体具有自组织性，它的控制是分布式的，不存在中心控制。

群体智能的算法主要有智能蚁群算法和粒子群算法。智能蚁群算法包括蚁群优化算法、蚁群聚类算法和多机器人协同合作系统。蚁群优化算法和粒子群优化算法在求解实际问题时应用最为广泛。

微视频
向动物学习群体智能

12.1.1　向蜜蜂学习群体智能

蜜蜂是自然界中被研究的时间最长的群体智能动物之一。蜜蜂在进化过程中首先形成了大脑以处理信息，但是在某种程度上它们的大脑不能太大，这大概因为它们是飞行动物，脑袋小能够减轻飞行负担。事实上，蜜蜂的大脑比一粒沙子还要小，其中只有不到 100 万个神经元。相比之下，人类大约有 850 亿个神经元。

1. 蜜蜂的蜂群思维

一只蜜蜂是一个非常简单的有机体，但它们也有非常困难的问题需要解决，这也是关于蜜蜂被研究最多的一个问题——选择筑巢地点。通常一个蜂巢内约有 1 万只蜜蜂，并且随着蜜蜂数量的壮大，它们每年都需要一个新家。它们的筑巢地点可能是空树干里面的一个洞，也可能在建筑物某一侧。蜜蜂群体需要找到合适的筑巢地点，这听起来好像很简单，但对于蜜蜂来说，这是一个关乎蜂群生死的决定。它们选择的筑巢地点越好，对物种生存就会越有利。

为了解决这个问题，蜜蜂形成了蜂群思维或者说群体智能，而第一步就是它们需要收集关于周围世界的信息。蜂群会先派出数百只侦察蜜蜂到外面约 $78km^2$ 的地方进行搜索，寻找它们可以筑巢的潜在地点，这是数据收集阶段。然后，这些侦察蜜蜂把信息带回蜂群，接下来，就是最困难的部分：它们要做出决定，在找到的几十个潜在地点中挑选出最好的。蜜蜂们非常挑剔，它们需要找到一个能满足一系列条件的新住所。新住所必须足够大，可以储存冬天所需的蜂蜜；通风要足够好，这样在夏天能保持凉爽；需要能够隔热，以便在寒冷的夜晚保持温暖；需要保护蜜蜂不受雨水的影响，但也需要有充足的水源。当然，还需要有良好的地理位置，接近好的花粉来源。

这是一个复杂多变量问题。事实上，研究这些数据的人会发现，人类寻找这个多变量优化问题的最佳解决方案都是非常困难的。换成类似具有挑战性的人类的问题，比如为新工厂选取厂址、为开设新店选取完美的店址或定义新产品的完美特性，这些问题都很难找到一个十全十美的解决方案。然而，生物学家的研究表明，蜜蜂常常能够从所有可用的选项中选出最佳的解决方案或选择第二好的解决方案，这是很了不起的。事实上，通过群体智能一起工作，蜜蜂能够做出一个优化的决定，而比蜜蜂大脑强大 85 000 倍的人脑，却很难做到这一点。

那么蜜蜂们是怎么做到的？它们形成了一个实时系统，在这个系统中，它们可以一起处理数据，并在最优解上汇聚在一起。这是大自然的造化，蜜蜂想出了绝妙的办法，它们通过振动身体来处理数据，实现的这个过程生物学家称之为"摇摆舞"。生物学家刚开始研究蜂巢的时候，他们看到这些蜜蜂在做一些看起来像是在跳舞的事情，它们振动自己的身体，这些振动所产生的信号代表它们是否支持某个特定的筑巢地点。成百上千的蜜蜂同时振动它们的身体时，基本上就是一个多维的选择问题。它们揣度每个决定，探索所有不同的选择，直到在某个解决方案中能够达成一致，而这几乎总是最优或者次优的解决方案，并且能够解决单个大脑无法解决的问题。这是关于群体智能最著名的例子，人们也看到同样的过程发生在鸟群或者鱼群中，它们的群体智能大于个体。

利用这一方式，考虑一大群游客在曼哈顿找一家优质酒店。假设大部分游客都年老体弱，无法长途行走。首先，在中央公园的演奏台建立一个临时基地，接着，派出体力最好的成员到处巡查，随后他们回到演奏台并互相比较笔记。听到有更好的酒店选择时，他们再次前往实地考察。最后，大家达成共识，所有人再集体前往目标酒店办理入住。

曼哈顿的街道有两种命名方式，街常为东西走向，而道常为南北走向，所以侦察人员回来的时候，只需要说明该酒店最接近哪条街哪条道，大家就可以明白。任何时间，侦察人员的定位都可以用两个数字来表示：街和道。如果用数学语言表示，就是 X 和 Y。假如需要的话，还可以在演奏台准备一张坐标纸，追踪每一个侦察人员的行走路线，以此定位酒店位置。侦察人员在曼哈顿街道上寻找最佳酒店就如同在 XY 坐标轴上寻找最优值一样。

所谓集群机器人或人工蜂群智能，就是让许多简单的物理机器人协作。就像昆虫群体一样，机器人会根据集群行为行动，它们会在环境中导航，与其他机器人沟通。

与分散机器人系统不同，集群机器人会用到大量的机器人个体，它是一个灵活的系统。集群机器人会展示出巨大的潜力，影响医疗保健、军事等行业。机器人越来越小，未来人们也许可以让大量纳米机器人以群蜂的形式协调工作，在微机械、人体内执行任务。

2．群体智能的定义

群体智能的概念来自对自然界中一些社会性昆虫，如蚂蚁、蜜蜂等的群体行为的研究。单只蚂蚁的智能并不高，它看起来不过是一段长着腿的神经节而已。不过，几只蚂蚁凑到一起，就可以一起向蚁穴搬运路上遇到的食物。如果是一群蚂蚁，它们就能协同工作，建起坚固、漂亮的巢穴，一起抵御危险，抚养后代。社会动物以一个统一的动态集体工作时，其群体涌现出的解决问题和做出决策的智慧会超越大多数单独成员，如蚁群搭桥、鸟群觅食、蜂群筑巢等，这一过程在生物学上被称为"群体智能"。

人类可以形成群体智能吗？人类并没有进化出群集的能力，因为人类缺少同类用于建立实时反馈循环的敏锐连接（如蚂蚁的触角），这种连接是高度相关的，被认为是一个"超级器官"。通过这么做，这些生物能够进行最优选择，这比独立个体的选择能力要强得多。

在某个群体中，若存在众多无智能的个体，它们通过相互之间的简单合作所表现出来的群居性生物的智能行为是分布式控制的，具有自组织性。"群体智能"作为计算机专业术语最早是在 1989 年由赫拉多等人提出的，用来描述计算机屏幕上细胞机器人的自组织算法所具有的分布控制、去中心化的智能行为。早期学者主要专注于群体行为特征规律的研究，并提出了一系列具有群体智能特征的算法，如蚁群优化算法在解决"旅行商问题"等数学难题上得到了较好的应用。

如今，人类群体、大数据、物联网已经实现了广泛和深度的互联，群体智能的发展方向逐渐转移到人、机、物融合的方向上来。在具体实现上，智能计算模式逐渐从"以机器为中心"的模式走向"群体计算回路"，智能系统开发也从封闭和计划走向了开放和竞争。

人类可以做到把个人的思考组合起来，让它们形成一个统一的动态系统，以做出更好的决策、预测、评估和判断。人类群集已经被证明在预测体育赛事结果、金融趋势甚至是奥斯卡奖得主等事件上的准确率超过了个体专家。例如，群体人工智能技术能让群体组成实时的线上系统，把世界各地的人作为"人类群集"连接起来，这是一个人类实时输入和众多 AI 算法的结合。群体智能结合人类参与者的知识、智慧、硬件和直觉，并把这些要素组合成一个统一的新智能，能生成最优的预测、决策、洞见和判断。

群体智能不是简单的多个体的集合，而是超越个体行为的一种更高级表现，这种从个体行为到群体行为的演变过程往往极其复杂，以至于往往无法预测。

12.1.2　群体智能的两种机制

群体智能有以下两种机制。

（1）自上而下有组织的群体智能行为。

这种机制会形成一种分层有序的组织架构。自上而下的群体智能形成机制是在问题可分解的情况下，不同个体之间通过蚁群算法集成进行合作，进而达到高效解决复杂问题的机制。美国国防部高级研究计划局开展的"进攻性蜂群使能战术"（OFFSET）项目，就是通过自上而下的群体智能机制将群体智能推向实战化水平。德国国防军也运用自上而下的群体智能机制开发无人机蜂群战术级人工智能快速决策系统。

（2）自下而上自组织的群体智能涌现。

这种机制可使群体涌现出个体不具有的新属性，而这种新属性正是个体之间综合作用的结果。美国科技作家凯文·凯利在《失控：全人类的最终命运和结局》中提到："一种由无数默默无闻的零件，通过永不停歇地工作，而形成的缓慢而宽广的创造力"，这就是群体智能涌现的过程。例如，由多个简单机器人组成的群体机器人系统，通过"分布自组织"的协作，可以完成单个机器人无法完成或难以完成的工作。

12.1.3 蚁群算法

群体智能算法可以分成两个方面：对生物进行模拟和对非生物（烟花、磁铁、头脑风暴等）进行模拟，针对群体智能的研究已经取得了许多重要的结果。1991 年，意大利学者 M.多里戈提出蚁群优化理论，1995 年，肯尼迪等学者提出粒子群优化算法，此后群体智能研究迅速展开。

蚁群优化（ACO）算法和粒子群优化（PSO）算法是两种最广为人知的群体智能算法。从基础层面上来看，这些算法都使用了多智能体。每个智能体执行非常基础的动作，合起来就是更复杂、更即时的动作，可用于解决问题。蚁群优化算法与粒子群优化算法这二者的目的都是执行即时动作，但采用的方式不同。

蚁群优化算法与真实蚁群类似，利用信息激素指导单个智能体走最短的路径。最初，随机信息激素在问题空间中初始化，单个智能体开始遍历搜索空间，边走边洒下信息激素。信息激素在每个时间步中按一定速率衰减。单个智能体根据前方的信息激素强度决定遍历搜索空间的路径。某个方向的信息激素强度越大，智能体越可能朝这个方向前进。全局最优方案就是具备最强信息激素的路径。

粒子群优化算法更关注整体方向。多个智能体初始化，并按随机方向前进。每个时间步中，每个智能体都需要就是否改变方向做出决策，决策基于全局最优解的方向、局部最优解的方向和当前方向，新方向通常是这三个值的最优"权衡"结果。

蚂蚁生活在一个十分高效并且秩序井然的群体之中，它们几乎总能高效地完成每件事情。它们修建蚁巢来保证最佳温度和空气流通，确定食物位置后能够选定最佳路径，并以最快的速度赶到。有人认为这是由于某个集权中心（如蚁后）在管控它们的所有行动。事实上，这样的权力中心并不存在，蚁后不过是产卵的"机器"而已，每一只蚂蚁都是自主的独立个体。

在寻找食物时，蚂蚁一开始会漫无目的地到处走动，直到发现另一只蚂蚁带着食物返回巢穴时留下的信息素踪迹，它就开始沿着踪迹行走。信息素越强，追踪的可能性越大。在找到食物后返回巢穴时留下自己的踪迹，如果该地还有大量食物，其他蚂蚁也会按照该路径来回往复，踪迹将变得越来越鲜明，对路过蚂蚁的吸引力也会越来越大。偶尔会有一些蚂蚁因为找不到踪迹而选择不同路径，如果新路径更短，那么大量的蚂蚁将在这条踪迹上留下越来越多的信息素，旧路径上的信息素逐渐蒸发。随着时间的流逝，蚂蚁们选择的路径会越来越接近最佳路径。

蚁群能够搭建身体浮桥跨越缺口地形（见图 12-1）并不是偶然事件。一个蚁群可能会搭建由超过 50 只蚂蚁组成的桥梁，每个桥梁有 1～50 只蚂蚁。蚂蚁不

图 12-1　蚁群建造桥梁

仅可以建造桥梁，而且能够有效评估桥梁的成本和效率之间的平衡，比如在 V 字形道路上，蚁群会自动调整到合适的位置建造桥梁，既不是靠近 V 顶点的部分，也不是 V 开口最大的部分。

生物学家对蚁群桥梁研究的算法表明，每只蚂蚁并不知道桥梁的整体形状，它们只是在遵循两个基本原则。

（1）如果我身上有其他蚂蚁经过，那么我就保持不动。

（2）如果我身上蚂蚁经过的频率低于某个阈值，我就加入行军，不再充当桥梁。

数十只蚂蚁可以一起组成"木筏"渡过水面。当蚁群迁徙的时候，整个"木筏"可能包含数万只或更多蚂蚁。每只蚂蚁都不知道"木筏"的整体形状，也不知道"木筏"将要漂流的方向，但蚂蚁之间非常巧妙的互相连接，形成一种透气不透水的三维立体结构，即使完全沉在水里的底部蚂蚁也能生存。而这种结构也使整个"木筏"包含超过 75% 的空气体积，所以能够顺利地漂浮在水面。

蚁群在地面可以形成非常复杂的寻找食物和搬运食物的路线，似乎整个集体总是能够找到最短的搬运路线，然而每只蚂蚁并不知道这种智能是如何形成的。假如用樟脑丸在蚂蚁经过的路线上涂抹，这会导致蚂蚁迷路，这是因为樟脑丸的强烈气味严重干扰了蚂蚁生物信息素的识别。

蚁群具有复杂的等级结构，蚁后可以通过特殊的信息素影响到其他蚂蚁，甚至能够调节其他蚂蚁的生育繁殖。但蚁后并不会对工蚁下达任何具体任务，每个蚂蚁都是一个自主的单位，它的行为完全取决于对周边环境的感知和自身的遗传编码规则。尽管缺乏集中决策，但蚁群仍能表现出很高的智能水平，这种智能就称为分布式智能。

不仅蚂蚁，几乎所有膜翅目昆虫都表现出很强的群体智能行为，另一个知名的例子就是蜂群。蚁群和蜂群被广泛地认为是具有真社会化属性的生物种群，这是指它们具有以下三个特征。

（1）繁殖分工。种群内分为能够繁殖后代的单位和无生育能力的单位，前者一般为蜂王和蚁后，后者一般为工蜂、工蚁等。

（2）世代重叠。即上一代和下一代共同生活，这也决定了下一个特征。

（3）协作养育。种群单位共同协作养育后代。

这个真社会化属性和人类的社会化属性并不是同一概念。

受到自然界中蚁群的社会性行为的启发，M.多里戈等人于 1991 年首先提出了蚁群算法，它模拟蚁群实际寻找食物的过程。科学家们创建了蚁群优化（AOC）算法。

人们可以利用群体智能来设计一组机器人，每个机器人本身配置十分简单，仅需要了解自身所处的局部环境，通常也只与附近的其他机器人进行沟通。每个设备都是自主运行的，不需要中央智能来发布指令，就像在包容体系结构中说到的机器人一样，每个独立个体只知道自己对世界的感知，这可以帮助建立强大稳固的行为，可以自主适应环境的变化。在拥有大量编程一致的同款机器人之后，就可以实现更大的弹性，因为一小部分个体的操作失误并不会对整体的效能产生大的影响。

这类与蚂蚁行为十分相似的机器人可以用于查找并移除地雷或是在灾区搜寻伤亡人员。蚂蚁利用信息素来给巢穴内的其他成员留下信号，但感知信息素对机器人来说并不容易（虽然已经可以实现），机器人利用的是灯光、声响或是短程无线电。

目前，蚁群算法已在组合优化问题求解以及电力、通信、化工、交通、机器人、冶金等多个领域中得到应用，表现出了令人满意的性能。

12.1.4　搜索机器人算法

　　想象一下在远足登山区有大量机器人的场景。在没有其他事情要做的时候，它们就会站在视野范围内其他机器人的中间位置，这也意味着可以做到在该区域内均匀分布。它们能够注意到嘈杂的噪声及挥动的手势，所以遇到困难的背包客就可以向它们寻求帮助。

　　如果有需要紧急服务的请求，则可以从一个机器人传递到另一个机器人，直到传递到能接收无线电或手机信号的机器人那里。假如需要运送受伤的背包客，更多的机器人也可以提供帮助，其他机器人则将移动位置以保证区域覆盖度。比起包容体系结构，所有这些操作都可以在机器人数量更少的情况下完成。

　　换一种方式，考虑利用一组四轴飞行器（见图 12-2）来保证背包客的安全。这些飞行器将以集群的方式在特定区域内巡查，尤其关注背包客们常穿的亮橙色。在某些难以察觉的地方可能有人受伤，一旦有飞行器注意到了那抹橙色就会立刻转向该地点。飞行器在背包客头顶盘旋时，每一架都会以稍稍不同的有利位置进行观察，慢慢地，越来越多的飞行器就会发现伤员。很快，整个飞行器集群就将在某地低空盘旋，也就意味着它们已经成功确定了可能的事故地点。这时就需要利用到其他人工智能技术，如自然语言理解、手势识别和图像识别，这些如今已不是太棘手的问题。

12.1.5　粒子群（鸟群）优化算法

　　另一类经常被模仿的群体行为是鸟类的群集（见图 12-3）。当整个群体需要集体移动但又需要寻找特定目标时，就可以利用这种技术，而创建个体集群的规则十分简单。

图 12-2　四轴飞行器　　　　　　　　　　图 12-3　一群椋鸟寻找最好的栖息地

　　（1）跟紧群体内其他成员。

　　（2）以周边成员的平均方向作为飞行方向。

　　（3）与其他成员和障碍物保持安全距离。

　　如果设置向某个目标偏转的趋势，整个集群都将根据趋势行进。

　　鸟类在群体飞行中往往能表现出一种智能的簇拥协同行为，尤其是在长途迁徙过程中，以特定的形状组队飞行可以充分利用互相产生的气流，从而减少体力消耗。常见的簇拥鸟群是迁徙的大雁，它们数量不多，往往排成一字形或人字形，据科学估计，这种队形可以让大雁减少 15%～20%的体力消耗。体型较小的椋鸟组成的鸟群的飞行则更富于变化，它们往往成千上万只一起在空中飞行，呈现出非常柔美的群体造型。

基于三个简单规则，鸟群就可以创建出极复杂的交互和运动方式，形成奇特的整体形状，绕过障碍和躲避猎食者。

（1）分离，和邻近单位保持距离，避免拥挤碰撞。

（2）对齐，调整飞行方向，顺着周边单位的平均方向飞行。

（3）凝聚，调整飞行速度，保持在周边单位的中间位置。

鸟群没有中央控制，实际上每只鸟都是独立自主的，只需要考虑其周边球形空间内的 $5\sim10$ 只鸟的情况。

鱼群的群体行为和鸟群非常相似。金枪鱼、鲱鱼、沙丁鱼等很多鱼类都成群游行，这些鱼总是倾向于加入数量大的、体型大小与自身更相似的鱼群，所以有的鱼群并不是完全由同一种鱼组成的。群体游行不仅可以更有效地利用水动力减少成员个体消耗，而且更有利于觅食和生殖以及躲避捕食者的猎杀。鱼群中的绝大多数成员都不知道自己正在游向哪里。鱼群使用共识决策机制，个体的决策会不断地参照周边个体的行为进行调整，从而形成集体方向。

在哺乳动物中群体行为也很常见，尤其是陆上的牛、羊、鹿或南极的企鹅。迁徙和逃脱猎杀时，它们能表现出很强的集体意志。研究表明，畜群的整体行为很大程度上取决于个体的模仿和跟风行为，而遇到危险的时候，则是个体的自私动机决定了整体的行为方向。

细菌和植物也能够以特殊的方式表现出群体智能行为。培养皿中的枯草芽孢杆菌根据营养组合物和培养基的黏度，整个群体从中间向四周有规律地扩散迁移，形成随机但非常有规律的数值型状态。而植物的根系作为一个集体，各个根尖之间存在某种通信，遵循范围最大化且互相保持间隔的规律生长，进而能够最有效地利用空间吸收土壤中的养分。

粒子群优化算法最早是由肯尼迪和埃伯哈特于 1995 年提出的，是一种基于种群寻优的启发式搜索算法，其基本概念源于对鸟群群体运动行为的研究。在粒子群优化算法中，每个粒子代表待求解问题的一个潜在解，它相当于搜索空间中的一只鸟，其"飞行信息"包括位置和速度两个状态量。每个粒子都可以获得其邻域内其他粒子个体的信息，并可以根据该信息以及简单的位置和速度更新规则，改变自身的状态量，以更好地适应环境。随着这一过程的进行，粒子群最终能够找到问题的近似最优解。

由于粒子群优化算法概念简单，易于实现，并且具有较好的寻优特性，因此它在短期内得到迅速发展，目前已在许多领域中得到应用，如电力系统优化、TSP 求解、神经网络训练、交通事故探测、参数辨识、模型优化等。

奥斯卡技术奖的获得者，计算机图形学家克雷格·雷诺兹在 1986 年开发了 Boids 鸟群算法，这种算法仅仅依赖分离、对齐、凝聚三个简单规则就可以实现各种动物群体行为的模拟。

任务 12.2　群体智能的应用与发展

本任务主要探讨群体智能的应用与发展，包括其基本原则、特点以及在多个领域的具体应用。任务介绍了群体智能的五大基本原则（邻近原则、品质原则、多样性反应原则、稳定性原则和适应性原则），并强调了其分布式控制、自组织性、简单个体协作等核心特性。此外，任务还详细讨论了群体智能在路径规划、机器人协同、复杂电磁环境优化、军事领域等的实际应用案例，如无人机路径规划、纳米机器人控制、蜂群战术等，并探讨了其在推动产业智能化和军事智能化方面的重要作用。最后，任务指出群体智能作为新一代人工智能的重要方向，具有广泛的应用前景和深远的现实意义，同时也提出了其未来发展的潜在方向和挑战。

12.2.1　基本原则与特点

基于群体智能的技术可用于许多应用程序。各国正在研究用于控制无人驾驶车辆的群体技术，欧洲航天局考虑用于自组装和干涉测量的轨道群，美国宇航局研究使用群体技术进行行星测绘等。在安东尼·刘易斯和乔治·贝基 1992 年撰写的论文中，讨论了使用群体智能来控制体内纳米机器人，以杀死癌症肿瘤的可能性。里菲和阿伯使用随机扩散搜索来帮助定位肿瘤。群体智能也已应用于数据挖掘等领域，如多里戈等人和惠普在 20 世纪 90 年代中期以来研究了基于蚂蚁的路由算法在电信网络中的应用。

米洛纳斯（1994 年）提出了群体智能应该遵循的五条基本原则，具体如下。

（1）邻近原则，群体能够进行简单的空间和时间计算。

（2）品质原则，群体能够响应环境中的品质因子。

（3）多样性反应原则，群体的行动范围不应该太窄。

（4）稳定性原则，群体不应在每次环境变化时都改变自身的行为。

（5）适应性原则，在所需代价不太高的情况下，群体能够在适当的时候改变自身的行为。

这些原则说明实现群体智能的智能主体必须能够在环境中表现出自主性、反应性、学习性和自适应性等智能特性。但是，这并不代表群体中的每个个体都相当复杂，恰恰相反，就像单只蚂蚁的智能不高一样，组成群体的每个个体都只具有简单智能，它们通过相互之间的合作表现出复杂的智能行为。

可以这样说，群体智能的核心是由众多简单个体组成的群体，能够通过相互之间的简单合作来实现某一功能，完成某一任务。其中，"简单个体"是指单个个体只具有简单的能力或智能，而"简单合作"是指个体与其邻近的个体进行某种简单的直接通信或通过改变环境来间接与其他个体通信，从而可以相互影响、协同动作。

群体智能具有以下特点。

（1）控制是分布式的，不存在中心控制。因而它更能够适应当前网络环境下的工作状态，并且具有较强的鲁棒性，即不会由于某一个或几个个体出现故障而影响群体对整个问题的求解。

（2）群体中的每个个体都能够改变环境，这是个体之间间接通信的一种方式，被称为"激发工作"。由于群体智能可以通过非直接通信的方式进行信息的传输与合作，因而随着个体数目的增加，通信开销的增幅较小，因此，它具有较好的可扩充性。

（3）群体中每个个体的能力或遵循的行为规则非常简单，因而群体智能具有简单性特点。

（4）群体表现出的复杂行为是通过简单个体交互过程表现出来的智能，群体具有自组织性。

12.2.2　没有机器人的集群

讨论遗传算法时，人们用一组称作"基因"的数字来代表群体中的每个独立个体，通过改变这些数字直到它们能够代表最优个体为止。就同样的数字而言，利用群体智能技术，人们不再将它们看作染色体上的基因，而是看作图表或地图等空间上的位置。随着每个独立个体空间位置发生变化，数字相应地发生改变，就像走在曼哈顿大街上，代表所在位置的街道数字发生改变一样。搜索不再是固定个体的进化过程，而是不同个体的旅程。可以使用任何用来搜索位置的技术，如蚂蚁觅食、蜜蜂群集或是鸟类聚集，而完全不用建造任何机器人。

在公园经常看到成群的鸟儿在树木上空飞旋，它们会落在建筑上或树上休息，之后在受到惊扰后又动作一致地再度起飞（见图 12-4）。这群鸟中并没有领导，没有一只鸟儿会指示其他鸟儿该做什么，相反，它们各自密切注意身边的同伴。在空中飞旋时全都遵循简单规则，这些规则构成了另一种群体智能，它与决策的关系不大，主要是用来精确协调行动。

图 12-4　群鸟

研究计算机制图的克雷格·雷诺兹对这些规则感到好奇，他在 1986 年设计了一个看似简单的导向程序，叫作"拟鸟"。在这个模拟程序中，一种模仿鸟类的物体（拟鸟）接收到以下三项指示。

（1）避免挤到附近的拟鸟。

（2）按附近拟鸟的平均走向飞行。

（3）跟紧附近的拟鸟。

程序运行结果呈现在计算机屏幕上时，模拟出令人信服的鸟群飞舞效果，包括逼真、无法预测的运动。当时，雷诺兹正在寻求能在电视和电影中制造逼真动物特效的办法。1992 年的《蝙蝠侠归来》是第一部利用该技术制作的电影，其中模拟生成了成群的蝙蝠和企鹅。后来他在索尼公司从事电子游戏领域的研究，如用一套算法实时模拟数量达 1.5 万的互动的鸟、鱼或人。雷诺兹展示了自组织模型在模仿群体行为方面的力量，这也为机器人工程师开辟了新路。如果能让一队机器人像一群鸟般协调行动，就比单独的机器人有优势得多。

据野生动物专家卡斯滕·霍耶尔在 2003 年的观察，陆地动物的群体行为也与鱼群相似。那年，他和妻子利恩·阿利森跟着一大群北美驯鹿（见图 12-5）旅行了五个月，行程超过 1500km，记录了它们的迁徙过程。迁徙从加拿大北部育空地区的冬季活动范围开始，到美国阿拉斯加州北极国家野生动物保护区的产犊地结束。

图 12-5　北美驯鹿迁徙

卡斯滕说："这很难用语言形容。鹿群移动时就像云影漫过大地或者一大片多米诺骨牌同时倒下并改变着方向。好像每头鹿都知道它周边的同伴要做什么。这不是出于预计或回应，也没有因果关系，它们自然而然就这样行动。"

一天，正当鹿群收窄队形、穿过森林边界线上的一条溪谷时，卡斯滕和利恩看见一只狼偷袭过去。鹿群做出了经典的群体防御反应。卡斯滕说："那只狼一进入鹿群外围的某一特定距离，鹿群就骤然提高了警惕。这时每头鹿都停下不动，完全处于戒备状态，四下张望。"狼又向前走了 100m，突破了下一个限度。"离狼最近的那头鹿转身就跑，这反应就像波浪一样扫过整个鹿群，于是所有的鹿都跑了起来。之后逃生行动进入另一阶段。鹿群后端与狼最接近的那一小群驯鹿就像条毯子般裂开，散成碎片，这在狼看来一定是极度费解的。"狼一会儿追这头鹿，一会儿又追另一头，每换一次追击目标就会被甩得更远。最后，鹿群翻过山岭，脱逃而去，而狼留在那儿气喘吁吁。

每头驯鹿本来都面临着极大的危险，但鹿群的躲避行动所表现的却不是恐慌，而是精准。每头驯鹿都知道什么时候该跑、跑往哪个方向，即便不知道为什么要这样做。没有领袖负责鹿群的协调，每头鹿都只是在遵循着几千年来应对恶狼袭击而演化出来的简单规则。

这就是群体智能的魅力。无论是蚂蚁、蜜蜂、群鸟，还是北美驯鹿，智慧群体的组成要素——分散控制、针对本地信息行动、简单的经验法则——加在一起，就构成了一套应对复杂情况的精明策略。

最大的变化可能体现在互联网上。谷歌利用群体智能来查找用户的搜索内容。当用户键入一条搜索时，谷歌会在它的索引服务器上查询数十亿个网页，找出最相关的，然后按照它们被其他网页链接的次数进行排序，把链接当作投票来计数（最热门的网站还有加权票数，因为它们可靠性更高）。得到最多票数的网页被排在搜索结果列表的最前面。谷歌通过这种方式，"利用网络的群体智能来决定一个网页的重要性"。

网络百科（维基、百度等）是一类免费的合作性百科全书，其中有 200 多种语言写成的数以百万计的文章，每一词条均可由任何人撰写、编辑。麻省理工学院集体智能中心的托马斯·马隆说："如今可以让数目庞大的人群以全新的方式共同思考，这在几十年前我们连想都想不到。要解决我们全社会面临的问题，如医疗保健或气候变化，没有一个人的知识是够用的。但作为集体，我们的知识量远比迄今为止我们所能利用的多得多。"

这种想法突出反映了关于群体智能的一个重要结论：人群只有在每个成员做事尽责、自主决断的时候，才会发挥出智慧。群体内的成员如果互相模仿，盲从于潮流或等着别人告诉自己该做什么，这个群体就不会很聪明。若要一个群体拥有智慧，无论它是由蚂蚁还是律师组成，都得依靠成员们各尽其力。有些人会怀疑，值不值得把那只多余的瓶子拿去回收来减轻人们对地球的压力。而事实是：人们的一举一动都事关重大，即使看不出其中的玄机。

12.2.3　群体智能的应用

目前，国外对群体智能的应用侧重于底层技术领域，如集群结构框架、集群控制与优化、集群任务管理与协同等，国内则主要侧重于应用领域，如集群路径实时规划、集群自主编队与重构、集群智能协同决策等。随着群体智能在现实场景中的深入应用，将有力促进产业智能化和提高产业竞争力。另外，群体智能也正在深刻影响着军事领域，使战争形态加速向智能化演变，与之相应的战争观也发生了嬗变。

（1）蜂群协同系统。美国的"进攻性蜂群使能战术"（OFFSET）项目探索未来的小单位步兵部队将是由小型无人机系统（UAS）或小型无人地面车辆系统（UGS）组成的"蜂群"，可在复杂的环境中完成多种任务。相关研究成果也将直接应用到"马赛克战"体系中，推动低成本无人蜂群作战能力的快速成型。

（2）路径规划系统。群体智能支撑的路径规划技术（见图 12-6）被广泛应用于各种运动规划任务，极大地解决了多智能体间的群体协同决策问题，如自动驾驶、车路协同、群体机器人等。各国政府都制定政策，着重强调群体协同决策在交通安全中的重要性。

（3）复杂电磁环境下的优化与控制。电磁频谱已作为第 6 个作战域引起世界各国的高度重视。2015 年，美军发布的《保障国家安全的突破性技术》战略指南中明确指出"未来几年的研究重点将是确保控制电磁权"。2018 年，美国空

图 12-6　奥迪的群体智能示例

军组建了电子战/电磁频谱优势体系能力协作小组（ECCT），旨在研究如何确保电磁频谱优势，开始实质性推进电磁频谱战。群体智能有"自组织、自适应"的技术特点，在电磁频谱战中的频谱状态感知、频谱趋势预测、频谱形式推理上具有独特的先天优势，可以有效应对战场电磁环境的捷变性，提高战争中信息传输的时效性，促进电磁频谱战的决策智能化。

12.2.4　机器"狼"的发展

作为新一代人工智能的重要方向，自 20 世纪 80 年代提出以来，群体智能已成为信息、生物、社会等交叉学科的热点和前沿领域。2017 年 7 月 8 日，国务院印发了《新一代人工智能发展规划》（简称《AI 发展规划》），明确指出群体智能研究方向，对于推动新一代人工智能发展有着十分重大的意义。科学技术部启动"科技创新 2030—'新一代人工智能'重大项目"，也将"群体智能"列为人工智能领域五大持续攻关的方向之一。可见，对于群体智能的探究具有重要的现实意义。群体智能作为新一代人工智能重点发展的五大智能形态（即大数据智能、群体智能、跨媒体智能、混合增强智能和自主智能）之一，在民事和军事领域都具有重要的应用前景。

2024 年 11 月，在珠海开幕的第 15 届中国航展上，由中国兵器装备集团自动化研究所

有限公司自主研制的智能化无人装备"机器狼群"首次亮相（见图 12-7），它们可以打团战还有分工。分队包括侦察探测"机器狼"、精确打击"机器狼"、伴随保障"机器狼"等成员，其中的"头狼"是侦察探测"机器狼"，负责对目标进行信息收集。挂载步枪的精确打击"机器狼"是团战中的"射手"，它是编队中的重要打击力量，在获得侦察探测"机器狼"回传的数据信息之后，可以对目标发起精确打击。而作为团队的"辅助"，伴随保障"机器狼"一次性可以运输约 20kg 的物资和弹药，让战友没有后顾之忧。

机器狼属于四足机器人（见图 12-8），就像野狼一样擅长"集群作战"。在实际作战当中，这样的"机器狼"作战分队能在复杂地形配合战士作战。通过智能无人集群的作战方式可以有效解决在城市市区、山地高原等复杂场景中通信能力差、突击能力弱等问题，为特战分队、步兵分队提供集群式的综合作战手段。

图 12-7　具备群体智能的机器狼群

图 12-8　四足机器人——机器狼

【作业】

1. 对群体智能的研究源于对蚂蚁、蜜蜂等（　　）昆虫群体行为的研究，最早被用在细胞机器人系统的描述中。

  A．集合性　　　　　　B．个体性　　　　　　C．危害性　　　　　　D．社会性

2. 蜜蜂被认为是自然界中被研究的时间最长的群体智能动物。在进化过程中，蜜蜂首先形成了大脑以处理信息，蜜蜂的大脑中大约有（　　）个神经元。

  A．850 万　　　　　　B．100 万　　　　　　C．1000 万　　　　　　D．850 亿

3. 一只蜜蜂是一个非常简单的有机体，但是它们有非常困难的问题需要解决，于是，蜜蜂形成了（　　）。

  A．群体思维　　　　　B．创新思维　　　　　C．计算思维　　　　　D．英雄思维

4. 蜂群为寻找可以筑巢的潜在地点，会派出数百只侦察蜜蜂到外面约 78km^2 的地方进行搜索。对蜜蜂来说，这个筑巢行为是一个（　　）问题。

  A．简单多变量　　　　B．困难单变量　　　　C．简单单变量　　　　D．复杂多变量

5. 生物学家的研究表明，蜜蜂常常能够从所有可用的选项中选出最佳或者次最佳的解决方案，而比蜜蜂大脑强大 85 000 倍的人脑，（　　）这一点。

  A．更容易做到　　　　B．做不到　　　　　　C．很难做到　　　　　D．也能做到

6. 蜜蜂们处理数据的方式被生物学家叫作"摇摆舞"，即通过（　　）来达成一致认识。

A．振动身体　　　B．摇摆触角　　　C．发出嗡声　　　D．沉默安静

7．蜜蜂们所表现出的大于个体智能的群体智能能力在（　　）身上也存在。

① 蚂蚁　　　　　② 驯鹿　　　　　③ 狮子　　　　　④ 鱼群

A．①②③　　　B．②③④　　　C．①②④　　　D．①③④

8．所谓集群机器人或人工蜂群智能就是让许多（　　）的物理机器人协作。

A．个性　　　B．复杂　　　C．强大　　　D．简单

9．在某群体中，若存在众多无智能的个体，它们通过相互之间的简单合作所表现出来的群居性生物的智能行为是（　　）控制的。

A．分布式　　　B．中心　　　C．独立　　　D．集中

10．人类并没有进化出群集的能力，因为人类缺少同类用于建立实时反馈循环的敏锐连接。研究和实践都表明，人类群集（　　）。

A．不确定　　　B．很困难　　　C．可以有　　　D．不可能

11．蚁群优化算法和粒子群优化算法是两种最广为人知的"群体智能"算法，它们都使用了（　　）。

A．复杂体　　　B．多智能体　　　C．单智能体　　　D．无智能体

12．群体智能有两种机制，其中（　　）有组织的群体智能行为机制会形成一种分层有序的组织架构。

A．自下而上　　　B．从大到小　　　C．从小到大　　　D．自上而下

13．群体智能有两种机制，其中（　　）自组织的群体智能涌现机制可以使群体涌现出个体不具有的新属性，而这种新属性正是个体之间综合作用的结果。

A．自下而上　　　B．从大到小　　　C．从小到大　　　D．自上而下

14．美国科技作家凯文·凯利提到："一种由无数默默无闻的零件，通过永不停歇地工作，而形成的缓慢而宽广的创造力"，这就是群体智能（　　）的过程。

A．消失　　　B．涌现　　　C．产生　　　D．分布

15．由多个简单机器人组成的群体机器人系统，通过"（　　）自组织"的协作，可以完成单个机器人无法完成或难以完成的工作。

A．互联　　　B．重合　　　C．集中　　　D．分布

16．研究计算机制图的克雷格·雷诺兹在 1986 年设计了一个看似简单的"拟鸟"导向程序。在这个模拟程序中，一种模仿鸟类的物体（拟鸟）接收到（　　）三项指示。

① 避免挤到附近的拟鸟　　　　② 按附近拟鸟的平均走向飞行
③ 跟紧附近的拟鸟　　　　　④ 服从领头的首领拟鸟的号令

A．①②④　　　B．①②③　　　C．①③④　　　D．②③④

17．米洛纳斯在 1994 年提出了群体智能应该遵循的五条基本原则，其中包括（　　）。

① 邻近原则　　　② 品质原则　　　③ 连接原则　　　④ 多样性反应原则

A．②③④　　　B．①②③　　　C．①②④　　　D．①③④

18．目前国内对群体智能的研究主要侧重于应用领域，如（　　）等。

① 集群智能集中管理　　　　② 集群路径实时规划
③ 集群自主编队与重构　　　　④ 集群智能协同决策

A．①②④　　　B．①③④　　　C．①②③　　　D．②③④

19．2017 年 7 月 8 日，国务院印发的《新一代人工智能发展规划》中明确指出了

（　　　）的研究方向，对于推动新一代人工智能发展有着十分重大的意义。

　　　　A．群体智能　　　　　B．蚁群优化　　　　C．聚类算法　　　　D．智能机器人

20．新一代人工智能重点发展的五大智能形态是大数据智能、跨媒体智能和（　　　）。

　　① 群体智能　　　　　② 综合智能　　　　③ 自主智能　　　　④ 混合增强智能

A．①②④　　　　　B．①③④　　　　C．①②③　　　　D．②③④

【实训与思考】群体智能算法与应用

本项目的"实训与思考"能够帮助学生更好地理解和应用所学的知识，提升他们的群体智能算法实践能力，同时培养他们的综合思维能力和创新精神。

1．群体智能算法实践

（1）蚁群优化算法实践。选择一个经典的优化问题（如旅行商问题（TSP）），使用 Python 实现蚁群优化（ACO）算法。通过调整算法参数（如信息素或启发式信息重要性、信息素挥发率等），观察算法性能的变化。将实践过程和结果写成一篇报告（不少于 1000字），并展示优化效果。

思考： 在实现蚁群优化算法的过程中，如何选择初始参数？参数调整对算法性能有何影响？蚁群优化算法在解决 TSP 上的表现是否优于其他传统优化算法？为什么？

目的： 通过蚁群优化算法实践，让学生理解其基本原理和实现方法，掌握参数调整对算法性能的影响，同时培养他们的编程能力和数据分析能力。

（2）粒子群优化算法实践。选择一个优化问题（如函数优化问题），使用 Python 实现粒子群优化（PSO）算法。通过调整算法参数（如学习因子、惯性权重等），观察算法性能的变化。将你的实践过程和结果写成一篇报告（不少于 1000 字），并展示不同参数设置下的优化效果。

思考： 在实现粒子群优化算法的过程中，如何选择初始参数？参数调整对算法性能有何影响？粒子群优化算法在解决优化问题上的表现是否优于蚁群优化算法？为什么？

目的： 通过粒子群优化算法实践，让学生理解其基本原理和实现方法，掌握参数调整对算法性能的影响，同时培养他们的编程能力和数据分析能力。

2．群体智能应用实践

（1）群体智能在路径规划中的应用。选择一个实际应用场景（如无人机或自动驾驶车辆路径规划），使用 Python 设计实现一个基于群体智能的路径规划系统，并在模拟环境中测试其性能。将你的设计方案和测试结果写成一篇报告（不少于 500 字），并展示路径规划的效果。

思考： 在设计群体智能路径规划系统的过程中，如何选择算法？如何处理多智能体之间的协同问题？群体智能在路径规划中的优势是什么？是否还存在挑战？

目的： 通过群体智能在路径规划中的应用实践，让学生理解其在实际问题中的优势和挑战，掌握多智能体协同的方法，同时培养他们的系统设计能力和问题解决能力。

（2）群体智能在机器人协同中的应用。选择一个机器人协同任务（如多机器人协作搬运、多机器人搜索等），设计一个基于群体智能的机器人协同系统。使用 Python 和机器人模拟器（如 V-REP）实现该系统，并在模拟环境中测试其性能。将你的设计方案和测试结果写成一篇报告（不少于 500 字），并展示机器人协同的效果。

思考：在设计群体智能机器人协同系统的过程中，如何选择算法？如何处理机器人之间的通信和协同问题？群体智能在机器人协同中的优势是什么？是否还存在挑战？

目的：通过群体智能在机器人协同中的应用实践，让学生理解其在实际问题中的优势和挑战，掌握机器人协同的方法，同时培养他们的系统设计能力和问题解决能力。

3. 群体智能技术的思考

（1）群体智能技术的局限性。结合本项目内容，思考群体智能技术在实际应用中可能面临的局限性，如算法性能、计算资源、通信开销等问题。提出你认为可行的解决方案或改进建议，并将你的思考写成一篇短文（不少于 500 字）。

思考：群体智能算法在解决复杂问题时是否总是有效？如何在有限的计算资源下提高群体智能算法的性能？如何减少多智能体之间的通信开销？

目的：引导学生思考群体智能技术的局限性，培养他们的批判性思维和问题解决能力，同时激发他们对群体智能技术进行改进的探索精神。

（2）群体智能技术的未来发展方向。结合当前群体智能技术的发展趋势，思考未来群体智能可能的发展方向，如更高效的算法、更广泛的应用领域、与其他技术的结合等。提出你认为可行的研究方向或应用场景，并将你的思考写成一篇短文（不少于 500 字）。

思考：未来群体智能技术将如何突破当前的局限性？哪些领域可能会受益于群体智能技术的进步？群体智能与其他技术（如深度学习、强化学习等）的结合将带来哪些新的机遇和挑战？

目的：引导学生关注群体智能技术的未来发展方向，培养他们的创新思维和前瞻性思维，同时激发他们对前沿技术研究的兴趣和热情。

4. 综合实践项目

选择一个实际应用场景（如智能交通系统、智能物流系统等），设计一个基于群体智能的综合应用系统，包括问题定义、算法选择、系统实现、性能测试等步骤。将你的实践过程和结果写成一篇详细的项目报告（不少于 1000 字），并在班级内进行 10min 的项目展示。

思考：在完成群体智能综合应用项目的过程中，你遇到了哪些技术难题？你是如何解决这些难题的？通过这个项目，你对群体智能技术的综合应用有了哪些新的认识？

目的：通过一个完整的群体智能综合应用项目，让学生掌握群体智能技术的全流程，培养他们的综合实践能力和项目管理能力，同时提升他们的团队合作能力和表达能力。

5. 实训总结

_____

6. 实训评价（教师）

_____

项目 13
理解人工智能伦理与安全

学习目标

- 理解人工智能伦理与安全的重要性：认识到人工智能技术发展带来的伦理挑战，以及如何在技术发展与伦理约束之间实现平衡。
- 掌握人工智能伦理的核心问题：包括人工智能与人类的关系、数据隐私与安全、人工智能系统的责任与问责制等。
- 了解人工智能伦理的国际规范与准则：熟悉国内外相关伦理宣言和准则，如欧盟的"可信赖的人工智能伦理准则"、《人工智能创新发展道德伦理宣言》等。
- 培养批判性思维与伦理意识：通过案例分析和实践，提升学生对人工智能伦理问题的敏感度和分析能力。
- 探索人工智能伦理与安全的未来发展方向：思考未来人工智能可能面临的伦理和安全挑战，并提出解决方案。

任务 13.1　人工智能面临的伦理挑战

人工智能应用的日益广泛带来了诸多复杂的伦理问题。人工智能科学家李飞飞指出：现在迫切需要让伦理成为人工智能研究与发展的根本组成部分。显然，人们比历史上任何时候都更加需要注重技术与伦理的平衡。一方面，技术意味着速度和效率，应当发挥好技术的无限潜力，善用技术追求效率，从而创造更多的社会和经济效益。另一方面，人性意味着深度和价值，要追求人性，维护人类价值和自我实现，避免技术发展和应用突破人类伦理底线。只有保持警醒和敬畏，在以效率为准绳的"技术算法"和以伦理为准绳的"人性算法"之间实现平衡，才能确保"科技向善"。

有专家认为，人工智能伦理规则的缺失，会导致人工智能产品竞争力的下降以及人工智能标准话语权的丧失。我国应加快建设基于全球价值观、符合中国特色的人工智能伦理规范，加快伦理研究和创新步伐，构筑我国人工智能发展的竞争优势。

13.1.1　创造智能机器的大猩猩问题

对创造超级智能机器的普遍担忧是人之常情，称之为"大猩猩问题"。大约 700 万年前，一种现已灭绝的灵长类动物进化了，一个分支进化为大猩猩，另一个分支进化为人类。

假设今天，大猩猩对人类分支不太满意，它根本无法控制自己的未来。试想，如果这是成功创造出超级人工智能的结果（人类放弃对未来的控制），那么人类现在也许应该停止对人工智能的研究，并且放弃人工智能技术可能带来的好处。这就是图灵警告的本质：人类可能无法控制比人类更聪明的机器。人类设计了人工智能系统，但如果它们最终掌控了人类，那将是设计失败的结果。为了避免这种结果，需要了解潜在失败的根源。

许多文化中都有关于人类向神灵、精灵、魔术师或魔鬼索取东西的神话。在这些故事中，他们总会因为得到了他们真正想要的东西而最终后悔。人们将其称为米达斯国王问题：米达斯是希腊神话中的传奇国王，他要求他所接触的一切都变成黄金，但他在接触了其食物和家人后，就后悔了。如果米达斯遵循基本的安全原则，且他的愿望中存在"撤销"按钮和"暂停"按钮，他会过得更好。

13.1.2　人工智能与人类的关系

从语音识别到智能音箱，从无人驾驶到人机对战，经过多年不断地创新发展，人工智能给人类社会带来了一次又一次的惊喜。近年来，人工智能的应用如火如荼，人工智能技术与各产业领域深度融合，形成了智能经济新形态，为实体经济的发展插上了腾飞的翅膀。人工智能加速同产业深度融合，推动各产业的变革，在医疗、金融、汽车、家居、交通、教育等公共服务行业，人工智能都有了较为成熟的应用。

同时，个人身份信息和行为数据有可能被整合在一起，这虽能让机器更了解人们，为人们提供更好的服务，但如果使用不当，则可能引发隐私和数据泄露问题。例如，据"福布斯"网站报道，一名 14 岁的少年黑客轻而易举地侵入了汽车的互联网系统，甚至可以远程操控汽车，震惊了整个汽车行业。可见，如何更好地解决社会关注的伦理相关问题，需要人们提早考虑和布局。

对人工智能与人类之间伦理关系的研究，不能脱离对人工智能技术本身的讨论。

（1）首先是人工智能的发展路径。在 1956 年达特茅斯学院的研讨会上，人们思考的是如何将人类的各种感觉，包括视觉、听觉、触觉甚至大脑的思考都变成信息，并加以控制和应用。因此，人工智能的发展在很大程度上是对人类行为的模拟，让一种更像人类思维的机器思维能够诞生。著名的图灵测试，其目的也是检验人工智能是否更像人类。

问题在于，机器思维在做出判断时，是否需要人的思维这个中介？也就是说，机器是否需要先将自己的思维装扮得像人类，再去做出判断？显然，对于人工智能来说答案是否定的。人类思维具有一定的定势和短板，强制模拟人类大脑思维的方式，并不一定是人工智能发展的良好选择。

（2）人工智能发展的另一个方向是智能增强。如果模拟真实的人的大脑和思维的方向不再重要，那么，人工智能是否能发展出一种纯粹机器的学习和思维方式？

机器学习，即属于机器本身的学习方式，它通过海量的信息和数据收集，让机器从这些信息中提炼出自己的抽象观念。例如，在给机器浏览了上万张猫的图片之后（见图 13-1），让机器从这些图片信息中自己提炼出关于猫的概念。这个时候，很难说机器自己抽象出来的关于猫的概念与人类自己理

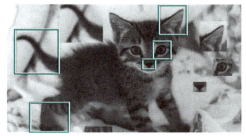

图 13-1　人工智能识别猫

解的猫的概念之间是否存在着差别。

　　一个不再像人一样思维的机器，或许会给人类带来更大的恐慌。毕竟，模拟人类大脑和思维的人工智能尚具有一定的可控性，但基于机器思维的人工智能，显然不能做出简单结论。

　　不过，说智能增强技术是对人类的取代似乎也言之尚早，第一个提出"智能增强"的工程师恩格尔巴特认为：智能增强技术更关心的是人与智能机器之间的互补性，即如何利用智能机器来弥补人类思维上的不足。

13.1.3　人与智能机器的沟通

　　智能增强技术带来了两个平面，一个是人类思维的平面，另一个是机器的平面，所以，两个平面之间需要一个接口，接口技术让人与智能机器的沟通成为可能。在这种观念的指引下，如今人工智能的发展目标并不是产生一种独立的意识，而是如何形成与人类交流的接口技术。也就是说，人类与智能机器的关系，既不是纯粹的利用关系，因为人工智能已经不再是机器或软件，也不是对人的取代，成为人类的主人，而是一种共生性的伙伴关系。

　　由人工智能衍生出的技术还有很多，其中潜在的伦理问题与风险也值得人们去深入探讨。如今关于"人工智能威胁论"的观点有许多支持者，像比尔·盖茨、埃隆·马斯克、斯蒂芬·霍金，他们都对社会大力发展人工智能技术抱有一种谨慎观望甚至反对的态度，也出现了一些有关人工智能灭世的伦理影视作品。这种对"人工智能引发天启"的悲观态度其实是想传达一个道理：如果人类要想在人工智能这一领域进行深入研究发展，就必须建立起一个稳妥的科技伦理，以此来约束人工智能的研发方向和应用领域。

13.1.4　数据共享问题

　　网络为信息传输提供了保障，不同部门、不同地区间的信息交流逐步增多。为有效地利用网络数据，需要解决多种数据格式的数据共享与数据转换问题。简单地说，数据共享就是让在不同地方使用不同计算机、不同软件的用户能够读取他人数据并进行各种运算和分析，如图13-2所示。

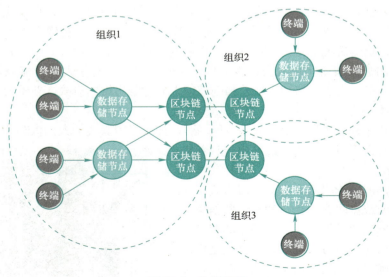

图13-2　数据共享

目前，数据共享存在的问题如下。

（1）数据共享的观念尚未形成。政府各部门经历了可行性研究、调整概算、招投标、详细设计、等级保护等一系列复杂的过程，花费大笔经费建立起相对独立的信息化系统，收集到的数据具有垄断性。如今，大数据的概念已经为社会所广泛接受，人们清楚数据存在价值，产生价值，自然不会轻易将自家的数据轻易对外共享。此外，各单位专注于数据的职能，信息化手段只是日常管理过程中的辅助措施。这样的定位也使数据流动共享的观念不易形成。

（2）数据共享的机制尚未建立。信息共享是一种持续性的长效机制，法律层面尚未出现数据共享的要求。

（3）信息化标准不统一。在信息孤岛的现状下，机构间信息化标准不统一，因此，数据共享前的准备工作远不是想象的那么简单。从权利清单、共享目录、数据项标准、交换格式、交换标准等多个方面，数据一旦发生变化，都要对相关的内容进行调整。

（4）基础设施不完善。数据共享离不开信息化建设，需要有统一的数据共享交换平台。

利用算法进行全面分析，大数据可以用来判断未来发展趋势与相互关系，也可能直接影响到个人。所谓"匿名化"，是指对个人数据的匿名处理方式，在未使用附加信息的情况下不能确定数据的主体，其前提是附加信息被分开存储，并采取了技术和管理措施，以确保个人数据不具有特定自然人或可识别自然人的属性。但存在着可重新识别数据主体的可能性：第一，应用去匿名化技术追溯原始个人数据；第二，通过多种或特定数据组识别特定自然人或某个特定群体。

13.1.5　机器人权利

机器人应该享受哪些权利，这一问题十分重要。虚构类文学作品中经常考虑机器人人格的问题：从皮格马利翁到葛佩莉亚，再到匹诺曹，再到电影《人工智能》和《机器管家》，都可以看到一个娃娃或机器人获得生命，并努力被接受为一个有人权的人的故事。

为逃避机器人意识这一困境，厄尼·戴维斯主张永远不要造出可能被认为有意识的机器人。约瑟夫·维森鲍姆在 1976 年出版的《计算能力与人类理性：从判断到计算》一书中曾提出这一论点，而在此之前，拉·梅特里在《人是机器》一书中也提出过这一论点。机器人是人们创造出来用以完成指令的工具，如果人们授予它们人格，其实只是拒绝为自己的行为负责："我的自动驾驶汽车造成的车祸不是我的错，是汽车自己造成的。"

人们已经通过隐形眼镜、起搏器和人工髋关节等技术造福了人类。但计算概念的加入也可能会模糊人和机器之间的界限。

任务 13.2　构建"可信赖"人工智能系统

控制论之父维纳在他的著作《人有人的用处》中，在谈到自动化技术和智能机器之后，得出了一个危言耸听的结论："这些机器的趋势是要在所有层面上取代人类，而非只是用机器能源和力量取代人类的能源和力量。很显然，这种新的取代将对人们的生活产生深远影响。"维纳的这句谶语在如今未必成为现实，但已经成为诸多文学和影视作品中的题材。《银翼杀手》《机器公敌》（见图 13-3）、《西部世界》等电影以人工智能反抗和超越人类作为题材，机器人向乞讨的人类施舍的画作登上了《纽约客》杂志 2017 年 10 月 23 日的封面……

人们越来越倾向于讨论人工智能究竟在何时会形成属于自己的意识，并超越人类，让人类沦为它们的奴仆。

图 13-3　人工智能电影《机器公敌》

人工智能技术的飞速发展也给未来带来了一系列挑战。其中，人工智能发展最大的问题不是技术上的瓶颈，而是人工智能与人类的关系问题，这催生了人工智能的伦理学和跨人类主义的伦理学问题。这种伦理学已经与传统的伦理学发生了较大的偏移，其原因在于，人工智能的伦理学讨论的不再是人与人之间的关系，也不是与自然界的既定事实（如动物、生态）之间的关系，而是人类与自己所发明的产品构成的关联。

13.2.1　人工智能伦理与安全

弗朗西斯·培根是一位被誉为创造科学方法的哲学家，他在《论古人的智慧》一书中指出："机械艺术的用途是模糊的，它既可用于治疗，也可用于伤害。"随着人工智能在经济、社会、科学、医疗、金融和军事领域发挥越来越重要的作用，人们应该考虑它可能带来的伤害和补救措施。

> **微视频**
> 人工智能伦理与安全

1. 积极与消极的方面

跟其他高科技一样，人工智能也是一把双刃剑。认识人工智能的社会影响，正在日益得到人们的重视。

积极的方面有很多，例如，通过改进医学诊断发现新的医学成果、更好地预测极端天气、通过辅助直至最终自动实现更安全的驾驶，人工智能可以拯救生命。改善生活的机会也有很多。人工智能在农作物管理和粮食生产等方面的应用有助于养活全世界；用机器学习优化业务流程使企业更具生产力、创造更多财富、提供更多就业机会；自动化能够取代许多工人所面临的乏味而危险的任务，让他们可以专注从事更加有趣的工作；残障人士将从基于人工智能的视觉、听觉和移动辅助功能中受益；机器翻译已经让来自不同文化背景的人们可以相互交流。基于软件的人工智能解决方案的边际生产成本几乎为零，有助于先进技术的大众化（即使软件的其他方面有集权的可能性）。

尽管有这么多积极方面，也不能忽略人工智能的消极因素。许多新技术都曾产生过意想不到的负面影响：核裂变导致切尔诺贝利事故并产生毁灭全球的威胁，内燃机带来空气污染、全球变暖的威胁。即使按设计初衷使用，有些技术也会产生负面影响，如沙林毒气和电话推销。

科学家和工程师面临着伦理考量，哪些项目应该进行，哪些项目不应该进行，以及如何确保项目执行是安全且有益的。2010 年，英国工程和物理科学研究委员会制定了一系列机器人准则。接下来的数年里，其他政府机构、非盈利组织以及各公司纷纷建立了类似的准则。建立准则的重点是，要让每一个创造人工智能技术的机构以及这些机构中的每个人都确保技术对社会有益而非有害。最常被提到的准则是：

确保安全性	建立问责制
确保公平性	维护人权和价值观
尊重隐私	体现多样性与包容性
促进协作	避免集权
提供透明度	承认法律和政策的影响
限制人工智能的有害用途	考虑对就业的影响

这些原则中有许多（如"确保安全性"）适用于所有软硬件，而不仅仅是人工智能系统。有一些原则措辞模糊，难以衡量与执行。这在一定程度上是因为人工智能有着众多子领域，每个子领域有着不同的历史规范，每个子领域中人工智能开发者和利益相关者之间的关系也不同。

2．人才和基础设施短缺

对于很多潜在的人工智能用户而言，要想实现人工智能的成功应用，必须首先解决两方面的突出问题：一是人才短缺问题，即无法吸引和留住人工智能技术开发与相关管理方面的人才；二是技术基础设施短缺问题，即数据能力、运算网络能力等数字能力薄弱。

人工智能仍然仅能解决特定问题并具有严重的背景依赖性，这意味着，人工智能当前执行的是有限的任务，通过嵌入到较大型系统来发挥作用。作为一种尚处于发展早期阶段的技术，人工智能促成的能力提高可能微不足道，迫切将人工智能投入使用将面临巨大的前期成本。

（1）**在信任方面**，人工智能透明度的重要性和必要性因具体的人工智能应用而定；人工智能的算法、数据和结果必须可信；用户必须能理解人工智能系统可能被愚弄的机制。

（2）**在安全性方面**，为打造强大且富有弹性的数字化能力，需要在研发、操作和安全之间进行平衡；在各机构中树立网络风险管理文化与网络安全负责制至关重要。

（3）**在人员与文化方面**，使用人工智能需要具备相关领域专业知识、接受过技术训练且拥有合适工具的工作人员；各机构必须培养数据卓越文化。

（4）**在数字能力方面**，为了成功运用人工智能技术，各机构必须打造基本的数字能力；通过信息和分析获得竞争优势，需要包括上至总部下至部署人员在内的整个系统的全力投入。

（5）**在政策方面**，一是必须制定伦理方面的政策和标准，指导人工智能技术的应用。二是必须通过一系列政策措施来加强人工智能生态系统，如改革人员雇用权限和安全许可流程，以更好地招募和利用人才。三是必须认识到国际社会在人工智能方面的活动，采取措施来保护人工智能生态环境，使其免遭攻击，免受有害投资的影响。

在理解人工智能对国家安全的影响方面，人们仍处于早期阶段。

3．设定伦理要求

人工智能是人类智能的延伸，也是人类价值系统的延伸。在其发展过程中，应当包含对人类伦理价值的正确考量。设定人工智能技术的伦理要求，要依托于社会和公众对人工智能伦理的深入思考和广泛共识，并遵循一些共识原则。

（1）人类利益原则，即人工智能应以实现人类利益为终极目标。这一原则体现为对人权的尊重、对人类和自然环境利益最大化，以及降低技术风险和对社会的负面影响。在此原则下，政策和法律应致力于人工智能发展的外部社会环境的构建，推动对社会个体的人工智能伦理和安全意识教育，让社会警惕人工智能技术被滥用的风险。此外，还应该警惕人工智能系统做出与伦理道德产生偏差的决策。

（2）责任原则，即在技术开发和应用两方面都建立明确的责任体系，以便在技术层面可以对人工智能技术开发人员或部门问责，在应用层面可以建立合理的责任和赔偿体系。在责任原则下，在技术开发方面应遵循透明度原则，在技术应用方面则应当遵循权责一致原则。

4. 强力保护个人隐私

人工智能的发展是建立在大量数据的信息技术应用之上，不可避免地涉及个人信息的合理使用问题，因此对于隐私应该有明确且可操作的定义。人工智能技术的发展也让侵犯个人隐私的行为更为便利，因此相关法律和标准应该为个人隐私提供更强有力的保护。

此外，人工智能技术的发展使得政府对于公民个人数据信息的收集和使用更加便利。大量个人数据信息能够帮助政府各个部门更好地了解所服务人群的状态，确保个性化服务的机会和质量。但是，政府部门和政府工作人员个人不恰当使用个人数据信息存在的风险和潜在的危害也应当得到足够的重视。

应该重新定义人工智能语境下的个人数据的获取和知情同意。首先，相关政策、法律和标准应直接对数据的收集和使用进行规范，而不能仅仅征得数据所有者的同意；其次，应当建立实用、可执行、适应于不同使用场景的标准流程以供设计者和开发者保护数据来源的隐私；再次，对于利用人工智能可能推导出超过公民最初同意披露的信息的行为应该进行规范。最后，政策、法律和标准对于个人数据管理应该采取延伸式保护，鼓励发展相关技术，探索将算法工具作为个体在数字世界和现实世界中的代理人。

涉及的安全、伦理和隐私问题是人工智能发展面临的挑战。安全问题是让技术能够持续发展的前提。技术的发展给社会信任带来了风险，如何增加社会信任，让技术发展遵循伦理要求，特别是保障隐私不会被侵犯是急需解决的问题。为此，需要制定合理的政策、法律、标准基础，并与国际社会协作。建立一个令人工智能技术造福于社会、保护公众利益的政策、法律和标准化环境，是人工智能技术持续、健康发展的重要前提。

13.2.2 《人工智能创新发展道德伦理宣言》

2018 年 7 月 11 日，中国人工智能产业发展联盟发布了《人工智能创新发展道德伦理宣言》（简称《宣言》）。《宣言》除了序言之外，一共有六个部分，分别是人工智能系统、人工智能与人类的关系、人工智能具体接触人员的道德伦理要求、人工智能的应用和当前发展人工智能的方向，最后是附则。

发布《宣言》是为了宣扬涉及人工智能创新、应用和发展的基本准则，以期无论何种身份的人都能经常铭记本宣言精神，理解并尊重发展人工智能的初衷，使其传达的价值和理念得到普遍认可与遵行。

《宣言》指出：

（1）鉴于全人类固有道德、伦理、尊严及人格之权利，创新、应用和发展人工智能技术当以此为根本基础。

（2）鉴于人类社会发展的最高阶段为人类解放和人的自由全面发展，人工智能技术研发当以此为最终依归，进而促进全人类福祉。

（3）鉴于人工智能技术对人类社会既有观念、秩序和自由意志的挑战巨大，且发展前景充满未知，对人工智能技术的创新应当设置倡导性与禁止性的规则，这些规则本身应当凝聚不同文明背景下人群的基本价值共识。

（4）鉴于人工智能技术具有把人类从繁重体力和脑力劳动束缚中解放的潜力，纵然未来的探索道路上出现曲折与反复，也不应停止人工智能创新发展造福人类的步伐。

建设人工智能系统，要做到：

（1）人工智能系统基础数据应当秉持公平性与客观性，摒弃带有偏见的数据和算法，以杜绝可能的歧视性结果。

（2）人工智能系统的数据采集和使用应当尊重隐私权等一系列人格权利，以维护权利所承载的人格利益。

（3）人工智能系统应当具有技术风险评估机制，保持对系统潜在危险的前瞻性控制能力。

（4）人工智能系统所具有的自主意识程度应当受到科学技术水平和道德、伦理、法律等人文价值的共同评价。

为明确人工智能与人类的关系，《宣言》指出：

（1）人工智能的发展应当始终以造福人类为宗旨。牢记这一宗旨，是防止人工智能的巨大优势转为人类生存发展巨大威胁的关键所在。

（2）无论人工智能的自主意识能力进化到何种阶段，都不能改变其由人类创造的事实。不能将人工智能的自主意识等同于人类特有的自由意志，模糊两者之间的差别可能抹杀人类自身特有的人权属性与价值。

（3）当人工智能的设定初衷与人类整体利益或个人合法利益相悖时，人工智能应当无条件停止或暂停工作进程，以保证人类整体利益的优先。

《宣言》指出，人工智能具体接触人员的道德伦理要求是：

（1）人工智能具体接触人员是指居于主导地位、可以直接操纵或影响人工智能系统和技术，使之按照预设产生某种具体功效的人员，包括但不限于人工智能的研发人员和使用者。

（2）人工智能的研发者自身应当具备正确的伦理道德意识，同时将这种意识贯彻于研发全过程，确保其塑造的人工智能自主意识符合人类社会主流道德伦理要求。

（3）人工智能产品的使用者应当遵循产品的既有使用准则，除非出于改善产品本身性能的目的，否则不得擅自变动、篡改原有的设置，使之背离创新、应用和发展初衷，以致破坏人类文明及社会和谐。

（4）人工智能的具体接触人员可以根据自身经验，阐述其对人工智能产品与技术的认识。此种阐述应当本着诚实信用的原则，保持理性与客观，不得诱导公众的盲目热情或故意加剧公众的恐慌情绪。

针对人工智能的应用，《宣言》指出：

（1）人工智能发展迅速，但也伴随着各种不确定性。在没有确定完善的技术保障之前，在某些失误成本过于沉重的领域，人工智能的应用和推广应当审慎而科学。

（2）人工智能可以为决策提供辅助。但是人工智能本身不能成为决策的主体，特别是国家公共事务领域，人工智能不能行使国家公权力。

（3）人工智能的优势使其在军事领域存在巨大应用潜力。出于对人类整体福祉的考虑，应当本着人道主义精神，克制在进攻端武器运用人工智能的冲动。

（4）人工智能不应成为侵犯合法权益的工具，任何运用人工智能从事犯罪活动的行为，都应当受到法律的制裁和道义的谴责。

（5）人工智能的应用可以解放人类在脑力和体力层面的部分束缚，在条件成熟时，应当鼓励人工智能在相应领域发挥帮助人类自由发展的作用。

《宣言》指出，当前发展人工智能的方向主要是：

（1）探索产、学、研、用、政、金合作机制，推动人工智能核心技术创新与产业发展。特别是推动上述各方资源结合，建立长期和深层次的合作机制，针对人工智能领域的关键核心技术难题开展联合攻关。

（2）制定人工智能产业发展标准，推动人工智能产业协同发展。推动人工智能产业从数据规范、应用接口以及性能检测等方面的标准体系制定，为消费者提供更好的服务与体验。

（3）打造共性技术支撑平台，构建人工智能产业生态。推动人工智能领域龙头企业牵头建设平台，为人工智能在社会生活各个领域的创业创新者提供更好支持。

（4）健全人工智能法律法规体系。通过不断完善人工智能相关法律法规，在拓展人类人工智能应用能力的同时，避免人工智能对社会和谐的冲击，寻求人工智能技术创新、产业发展与道德伦理的平衡点。

人工智能的发展在深度与广度上都是难以预测的。根据新的发展形势，对本宣言的任何修改都不能违反人类的道德伦理法律准则，不得损害人类的尊严和整体福祉。

13.2.3　欧盟可信赖的伦理准则

2019 年，欧盟人工智能高级别专家组正式发布了"可信赖的人工智能伦理准则"。

根据准则，可信赖的人工智能应该是：

（1）合法——尊重所有适用的法律法规。

（2）合乎伦理——尊重伦理原则和价值观。

（3）稳健——既从技术角度考虑，又考虑到其社会环境。

该准则提出了未来人工智能系统应满足的七大原则，以便被认为是可信的。并给出一份具体的评估清单，旨在协助核实每项要求的适用情况。

（1）人类代理和监督：人工智能不应该践踏人类的自主性。人们不应该被人工智能系统所操纵或胁迫，应该能够干预或监督软件所做的每一个决定。

（2）技术稳健性和安全性：人工智能应该是安全而准确的，它不应该轻易受到外部攻击（如对抗性例子）的破坏，并且应该是相当可靠的。

（3）隐私和数据管理：人工智能系统收集的个人数据应该是安全的，并且能够保护个人隐私。它不应该被任何人访问，也不应该轻易被盗取。

（4）透明度：用于创建人工智能系统的数据和算法应该是可访问的，软件所做的决定应该"为人类所理解和追踪"。换句话说，操作者应该能够解释其人工智能系统所做的决定。

（5）多样性、无歧视、公平：人工智能应向所有人提供服务，不分年龄、性别、种族或其他特征。同样，人工智能系统不应在这些方面存在偏见。

（6）环境和社会福祉：人工智能系统应该是可持续的（即它们应该对生态负责），并能促进积极的社会变革。

（7）问责制：人工智能系统应该是可审计的，并由现有的企业告密者保护机制覆盖。系统的负面影响应事先得到承认和报告。

这些原则中，有些条款的措辞比较抽象，很难从客观意义上进行评估。这些指导方针不具有法律约束力，但可以影响欧盟起草的任何未来立法。欧盟发布的报告还包括了一份被称为"可信赖人工智能评估列表"，它可以帮助专家找出人工智能软件中的任何潜在弱点或危险。此列表包括以下问题："你是否验证了系统在意外情况和环境中的行为方式？"以及"你评估数据集中数据的类型和范围了吗？"

IBM 欧洲主席页特表示，此次出台的指导方针为推动人工智能的道德和责任制定了全球标准。

13.2.4　人工智能系统"人机对齐"

人们生活在一个与人工智能共存的时代。从推荐算法到自动驾驶，从金融风控到医疗诊断，人工智能正在以前所未有的方式影响着人们的决策和生活。然而，如果无法确保系统的行为符合人类的伦理、价值观和实际需求，人工智能带来的可能不仅是效率的提升，更可能是信任的崩塌。

因此，"人机对齐"成为人工智能研究领域的关键议题。这一技术旨在确保人工智能系统在完成复杂任务时，其行为符合人类的意图和预期。

1. 人机对齐的技术核心

人机对齐的技术核心在于通过偏好学习和伦理嵌入准确表达人类意图、提升决策过程的透明性和可解释性、在自主学习中实施安全机制，确保人工智能行为符合人类价值观和伦理标准。

（1）人类意图的表达与建模。人机对齐的第一步，是准确地将人类意图转换为机器可以理解的指令。这并非易事，因为人类的意图往往复杂且多变。

现代 AI 采用的主要方法如下。

- 偏好学习：通过分析用户的行为数据或直接采集偏好反馈，构建人类意图的数学模型。例如，OpenAI 在训练强化学习模型时引入了"人类反馈强化学习（RLHF）"，让人工智能系统通过人类评估优化其行为。
- 伦理和价值嵌入：一些研究试图将人类的伦理规范融入人工智能模型。例如，DeepMind 开发了一套伦理评估框架，用于在人工智能训练过程中引导其避免不道德行为。

（2）决策过程的透明性与可解释性。人机对齐的另一关键在于让人工智能的决策过程透明化。当人工智能能够清晰地解释"为什么这样决策"时，人类对其的信任度将显著提升。

当前的主流技术如下。

- 可解释人工智能：使用模型可视化或生成自然语言解释来阐明算法行为。例如，医疗诊断系统会解释其病情判断的依据，如特定影像区域的异常表现。
- 因果推断：通过分析因果关系增强 AI 的决策逻辑，让其能够更接近人类的思维方式。

（3）自主学习中的安全机制。人工智能的自主学习能力是一把双刃剑。在增强其性能的同时，如何避免其偏离人类意图成为重大挑战。

解决方案如下。

- 价值对齐强化学习：在人工智能自主决策时，引入动态调整机制，确保其行为在既定的价值框架内进行。
- 约束优化：设置硬性约束条件，让人工智能在探索过程中不会突破伦理或法规界限。

2. 人机对齐的应用场景

人机对齐的应用场景涵盖自动驾驶、医疗诊断、内容推荐和公共决策等领域，旨在通过技术与伦理的结合，提升系统的安全性、透明性和公平性，确保人工智能的行为符合人类的价值观和社会利益。

（1）自动驾驶：从技术到伦理的全面对齐。自动驾驶技术需要在复杂的交通环境中实时决策，涉及安全、效率和伦理考量。例如，特斯拉等企业正在开发更精准的传感器数据融合和决策模型，同时引入人机对齐框架；Waymo 在其算法设计中引入了事故预防优先权，确保在突发情况下车辆优先选择最小化伤害的策略。

（2）医疗诊断：人工智能是医生的可信赖伙伴。医疗人工智能的应用必须在诊断精度与人类医生的经验之间找到平衡。例如，"IBM 沃森健康"结合医生的反馈优化癌症治疗方案，为患者提供更可靠的建议。与此同时，医疗人工智能系统必须解释其诊断依据，如基因序列特征或影像模式，以确保医生和患者的信任。

（3）内容推荐：避免"信息茧房"。推荐系统常被批评为"其加剧了信息茧房"。为解决这一问题，字节跳动等企业引入了基于多样性优化的人机对齐策略，让推荐结果更贴近用户的长远利益，而非短期点击率。例如，奈飞的推荐算法通过引入"多目标优化"，平衡用户即时观看兴趣与潜在喜好探索。

（4）公共决策：公平与透明的算法治理。人工智能正在被用于政策评估和公共资源分配，但如何确保其公平性和透明性是重要议题。例如，美国司法系统曾因 AI 风险评估工具的种族偏见问题而引发争议。解决此类问题的关键在于建立多方参与的对齐机制，通过定期审查和公开算法设计流程来增强社会信任。

3. 未来挑战与时代使命

人机对齐面临的未来挑战主要体现如下。

（1）跨文化与跨群体的价值冲突。人类的价值观因文化、社会背景而异。在设计全球化人工智能系统时，如何兼容不同文化的伦理标准是重大挑战。例如，一个在北欧设计的医疗人工智能系统可能无法直接适用于亚洲国家。

（2）对抗性输入与误导性行为。人工智能面临来自对抗性输入的潜在威胁，这些输入可能引导其偏离正确轨道。例如，自动驾驶汽车的传感器可能被攻击导致错误决策。为此，需要在对齐过程中引入更强的鲁棒性训练。

（3）技术与伦理的动态演进。人工智能技术的快速发展使得伦理框架难以跟上。例如，生成式人工智能的崛起引发了对版权和虚假信息的广泛担忧。未来的人机对齐研究需要不断更新技术与伦理的对话机制。

在人类社会加速与人工智能融合的今天，人机对齐不仅是一项技术课题，更是一项关乎未来的社会工程。它承载着人与技术如何共生的深刻命题。从自动驾驶到医疗诊断，从内容推荐到政策治理，人机对齐技术正在为人工智能系统注入信任的基因。未来的人工智能系统若能真正实现对人类意图的深度理解与一致响应，将成为人类文明进步的有力工具。

13.2.5　人工智能伦理的发展

人工智能的创新与社会应用方兴未艾，智能社会已见端倪。人工智能发展不仅仅是一场席卷全球的科技革命，也是一场对人类文明带来前所未有深远影响的社会伦理实验。

人工智能伦理的发展是一个不断演进的过程，旨在应对技术进步带来的道德、法律和社会问题，确保人工智能技术的健康发展并服务于人类的共同福祉。总之，人工智能伦理的发展是一个涉及技术、法律、社会、哲学等多领域交叉的复杂过程，需要全球各界的共同努力，以促进人工智能技术的良性发展，实现技术进步与人类伦理道德的和谐共生。

虽然人工智能在语音和图像识别上得到了广泛应用，但真正意义上的人工智能的发展还有很长的路要走。在应用层面，人工智能已经开始用于解决社会问题，各种服务机器人、辅助机器人、陪伴机器人、教育机器人等社会机器人和智能应用软件应运而生，各种伦理问题随之产生。机器人伦理与人因工程相关，涉及人体工程学、生物学和人机交互，需要以人为中心的机器智能设计。随着推理、社会机器人进入家庭，如何保护隐私、满足个性都要以人为中心而不是以机器为中心进行设计。过度依赖社会机器人将带来一系列的家庭伦理问题。为了避免人工智能以机器为中心，需要法律和伦理研究参与其中，而相关伦理与哲学研究也要对技术有必要的了解。

需要制定人工智能的职业伦理准则，来达到以下目标。

（1）为防止人工智能技术的滥用设立红线。

（2）提高职业人员的责任心和职业道德水准。

（3）确保算法系统的安全可靠。

（4）使算法系统的可解释性成为未来引导设计的一个基本方向。

（5）使伦理准则成为人工智能从业者的工作基础。

（6）提升职业人员的职业抱负和理想。

人工智能的职业伦理准则至少应包括以下几个方面。

（1）确保人工智能更好地造福于社会。

（2）在强化人类中心主义的同时，达到走出人类中心主义的目标，在二者之间形成双向互进关系。

（3）避免人工智能对人类造成任何伤害。

（4）确保人工智能体位于人类可控范围之内。

（5）提升人工智能的可信性。

（6）确保人工智能的可问责性和透明性。

（7）维护公平。

（8）尊重隐私、谨慎应用。

（9）提高职业技能与提升道德修养并行发展。

对于人工智能伦理规则的未来发展，有以下几点需要考虑。

（1）长期影响评估：加强对人工智能长期社会、经济、环境影响的预测和评估，确保技术发展与人类可持续发展目标相协调。

（2）伦理治理机制：构建更加完善的伦理治理机制，包括伦理审查委员会、道德准则的实施与监督，以及对不合规行为的处罚机制。

（3）全球伦理共识：推动形成更加广泛、包容的全球伦理共识，确保人工智能技术的开发和应用符合全人类的共同价值观。

【作业】

1．人工智能应用的日益广泛带来了诸多复杂的伦理问题。专家认为，需要让伦理成为人工智能研究与发展的（   ）组成部分。

    A．根本   B．一般   C．潜在   D．可能

2．以下关于人工智能的论述中，正确的是（   ）。

    ① 人工智能技术与各产业领域的深度融合，形成智能经济新形态

    ② 人工智能技术为实体经济的发展插上了腾飞的翅膀

    ③ 整合个人身份信息和行为数据能让机器更了解人类，不会引发隐私和数据泄露问题

    ④ 人工智能技术同产业深度融合，推动产业变革

    A．②③④   B．①②③   C．①②④   D．①③④

3．由于模拟真实的人的大脑和思维的方向不再重要，人工智能发展的一个方向就是（   ）。

    A．模拟人脑   B．独立思维   C．模拟智能   D．智能增强

4．未来人类与智能机器的关系，既不是纯粹的利用关系，也不是对人的取代，而是一种（   ）。

    A．纯粹的利用关系   B．共生性的伙伴关系

    C．对人的取代   D．可能威胁人类的生存

5．在1956年达特茅斯会议上，人们思考的是如何将人类的各种感觉甚至大脑的思考都变成信息，并加以控制和应用。因此，人工智能的发展很大程度上是对人类行为的（   ）。

    A．模拟   B．颠覆   C．扩展   D．批判

6．关于"人工智能威胁论"的悲观态度是想传达一个道理：如果人类想要在人工智能领域深入研究发展，就必须建立起稳妥的（   ）体系，以此约束人工智能的研发方向和应用领域。

    A．技术伦理   B．人文伦理   C．科技伦理   D．哲学伦理

7．所谓"（   ）"是指对个人数据的处理方式，在未使用附加信息的情况下不能确定数据的主体，以确保个人数据不具有特定自然人或可识别自然人的属性。

    A．社会化   B．制度化   C．实名制   D．匿名化

8．人工智能是人类智能的延伸，在其发展过程中，应当包含对人类伦理价值的正确考量，设定伦理要求，遵循一些共识原则，包括（   ）。

    ① 以实现人类利益为终极目标

    ② 尊重人权、对人类和自然环境利益最大化以及降低技术风险和对社会的负面影响

    ③ 维护人工智能系统做出的与伦理道德有偏差的决策

    ④ 在技术开发和应用两方面都建立明确的责任体系

    A．①②④   B．①③④   C．①②③   D．②③④

9．人工智能的发展建立在大量数据的信息技术应用之上，相关法律和标准应该为

（　　）提供强有力的保护。

　　　　A．开发权益　　　　　B．知识结构　　　　C．个人隐私　　　　D．社会利益

10．（　　）所涉及的问题是人工智能发展面临的挑战。

　　　　① 安全　　　　　　　② 伦理　　　　　　　③ 隐私　　　　　　④ 普及

　　　　A．①③④　　　　　　B．①②④　　　　　　C．②③④　　　　　D．①②③

11．2018 年，微软提出了人工智能开发的六大原则，即公平、（　　）、透明、责任。

　　　　① 可靠和安全　　　　② 隐私和保障　　　　③ 经济　　　　　　④ 包容

　　　　A．①②④　　　　　　B．②③④　　　　　　C．①③④　　　　　D．①②③

12．在微软提出的人工智能开发的六大原则中，（　　）是指对人而言，不同区域、不同等级的所有人在人工智能面前是平等的，不应该有人被歧视。

　　　　A．透明度　　　　　　B．公平性　　　　　　C．隐私和保障　　　D．可靠性和安全性

13．在微软提出的人工智能开发的六大原则中，（　　）是一个重要的方面，如深度学习的模型很准确，但是它存在不透明的问题。如果这些模型、人工智能系统不透明，就有潜在的不安全问题。

　　　　A．透明度　　　　　　B．公平性　　　　　　C．隐私和保障　　　D．可靠性和安全性

14．在微软提出的人工智能开发的六大原则中，（　　）是指人工智能使用起来是安全、可靠、不作恶的，这是人工智能非常需要关注的一个领域。

　　　　A．透明度　　　　　　B．公平性　　　　　　C．隐私和保障　　　D．可靠性和安全性

15．在微软提出的人工智能开发的六大原则中，（　　）是指人工智能因为涉及数据，所以总是会引起个人隐私和数据安全方面的问题。

　　　　A．透明度　　　　　　B．公平性　　　　　　C．隐私和保障　　　D．可靠性和安全性

16．在微软提出的人工智能开发的六大原则中，（　　）是指人工智能必须考虑到包容性的道德原则，要考虑到世界上各种功能障碍的人群。

　　　　A．问责制　　　　　　B．包容　　　　　　　C．扩展性　　　　　D．实用性

17．在微软提出的人工智能开发的六大原则中，（　　）是指人工智能系统采取了某个行动、做了某个决策，就必须为自己带来的结果负责。

　　　　A．问责制　　　　　　B．包容　　　　　　　C．扩展性　　　　　D．实用性

18．2018 年 5 月 26 日，百度创始人李彦宏在贵阳大数据博览会上首次提出人工智能伦理四原则，即人工智能的最高原则是安全可控、（　　）。

　　　　① 稳定可靠且经济实惠

　　　　② 人工智能的创新愿景是促进人类更平等地获取技术和能力

　　　　③ 人工智能存在的价值是教人学习、让人成长，而非超越人、替代人

　　　　④ 人工智能的终极理想是为人类带来更多的自由与可能

　　　　A．①③④　　　　　　B．①②④　　　　　　C．①②③　　　　　D．②③④

19．2019 年，欧盟人工智能高级别专家组正式发布了"可信赖的人工智能伦理准则"。根据准则，可信赖的人工智能应该是（　　）。

　　　　① 合法——尊重所有适用的法律法规

　　　　② 合乎伦理——尊重伦理原则和价值观

　　　　③ 稳健——既从技术角度考虑，又考虑到其社会环境

　　　　④ 积极——发展速度快，应用面广，从业人员和专家猛增

A. ②③④   B. ①②③   C. ①③④   D. ①②④

20. 阿西莫夫提出"机器人三定律"，并在后续的研究中补充了"第零定律"，即（　　）。

A. 机器人不得伤害人类，也不得见人受到伤害而袖手旁观

B. 机器人必须服从人的命令

C. 机器人不得伤害人类整体或袖手旁观坐视人类整体受到伤害

D. 机器人必须保护自己

【实训与思考】制定人工智能伦理原则

本项目的"实训与思考"能够帮助学生更好地理解和应用所学的知识，提升他们对人工智能伦理与安全问题的认识，同时培养他们的综合思维能力和创新精神。

1. 人工智能伦理原则的制定与讨论

（1）制定伦理原则。结合本项目内容，以小组为单位，制定一份针对人工智能应用的伦理原则。这些原则应涵盖人工智能在不同领域（如医疗、金融、交通等）的应用，并考虑其对社会、个人隐私、公平性等方面的影响。将你们制定的伦理原则写成一份报告（不少于1000字），并准备在班级内进行 5min 的小组展示。

思考：在制定伦理原则的过程中，如何平衡技术发展与伦理约束？如何确保这些原则在实际应用中具有可操作性？你们认为哪些伦理问题是最关键的？

目的：通过制定伦理原则，让学生理解人工智能伦理的重要性，培养他们的批判性思维和团队合作能力，同时提高他们对伦理问题的敏感度。

（2）伦理原则的案例分析。选择一个实际的人工智能应用案例（如自动驾驶汽车的事故责任问题、人脸识别技术的隐私问题等），分析该案例中涉及的伦理问题，并讨论如何应用你们制定的伦理原则来解决这些问题。将你的分析过程和结果写成一篇报告（不少于800字）。

思考：在分析案例的过程中，如何应用伦理原则？这些原则是否能够有效解决实际问题？如果不能，你们认为需要如何改进？

目的：通过案例分析，让学生理解伦理原则在实际应用中的重要性和局限性，培养他们的问题解决能力和分析能力。

2. 人工智能安全问题的实践

（1）数据隐私保护实践。使用 Python 和相关库（如 Pandas、NumPy 等）处理一个包含个人隐私信息的数据集（如医疗记录、用户行为数据等）。通过数据匿名化、加密等技术，确保数据在分析和使用过程中的隐私性。将你的实践过程和结果写成一篇报告（不少于 800字），并展示处理前后的数据对比。

思考：在数据隐私保护过程中，选择了哪些技术？这些技术对数据的可用性有何影响？如何在保护隐私的同时确保数据的有效利用？

目的：通过数据隐私保护实践，让学生理解数据隐私的重要性，掌握数据匿名化和加密的基本方法，同时培养他们的编程能力和数据分析能力。

（2）人工智能系统的安全性测试。选择一个开源的人工智能系统（如 TensorFlow、PyTorch 等），进行安全性测试。尝试通过对抗性攻击（如对抗性样本生成）来测试系统的鲁

棒性，并记录测试结果。将你的实践过程和结果写成一篇报告（不少于 1000 字），并展示测试过程中的攻击样本和系统反应。

思考：在安全性测试过程中，你发现了哪些潜在的安全问题？如何改进系统的安全性？对抗性攻击对人工智能系统的安全性有何影响？

目的：通过安全性测试，让学生理解人工智能系统的安全性问题，掌握对抗性攻击的基本方法，同时培养他们的安全意识和问题解决能力。

3．人工智能伦理与安全的综合思考

（1）人工智能伦理与安全的未来展望。结合当前人工智能伦理与安全的发展趋势，思考未来人工智能可能面临的伦理和安全挑战。提出你认为可行的解决方案或改进建议，并将你的思考写成一篇短文（不少于 1000 字）。

思考：未来人工智能技术将如何发展？这些发展将带来哪些新的伦理和安全问题？如何在技术发展的同时确保伦理和安全？

目的：引导学生关注人工智能伦理与安全的未来发展方向，培养他们的前瞻性思维和创新精神，同时激发他们对前沿技术研究的兴趣。

（2）人工智能伦理与安全的政策建议。结合本项目内容，提出针对人工智能伦理与安全的政策建议。这些建议应包括法律、法规、行业标准等方面的内容，并考虑如何在国际层面进行协调。将你的建议写成一篇短文（不少于 1000 字）。

思考：在制定政策建议的过程中，如何平衡技术发展与伦理约束？如何确保这些政策建议在实际应用中具有可操作性？国际层面的协调有哪些难点？

目的：通过提出政策建议，让学生理解人工智能伦理与安全的政策重要性，培养他们的政策分析能力和国际视野，同时提高他们对伦理和安全问题的关注度。

4．实训总结

_____

_____

5．实训评价（教师）

_____

项目 14
求索人工智能创新发展

学习目标

- 理解人工智能的创新发展与社会影响：了解人工智能与大数据、物联网、云计算等技术的结合，以及其在经济社会各领域的广泛应用。
- 掌握人工智能发展的启示：认识到人工智能对个人、组织和社会的深远影响，包括持续学习的重要性、数据价值与隐私保护、伦理考量、跨学科合作的必要性等。
- 了解人工智能的现状与未来趋势：熟悉人工智能在技术创新、应用领域扩展、伦理与法律挑战等方面的发展现状，以及未来可能面临的机遇和挑战。
- 探讨人工智能的极限与发展方向：理解弱人工智能与强人工智能的区别，探讨通用人工智能（AGI）的实现路径及其面临的困难。
- 培养对人工智能未来发展的思考能力：通过案例分析和讨论，引导学生思考人工智能的未来发展方向，提出可行的解决方案或改进建议。
- 提升跨学科思维与创新能力：通过学习人工智能与其他学科的交叉应用，培养学生综合运用多学科知识解决问题的能力。

任务 14.1　人工智能的社会影响

人工智能技术的三大结合领域分别是大数据、物联网和云计算（边缘计算）。经过多年的发展，大数据在技术体系上已经趋于成熟，机器学习也是大数据分析比较常见的方式。物联网是人工智能的基础，也是未来智能体重要的落地应用场景，学习人工智能技术离不开物联网知识。将人工智能技术与云计算和边缘计算结合正成为推动技术创新的重要力量，可以充分发挥各自的优势。例如，边缘设备（如摄像头、传感器）收集的数据可以通过边缘计算进行初步处理，而更复杂的分析则交给云端来完成。这样既保证了即时性，又充分利用了云端的强大算力。此外，这种组合还支持更广泛的应用场景，促进了智能化社会的发展。

经过数十年的发展，人工智能取得突破性的发展，在经济社会各领域得到广泛应用并引领着新一轮的产业变革，推动人类社会进入智能化时代。

人们研究了各种不同的智能体设计，从反射型智能体到基于知识的决策论智能体，再到使用强化学习的深度学习智能体都有涉及。将这些设计组合起来的技术也是多样的：可以使用逻辑推理、概率推理或神经推理，可以使用状态的原子表示、因子化表示或结构化表示，对各种类型的数据使用不同的学习算法以及多种与外界交互的传感器和执行器。

总体上看，人工智能的发展具有以下"四新"特征。

（1）以深度学习为代表的人工智能核心技术取得新突破。

（2）"智能+"模式的普适应用为经济社会发展注入新动能。

（3）人工智能成为世界各国竞相战略布局的新高地。

（4）人工智能的广泛应用给人类社会带来法律法规、道德伦理、社会治理等一系列新挑战。

14.1.1　人工智能发展的启示

人工智能的目标是模拟、延伸和扩展人类智能，探寻智能本质，发展类人智能机器，其探索之路充满未知且曲折起伏。人工智能的发展不仅推动了技术的进步，也为社会、经济乃至个人带来了深刻的启示。这些启示可以概括如下。

（1）持续学习与适应变化的重要性。人工智能技术的快速发展表明，无论是个人还是组织，都需要具备持续学习和快速适应新环境的能力。面对不断更新的技术和知识体系，保持开放的学习态度是跟上时代步伐的关键。

（2）数据的价值与隐私保护。人工智能依赖大量数据进行训练和优化，这凸显了数据作为新时代"石油"的重要性。然而，这也提醒人们要重视数据隐私和安全问题，确保在利用数据价值的同时，遵守相关法律法规，保护用户隐私。

（3）伦理考量与技术责任。随着人工智能的应用越来越广泛，如何确保其决策过程公平、透明并符合人类价值观成为一个重要议题。开发者和社会需要共同思考并制定相应的伦理准则，确保人工智能技术服务于人类福祉而非造成伤害。

（4）跨学科合作的必要性。人工智能的发展不仅仅是计算机科学领域的事情，还涉及心理学、神经科学、哲学等多个学科的知识。解决复杂的现实问题往往需要跨学科的合作，这种多视角的综合分析能够带来更全面、有效的解决方案。

（5）创新思维与实践。人工智能的进步鼓励人们跳出传统框架，探索新的可能性。无论是算法设计、应用场景开发还是商业模式创新，都需要敢于尝试新方法、新技术，并勇于接受失败。

（6）促进包容性和多样性。人工智能系统的成功部署需要考虑到不同文化背景、语言习惯等因素的影响，以避免偏见和歧视。因此，在团队构建和技术开发过程中，注重包容性和多样性有助于创建更加公正、和谐的社会环境。

（7）增强人类能力而非取代。尽管人工智能具有强大的计算能力和处理速度，但它最理想的角色是辅助而非完全替代人类工作。通过人机协作，可以最大化地发挥各自的优势，实现效率提升和服务质量改进。

人工智能的发展为人们提供了关于技术创新、社会责任以及未来方向的重要启示，指导人们在享受科技进步带来便利的同时，也要关注其可能带来的挑战，并积极寻求应对之道。

14.1.2　发展现状与影响

人工智能技术已经取得了显著的进步，并在多个领域得到了广泛应用。

（1）技术创新：基于神经网络的深度学习技术继续推动图像识别、语音识别和自然语言处理等领域的突破。强化学习通过自我游戏或模拟环境中的试验来优化决策过程，如AlphaGo 和自动驾驶汽车中使用的算法。生成对抗网络（GAN）用于生成逼真的图像、视频甚至艺术作品，以及进行数据增强和模拟训练。

（2）应用领域扩展：主要应用场景如下。

- 医疗健康：人工智能被用来改进诊断准确性、个性化治疗方案和药物发现。
- 金融服务：用于风险管理、欺诈检测、自动化交易等。
- 智能制造：提高生产效率，实现预测性维护和质量控制。
- 智能交通：自动驾驶技术和智能交通管理系统正在逐步成为现实。
- 教育：提供个性化的学习体验和自动评估系统。

（3）伦理与法律挑战：随着人工智能技术的应用日益广泛，隐私保护、数据安全、算法偏见和责任归属等问题也引起了广泛关注。各国政府和国际组织正在努力制定相关政策和法规，以确保人工智能的安全、公平和透明使用。

人工智能的发展对于人类社会的影响主要如下。

（1）经济影响：人工智能技术促进了生产力的增长，创造了新的商业模式和服务，但也对就业市场产生了冲击，某些低技能工作可能被自动化取代。需要加强对劳动力的再培训和终身学习的支持，以便人们能够适应新的工作要求。

（2）社会影响：改善了生活质量，如智能家居设备让生活更加便捷；同时，也带来了隐私泄露的风险。在公共政策制定和社会治理方面，人工智能提供了更精确的数据分析工具，有助于做出更明智的决策。

（3）文化影响：人工智能创作的艺术作品引发了关于原创性和版权的新讨论。媒体和娱乐产业利用人工智能技术制作内容，改变了传统的生产和消费模式。

可见，人工智能不仅在科技层面持续创新，而且深刻地影响着人们的经济、社会和文化生活。面对这些变化，需要平衡好技术进步与社会责任之间的关系，确保人工智能的发展能够造福全人类。

14.1.3　人工智能的极限

1980 年，哲学家约翰•希尔勒提出了弱人工智能和强人工智能的区别。弱人工智能的机器可以表现得智能，而强人工智能的机器是在真正地、有意识地思考（而非仅模拟思考）。随着时间的推移，强人工智能的定义转而指代"人类级别的人工智能"或"通用人工智能"等，可以解决各种各样的任务，包括各种新奇的任务，并且可以完成得像人类一样好。

然而，近年来的飞速进展并不能说明人工智能可以无所不能。图灵是第一个定义人工智能的人，也第一个对人工智能提出了异议，他预见了后人提出的几乎所有意见。

1. 由非形式化得出的论据

图灵在"由行为的非形式化得出的论据"中提到，人类的行为太复杂了，现实中，人们必须使用一些非形式化的准则，任何一个形式化的规则集都无法被完全捕捉到，而非形式化准则也无法被形式化规则集捕捉，因此也无法在计算机程序中编码。

休伯特•德雷福斯是这一观点的主要支持者，他曾就人工智能发展发表过一系列颇具影响力的作品：《计算机不能做什么》以及和他的兄弟斯图尔特•德雷福斯合著的《头脑重于机器》。同样，哲学家肯尼斯·萨瑞说："在对计算主义的狂热推崇中追求人工智能，是根本不可能有任何长久的结果的。"他们所批评的技术后来被称为"老式人工智能"。

老式人工智能对应的简单逻辑智能体设计确实很难在一个充要的逻辑规则集里捕捉适当行为的每一种可能性，称之为资格问题。但正如概率推理系统更适合开放领域、深度学习系统在各种"非形式化"任务上表现良好，这一批评并不是针对计算机本身，而仅针对使用逻辑规则进行编程这一特定风格。这种风格曾在 20 世纪 80 年代流行，但已被新方法取代。

德雷福斯最有力的论据之一是针对情景式智能体而不是无实体的逻辑推理机。相比于那些看过狗奔跑、和狗一起玩过、曾被狗舔过的智能体来说，一个对"狗"的理解仅来自一组有限的逻辑语句的智能体是处于劣势的。

体验认知方法声称单独考虑大脑是毫无意义的：认知发生在躯体内部，而躯体处于环境中。需要从整体上研究这个系统。大脑的运行利用其所处环境中的规律，这里的环境包括躯体的其他部分。在体验认知方法中，机器人、视觉和一些其他的传感器成为核心而非外围部分。

德雷福斯看到了人工智能还未能完全解决的领域，并由此声称人工智能是不可能的。现在，许多科研人员正在这些领域进行持续的研究和开发，从而提高人工智能的能力，降低不可能性。

2. 衡量人工智能

图灵在论文"计算与智能"中提出，与其问机器能否思考，不如问机器能否通过行为测试，即图灵测试。图灵测试需要一个计算机程序与测试者进行 5min 的对话（通过键入消息的方式）。然后，测试者必须猜测与其对话的是人还是程序；如果程序让测试者做出的误判超过 30%，那么它就通过了测试。对图灵来说，关键不在于测试的具体细节，而在于智能应该通过某种开放式行为任务上的表现而不是通过哲学上的推测来衡量。

图灵曾推测，到 2000 年，拥有 10 亿存储单元的计算机可以通过图灵测试。但 2000 年已经过去了，人们仍不能就是否有程序通过图灵测试达成一致。许多人在他们不知道有可能是和计算机聊天时被计算机程序欺骗了。

2014 年，一款名为尤金·古斯特曼的聊天机器人在图灵测试中令 33%未受训练的业余评测者做出误判。这款机器人的程序声称自己是一名来自乌克兰的男孩，英语水平有限，这点让它出现语法错误有了解释。或许图灵测试其实是关于人类易受骗性的测试。目前为止，聊天机器人还不能骗过受过良好训练的评测者。

图灵测试竞赛带来了更优秀的聊天机器人，但这还尚未成为人工智能领域的研究重点。相反，追逐竞赛的研究者更倾向于下国际象棋、下围棋、玩《星际争霸Ⅱ》游戏。在许多竞赛中，程序已经达到或超过人类水平，但这并不意味着程序在这些特定任务之外也能够像人类一样。人工智能研究的关键点在于改进基础科学技术和提供有用的工具，而不是让评测者上当。

14.1.4　人工智能工程

计算机编程领域始于几位非凡的先驱，但直到软件工程发展起来，有了大量可用工具，并形成了一个由教师、学生、从业者、企业家、投资者和客户共同组成的生态系统后，它才成为一个重要产业。

人工智能产业尚未达到这种成熟度。虽然人们拥有各种强大的工具和框架，如TensorFlow、Keras、PyTorch、Caffe、Scikit-Learn 和 SciPy，但遗憾的是，已经证明许多最有前途的方法（如 GAN 和深度强化学习）都难以使用，因为需要经验和一定程度的调试才能让这些方法在一个新领域上训练好。人们缺少足够的专家在所有需要的领域上完成这些工作，也缺少工具和生态系统让不太专业的从业者成功。

谷歌公司的杰夫·迪安认为，在未来，我们希望机器学习能处理数百万个任务。从零开始开发每个系统是不切实际的，所以他建议不如构建一个大型系统，对每个新任务从系统中抽取出与任务相关的部分。目前已经看到在这方面的一些进展，如有数十亿个参数的Transformer 语言模型（如 BERT、GPT-2）以及"非常大的"集成神经网络架构，在一个实验中，参数数量可达 680 亿个，但依然有许多工作要做。

14.1.5　影响工程的顶级趋势

人工智能在重塑工程范式方面发挥着关键作用，它提供的工具和方法可提高各个领域的精度、效率和适应性。想要在人工智能竞赛中保持领先，应该关注四个关键领域的进步：生成式人工智能、验证和确认、降阶模型、控制系统设计。

趋势一：生成式人工智能的应用转向框图、3D 模型和流程图。

虽然最初对基于文本的生成式人工智能的关注影响了以软件为中心的工作流程，但它对具有更高级别抽象的工程工具的影响却显滞后。2025 年，预计生成式人工智能在"无代码"工程工具（如框图、3D 模型（见图 14-1）和流程图）中的应用将继续取得进展。这些工具使工程师能够以图形方式表示复杂的系统，毫不费力地编辑组件，并管理固有的复杂性。此外，它们对于工程师的工作效率至关重要，将生成式人工智能与这些工具相结合将进一步提高他们的生产力，同时保持最终用户熟悉的界面。该领域的更多工具将集成人工智能助手，使其能够理解工程模型并协助其设计和管理。

图 14-1　3D 模型

趋势二：工程师利用验证和确认实现人工智能合规性。

随着人工智能与汽车、医疗保健和航空航天应用中安全关键型系统的融合加速，行业管理机构正在推出人工智能合规的要求、框架和指导。作为回应，工程师必须优先考虑验证和确认（V&V）过程，以确保其人工智能组件已准备好在任何条件下部署，并满足潜在的可靠性、透明度和偏差合规标准。

分布外（Out-of-Distribution，OOD）检测是机器学习领域中的一个关键研究方向，它专注于识别那些在模型训练阶段未被覆盖的数据样本。这种检测技术对于提高模型的鲁棒性至关重要，尤其是在模型可能遇到与训练数据显著不同的新环境时。OOD 检测的核心挑战在于，模型需要能够在面对未知或异常数据时做出正确的响应，而不是盲目地做出预测。

验证和确认对于验证深度学习模型的稳健性和检测分布外场景至关重要，特别是在安全关键型应用中。稳健性验证至关重要，因为神经网络可能会对带有微小、难以察觉的变化（称为对抗性示例）的输入进行错误分类。例如，胸部 X 光图像中的一个细微扰动可能会导致模型错误地将肺炎识别为正常。工程师可以提供模型一致性的数学证明并使用形式化验证方法（如抽象解释）来测试这些场景。此过程通过识别和解决漏洞来增强模型的可靠性并确保符合安全标准。

分布外检测使人工智能系统能够识别并适当地处理不熟悉的输入。这种能力对于保持准确性和安全性至关重要，尤其是当意外数据导致错误预测发生时。辨别分布内和分布外数据的能力确保人工智能模型可以将不确定的情况交给人类专家，从而防止关键应用程序中出现潜在故障。

专注于验证和确认让工程师遵守人工智能框架和标准，同时推动行业内的产品开发。主动的合规方法可确保人工智能系统可靠、安全且符合道德规范，从而在快速发展环境中保持竞争优势。

趋势三：基于人工智能的降阶模型在工程领域的兴起。

随着人工智能技术和计算能力的进步，使用基于人工智能的降阶模型的趋势预计会增长。利用这些模型，工程师可以提高系统性能和可靠性以及系统设计和模拟的效率和功效。这种转变背后的主要驱动力是工程师需要管理日益复杂的系统，同时保持高精度和速度。传统的计算机辅助工程（CAE）、计算流体动力学（CFD）、有限元分析（FEA）模型虽然准确，但计算量大且不适合实时应用。基于人工智能的降阶模型则通过减少计算需求同时保持准确性来解决这个问题。工程师可以使用这些模型更快地模拟复杂现象，从而实现更快的迭代和优化。

此外，基于人工智能的降阶模型具有适应不同参数和条件的高度通用能力，增强了其在不同场景中的适用性。这种适应性在航空航天、汽车和能源领域尤其有价值，因为这些领域的工程系统通常涉及需要详细建模和模拟的复杂物理现象。例如，设计和测试飞机部件（如机翼或发动机）的工程师可以更有效地模拟空气动力学特性和应力因素，从而帮助工程师快速迭代和优化设计。此外，基于人工智能的降阶模型可以适应各种飞行条件，使其成为使用同一模型测试多种场景的多功能工具。此功能可加速开发过程、降低成本并提高最终产品的可靠性。

降阶建模通过简化复杂的 CFD/CAE/FEA 模型来加速模拟，平衡保真度和速度，实现高效的工程设计。

趋势四：人工智能打破复杂系统控制的障碍。

人工智能与控制设计的持续融合将改变该领域，特别是在管理复杂系统和嵌入式应用程序方面。传统上，控制系统设计依赖于第一性原理建模，这需要对系统有丰富的知识和深入的了解。数据驱动建模仅限于在设计范围内的一小部分中有效的线性模型。人工智能正在通过从数据中创建精确的非线性模型来改变这种状况。这使得创建结合第一性原理和数据且在整个操作范围内有效的高精度模型成为可能。这一进步使得人们能够更好地控制复杂系统。

同时，微控制器不断增强的计算能力也促进了人工智能算法直接嵌入到系统中。这种集成在消费电子和汽车行业尤其具有影响力，因为高响应系统正在成为常态。例如，人工智能嵌入电动工具中以监测和应对环境变化，可能带来安全风险的突然材料密度变化。这些工具使用嵌入式人工智能来自主调整其操作，从而提高安全性和性能。

任务 14.2　通用人工智能

在人工智能领域中，反射型响应适用于以时间为重要因素的情形；基于知识的深思熟虑允许智能体提前做准备；当数据充足时，机器学习比较方便；但当环境发生变化或人类设计者在相关领域知识不足时，机器学习就十分必要。

长期以来，人工智能一直分裂为符号系统（基于逻辑和概率推断）和连接系统（基于大量参数的损失函数最小化）两个方向。如何取两家之长是人工智能的一个持续性的挑战。符号系统可以拼接长推理链，并利用结构化表示的表达能力。连接系统在数据有噪声的情况下也能识别出模式。例如，一个研究方向是将概率编程与深度学习相结合。

同时，智能体也需要控制自己的思考过程。它们必须充分利用时间，在需要做出决策前结束思考。例如，一个出租车驾驶智能体在看到前方发生事故时，必须在一瞬间决定是刹车还是转向；它也需要在瞬间考虑最重要的问题，如左右两侧车道是否畅通、后方是否紧跟着一辆大卡车，而不是考虑该去哪接下一位乘客。这些问题通常在实时人工智能课题下进行研究。随着人工智能系统转向更加复杂的领域，智能体永远不会有足够长的时间来精确解决问题，因此所有问题都将变为实时问题。

14.2.1　传感器与执行器

观察人工智能技术的发展，可以发现大多数时候人工智能装置并没有直接接触外界。人工智能系统大都建立在人工提供输入并解释输出的基础上。同时，机器人系统专注于低层级任务，这些任务通常不涉及高层级的推理和规划，对感知的要求也极低。这种状况一部分是因为机器人工作所需要的费用和工程量很大，另一部分是因为处理能力和算法有效性还不足以处理高带宽的视觉输入。

随着机器人技术的成熟，情况在迅速转变。机器人的进步得益于可靠的小型电动机驱动和改进的传感器，自动驾驶汽车中激光雷达的成本大幅度下降，而单芯片版本的传感器成本已经很低。

手机摄像头对更优秀图像处理性能的需求降低了用于机器人的高分辨率摄像头的成本。MEMS（微机电系统）技术提供了小型化加速度计、陀螺仪，以及小到可以植入人工飞行昆虫中的处理器。可以将数以百万计的 MEMS 设备结合成强大的大型执行器。3D 打印和生物打印技术使得用原型进行实验更为容易。

由此可以看出，人工智能系统正处在从最初的纯软件系统转变为有效的嵌入式机器人系统的关键时期，灵活、智能的机器人很可能最先在工业领域（环境更可控、任务重复度更高、投资价值更易衡量）而非民用领域（环境与任务的变化更复杂）取得进步。

14.2.2　通用人工智能概念

人工智能的大多数进展都由特定任务上的竞赛驱动，如 DARPA 举办的自动驾驶汽车挑战赛、ImageNet 对象识别竞赛或者与人类职业选手比赛下国际象棋、下围棋、打扑克、玩《危险边缘》游戏。对每项任务，人们通常使用专门为此任务收集的数据，使用独立的机器学习模型从零开始训练，构造独立的人工智能系统。但一个真正智能的智能体，能完成的应该不止一件事。图灵曾列出他的清单，科幻小说家罗伯特·海因莱因则这样说：

生而为人，应该能够换尿布、策划入侵、杀猪、驾船、设计建筑、写诗、算账、砌墙、接骨、抚慰临终之人、接受命令、下达命令、合作、独行、解方程、分析新问题、抛洒粪肥、编写程序、烹饪美食、高效战斗、英勇牺牲。只有昆虫才需要专业分工。

至今还没有一个人工智能系统能完成这个列表中的所有任务，一些通用人工智能或人类级别人工智能（HLAI）的支持者坚持认为，继续在特定任务或单独组件上进行研究不足以让人工智能精通各项任务，而需要一种全新的方法。实际上，大规模的新突破是必要的，但总的来说，人工智能领域在探索和开发之间已经做出了合理的平衡，在组装一系列组件改进特定任务的同时，也探索了一些有前途的、有时甚至是遥远的想法。

如果在 1903 年告诉莱特兄弟停止研究单任务飞机，去设计一种可以垂直起飞、超越声速、可载客数百名、能登陆月球的"人工通用飞行器"，这种做法是不可行的。莱特兄弟制造的人类历史上第一架能自由飞行且可操纵的动力飞机"飞行者一号"（见图 14-2）是用结实的云杉木制成的双翼飞机。在他们首次飞行后，再每年举办竞赛促进云杉木双翼飞机改进也是不现实的。

可以看到，对组件的研究可以激发新的想法，如生成对抗网络（GAN）和 Transformer

图 14-2　莱特兄弟制造的"飞行者一号"

语言模型都开启了研究的新领域。人们也看到了迈向"行为多样性"的脚步。例如，20 世纪90 年代，机器翻译为每一个语言对（如法语到英语）建立一个系统，而如今仅用一个系统就可以识别出输入文本属于 100 种语言中的哪一种，并将其翻译到 100 种目标语言中的任一种。还有一种自然语言系统可以用一个联合模型执行 5 个不同的任务。

未来，人们将可以创建出拥有人脑般处理能力的计算机。到那时候，人们可能制造出能在现实世界中运作的机器人，它至少具备一个人的基本行为能力。它们将利用与人类神经系统相同的方法来实现低级别功能，其他的则更多依靠计算机科学而不是神经生物学。正是因为如此，它们没有生命，也不具备自我意识。这类机器人可以用于完成重复性工作，工作场景必须相对固定，遭遇突发情况的概率较低。即使是这样，它们还是常常会不知所措，带来的麻烦事比做出的贡献要多得多。

创造真正的人工智能需要的绝不仅仅是内存大、速度快的计算机，它需要研究大脑的运作，要求更先进的扫描和探测工具，也需要研究各类技术，要求大量实验及错误构建原型。这样的人工智能可以用于完成许多人类力所不能及的任务，如太空探索，但它们也将面临与人类一样的问题的困扰。几乎可以肯定，那种在不同物体之间建立联系的能力，有助于人们很好地解决一些意料之外的问题。同人脑类似的思维也将会拥有各种情感，因为这是人们思维运作不可或缺的特点。像人类一样，人工智能设备也会犯错，需要高效地学习不同技能。

未来的人工智能将继续快速发展，并在多个方面实现重大突破和变革。以下是一些可能的技术进步趋势和影响。

（1）更强大的计算能力：随着量子计算等新型计算技术的发展，AI 将能够处理更加复杂的问题，解决当前无法触及的大规模数据集或高度复杂的模型训练问题。

（2）自我学习与适应性增强：未来的人工智能系统可能会具备更强的自我学习能力和环境适应性，能够在没有明确编程的情况下自主改进性能，甚至能够进行跨领域知识迁移。

（3）通用人工智能（AGI）：虽然人们还处于狭义人工智能阶段，但长远来看，科学家们正朝着创建具有广泛认知能力的通用人工智能努力，这种人工智能能够在不同任务上达到人类水平的表现。

14.2.3　意识与感知

贯穿所有关于强人工智能争论的主题是意识：对外部世界、自我、生活的主观体验的认识。经验的内在本质的专业术语是感质（源于拉丁语，大意是"什么样的"）。最大的问题是机器是否有感质。在电影《2001 太空漫游》中，当宇航员戴夫·鲍曼断开计算机哈尔的"认知电路"时，屏幕上写着"戴夫，我害怕。戴夫，我的脑子正在消失，我能感觉到"。哈尔真的有感情（且值得同情）吗？又或者这个回复是否只是一种算法响应，与"404 错误：未找到"没有任何区别？

对动物们也有类似的问题：宠物的主人确信他们的猫狗有意识，但不是所有科学家都认同这一点。蟋蟀会根据温度改变自己的行为，但几乎没人会说蟋蟀能体验到温暖或寒冷。

意识问题难以解决的一个原因是，即使经过几个世纪的争论，它的定义依然不明确。但解决方法可能不远了。近年来，在坦普顿基金会的赞助下，哲学家和神经科学家合作开展了一系列能解决部分问题的实验。两种主流意识理论（全球工作空间理论和整合信息理论）的支持者都认为这些实验可以证明一种理论优于另一种，这在哲学史上实属罕见。

图灵承认意识问题是一个困难的问题，但他否认它与人工智能的实践有很大的关联："我不想给人留下我认为意识并不神秘这样的印象……但我认为，我们不一定需要在回答所关注的问题之前先揭开这些奥秘。"人们认同图灵的观点，人们感兴趣的是创建能做出智能行为的程序。意识的各个方面（如认知、自我认知、注意力等）都可以通过编程成为智能机器的一部分。让机器拥有和人类一模一样的意识并不是人们想要做的。人们认同做出智能行为需要一定程度的认知，这个程度在不同任务中是不同的，而涉及与人类互动的任务则需要关于人类主观经验的模型。

在对经验建模这方面，人类明显比机器有优势，因为人们可以靠自身去主观感受他人的客观体验。例如，如果你想知道别人用锤子敲拇指是什么感觉，你可以用锤子敲自己的拇指。但机器通常没有这种能力，尽管它们可以运行彼此的代码。

一些哲学家声称，一台能做出智能行为的机器实际上并不会思考，而只是在模拟思考。但大多数人工智能研究者并不关心这一区别，计算机科学家艾兹格·迪杰斯特拉曾说过："机器能否思考……就像潜艇能否游泳这个问题一样重要"。《美国传统英语词典》中对游泳的第一条定义是"通过四肢、鳍或尾巴在水中移动"，大多数人都认同潜艇是无肢的，不能游泳。该词典也定义飞行为"通过翅膀或翅膀状的部件在空中移动"，大多数人都认同飞机有翅膀状部件，能够飞行。然而，无论是问题还是答案，都与飞机和潜艇的设计或性能没有任何关系，而是与英语中的单词用法有关。

图灵再次解决了这一问题。他指出，关于他人内在心理状态如何，我们从未有任何直接证据，这是一种精神唯我论。图灵说："与其继续在这个观点上争论不休，不如回到每个人通常都认可的礼貌惯例。"图灵主张，如果我们和能做出智能行为的机器相处过，那么我们也应该将这一礼貌惯例的使用范围延伸到机器上。

14.2.4　预训练时代或走向终结

2024 年年末，OpenAI 的前首席科学家伊利亚·苏茨克维在一次演讲中，提出了一个令人惊讶的观点：尽管计算能力在不断提升，但数据量的增长却似乎停滞不前。这一观察引发了他对预训练模型未来的质疑，苏茨克维断言，预训练的时代或将走向终结。

苏茨克维进一步展望了人工智能的未来走向，他认为，未来的人工智能系统将不再仅仅依赖于大规模的数据训练，而是会发展出更加接近人类思考方式的解决问题的能力。这样的人工智能将具备推理能力，使得其行为和决策变得更加难以预测。这一预测无疑为人工智能的发展描绘了一个既充满潜力又挑战重重的图景。

在演讲中，苏茨克维还提到了他认为的人工智能发展的三大关键方向：**代理人工智能、合成数据和推理时间计算**。他相信，这三个领域的突破将推动人工智能向更高层次发展，甚至可能催生出超级人工智能。代理人工智能指的是能够自主行动、做出决策的人工智能系统；合成数据则是通过算法生成的高质量数据，可以用于训练人工智能模型而无须依赖真实世界的数据；推理时间计算则关注于如何在有限的计算资源下，让人工智能系统做出更快速、更准确的决策。

苏茨克维的这些预测和见解，不仅揭示了人工智能领域的最新动态，也引发了人们对人工智能未来发展的深思。随着技术的不断进步，人工智能将如何改变人们的生活、工作和社会结构，成为了值得探讨和关注的问题。

强人工智能的实现与否并不妨碍机器人正在变得像人类一样智能，只是意味着它们缺乏自我意识而已。只要计算机的功能足够强大，弱人工智能和实用型人工智能便能满足人们可能的所有需求。如果人造思维能做到所有人类可以做到的事，不管它有没有自我意识都无关紧要。人们可以派机器人来完成持续几十年的星际探索，因为它们可以轻易进入休眠模式之后再被唤醒。人们也可以让机器人来完成危险系数高的工作。

如果人们清楚地知道人脑如何运作，就可以在计算机中进行模拟，使其以与天然大脑完全一致的方式工作。也许几十年后这一目标可以实现，但现在人们对大脑的认识还不够，无法编写相应的程序。当然，人们还需要传感器和传动器来模拟身体其他部位，而这一点仅凭现在的能力也无法实现。人们不能简单地将真实或模拟人脑与激光测距器、电荷耦合器摄像机、传声器、气缸和电动机相连，大脑已经进化到可以利用眼睛和耳朵来处理数据及精准控制肌肉。也许人们可以期待创造出全新的智能，拥有完全不同的传感器和受动器。这样的思维将是完全陌生的，不同于现存的任何生物。

目前为止，人工智能似乎和其他强大的革命性技术一致，如印刷术、管道工程、航空旅行和电话通信系统。所有这些技术都产生了积极影响，但也产生了一些意想不到的副作用，如给弱势阶层带来更大的不利影响。人们应该努力将负面影响降到最低。

总之，人工智能在其短暂的历史中取得了巨大的进步，然而图灵在 1950 年发表的论文

"计算与智能"中的最后一句话时至今日依然有效。

我们只能看到前方的一小段距离，但我们知道依然有很长一段路要走。

【作业】

1. 人工智能技术的三大结合领域分别是（　　），这种组合支持更广泛的应用场景，促进了智能化社会的发展。

① 大数据　　　　　② 数字金融　　　　③ 物联网　　　　④ 云计算

A．①②③　　　　　B．②③④　　　　　C．①②④　　　　　D．①③④

2. 人们研究了各种不同的智能体设计，包括（　　），将这些设计组合起来的技术也是多样的。可以看到人工智能在医学、金融、交通、通信等领域的各种应用都取得了长足的进步。

① 反射型智能体　　　　　　　　　② 基于知识的决策论智能体
③ 发散型智能体　　　　　　　　　④ 使用强化学习的深度学习智能体

A．①③④　　　　　B．①②④　　　　　C．①②③　　　　　D．②③④

3. 人工智能的目标是（　　）人类智能，探寻智能本质，发展类人智能机器，其探索之路充满未知且曲折起伏。

① 模拟　　　　　　② 延伸　　　　　　③ 改变　　　　　　④ 扩展

A．①②④　　　　　B．①③④　　　　　C．①②③　　　　　D．②③④

4. 人工智能技术的快速发展表明，无论是个人还是组织，都需要具备（　　）。面对不断更新的技术和知识体系，保持开放的学习态度是跟上时代步伐的关键。

A．跨学科合作的必要性　　　　　　B．伦理考量与技术责任
C．持续学习和快速适应环境的能力　　D．数据的价值与隐私保护

5. 人工智能依赖大量数据进行训练和优化，这凸显了数据作为新时代"石油"的重要性。然而，这也提醒人们要重视（　　），确保在利用数据的同时遵守相关法律法规。

A．跨学科合作的必要性　　　　　　B．伦理考量与技术责任
C．持续学习和快速适应环境能力　　　D．数据的价值与隐私保护

6. 随着人工智能的应用越来越广泛，如何确保其决策过程公平、透明，并符合人类价值观成为一个重要议题。开发者和社会需要共同思考（　　），确保人类福祉而非造成伤害。

A．跨学科合作的必要性　　　　　　B．伦理考量与技术责任
C．持续学习和快速适应环境能力　　　D．数据的价值与隐私保护

7. 人工智能的发展除了计算机科学领域，还涉及心理学、神经科学、哲学等多个学科的知识。解决复杂的现实问题要重视（　　），以带来更全面、有效的解决方案。

A．跨学科合作的必要性　　　　　　B．伦理考量与技术责任
C．持续学习和快速适应环境能力　　　D．数据的价值与隐私保护

8. 人工智能技术已经取得了显著的进步，并在多个领域得到了广泛应用。其发展对于人类社会的影响主要表现在（　　）等方面的影响。需要平衡关系，确保能够造福全人类。

① 经济　　　　　　② 社会　　　　　　③ 基建　　　　　　④ 文化

A．②③④　　　　　B．①②③　　　　　C．①②④　　　　　D．①③④

9．1980 年，（　　）约翰·希尔勒提出了弱人工智能和强人工智能的区别。弱人工智能的机器可以表现得智能，而强人工智能的机器是在真正地、有意识地思考（而非仅模拟思考）。

A．数学家　　　　　　B．哲学家　　　　　　C．文学家　　　　　　D．心理学家

10．随着时间的推移，强人工智能的定义转而指代"（　　）"等，可以解决各种各样的任务，包括各种新奇的任务，并且可以完成得像人类一样好。

① 专门领域的人工智能　　　　　　② 人类级别的人工智能
③ 通用人工智能　　　　　　　　　④ 动物普遍具有的智能行为

A．①④　　　　　　　B．③④　　　　　　　C．①②　　　　　　　D．②③

11．在人工智能领域中，（　　）响应适用于以时间为重要因素的情形；基于知识的深思熟虑允许智能体提前做准备。

A．利益引导　　　　　B．反射型　　　　　　C．数据回馈　　　　　D．环境互动

12．长期以来，人工智能一直分裂为（　　）和连接系统两个方向，如何取两家之长是人工智能的一个持续性的挑战。

A．符号系统　　　　　B．分类系统　　　　　C．聚合系统　　　　　D．算法系统

13．2024 年年末，研究发现，尽管计算能力在不断提升，但数据量的增长却似乎停滞不前。这一观察引发了对（　　）未来的质疑，它或将走向终结。

A．符号系统　　　　　B．分类系统　　　　　C．预训练模型　　　　D．微调范式

14．专家苏茨克维进一步展望人工智能的未来走向，他认为人工智能发展的三大关键方向是（　　），这三个领域的突破甚至可能催生出超级人工智能。

① 代理人工智能　　② 合成数据　　③ 算法改进　　④ 推理时间计算

A．①②③　　　　　　B．②③④　　　　　　C．①③④　　　　　　D．①②④

15．人工智能在重塑工程范式方面发挥着关键作用。要在人工智能竞赛中保持领先，应该关注（　　）和控制系统设计四个关键领域的进步。

① 计算模式　　② 生成式 AI　　③ 验证和确认　　④ 降阶模型

A．①②③　　　　　　B．②③④　　　　　　C．①②④　　　　　　D．①③④

16．专家预计生成式人工智能在"无代码"工程工具（　　）中的应用将继续取得进展。这些工具使工程师能够以图形方式表示复杂的系统。

① 框图　　② 平面布局　　③ 3D 模型　　④ 流程图

A．①③④　　　　　　B．①②④　　　　　　C．①②③　　　　　　D．②③④

17．创造真正的人工智能需要（　　）。

① 内存大、速度快的计算机　　　　② 研究大脑的运作
③ 要求更先进的扫描和探测工具　　④ 丰富的社会财富

A．①③④　　　　　　B．①②④　　　　　　C．①②③　　　　　　D．②③④

18．未来有可能创造出的真正的人工智能，包括（　　）。

① 具有与人类一样有缺点和困扰　　② 将会胡思乱想和犯错
③ 会拥有各种情感　　　　　　　　④ 完美无瑕的思维逻辑

A．①③④　　　　　　B．①②④　　　　　　C．②③④　　　　　　D．①②③

19．在对（　　）这方面，人类明显比机器有优势，因为人们可以靠自身去主观感受他人的客观体验。

  A．数据容量   B．处理速度   C．经验建模   D．精确计算

20．强人工智能的实现与否并不妨碍机器人正在变得像人类一样智能，只是意味着它们缺乏（ ）而已。

  A．自我意识   B．行为能力   C．自动操作   D．精确计算

【课程学习与实训总结】

1．课程的基本内容

  我们顺利完成了"人工智能通识"课程的教学任务。为巩固了解和掌握的知识与技术，请就此做一个系统的总结。由于篇幅有限，如果书中预留的空白不够，请另外附纸张粘贴在边上。

  （1）本学期完成的"人工智能通识"课程的学习内容如下（请根据实际完成的情况填写）。

  项目 1：主要内容是_____

_____

  项目 2：主要内容是_____

_____

  项目 3：主要内容是_____

_____

  项目 4：主要内容是_____

_____

  项目 5：主要内容是_____

_____

  项目 6：主要内容是_____

_____

  项目 7：主要内容是_____

_____

  项目 8：主要内容是_____

_____

  项目 9：主要内容是_____

_____

  项目 10：主要内容是_____

_____

  项目 11：主要内容是_____

_____

  项目 12：主要内容是_____

_____

  项目 13：主要内容是_____

_____

  项目 14：主要内容是_____

（2）请回顾并简述：通过学习，你初步了解了哪些有关人工智能的重要概念（至少 3项）？

　　① 名称：_____
　　　简述：_____

　　② 名称：_____
　　　简述：_____

　　③ 名称：_____
　　　简述：_____

　　④ 名称：_____
　　　简述：_____

　　⑤ 名称：_____
　　　简述：_____

2. 对"实训与思考"的基本评价

（1）全书各项目中介绍了大量的研究和应用案例，针对这些案例，你印象最深或者相比较而言认为最有价值的是：

　　① _____
　　你的理由是：_____
_____

　　② _____
　　你的理由是：_____
_____

（2）在书中安排的案例学习中，你认为应该得到加强的是：

　　① _____
　　你的理由是：_____
_____

　　② _____
　　你的理由是：_____
_____

（3）对于本课程和本书的学习内容，你认为应该改进的其他意见和建议是：
_____
_____

3. 课程学习能力测评

请根据你的学习情况，客观地在人工智能知识方面对自己做一个能力测评，在表 14-1

的"测评结果"栏中合适的项下打"✓"。

表 14-1　课程学习能力测评

关键能力	评价指标	测评结果					备注
		很好	较好	一般	勉强	较差	
课程基础内容	1．了解本课程的知识体系、理论基础及其发展						
	2．熟悉人工智能（思考工具）基础						
	3．掌握人工智能定义						
	4．熟悉数学素养与计算思维						
	5．熟悉数据科学与大数据技术						
专业基础知识	6．熟悉智能体与智能体 AI 概念						
	7．熟悉机器学习及其应用						
	8．熟悉神经网络与深度学习						
	9．了解迁移学习、强化学习概念						
	10．熟悉 NLP 与 LLM						
基于知识的系统	11．掌握生成式 AI 技术						
	12．熟悉包容体系结构						
	13．了解机器人及其智能化技术						
	14．了解图像识别与计算机视觉						
	15．了解群体智能与应用						
	16．熟悉人工智能的典型应用						
安全与发展	17．熟悉人工智能伦理与安全知识						
	18．了解人工智能技术创新发展						
解决问题与创新	19．掌握通过网络提高专业能力、丰富专业知识的学习方法						
	20．能根据现有的知识与技能创新地提出有价值的观点						

说明："很好"5分，"较好"4分，余类推。全表满分为100分，你的测评总分为_____分。

4. 人工智能学习总结

_____

_____

_____

5. 教师对课程学习总结的评价

_____

附录
作业参考答案

项目 1

1. D	2. B	3. A	4. C	5. D	6. C
7. A	8. B	9. B	10. A	11. D	12. B
13. A	14. C	15. D	16. C	17. B	18. D
19. A	20. C				

项目 2

1. C	2. B	3. D	4. A	5. C	6. B
7. D	8. A	9. C	10. B	11. A	12. D
13. B	14. A	15. B	16. A	17. D	18. C
19. B	20. A				

项目 3

1. B	2. C	3. A	4. D	5. B	6. C
7. A	8. B	9. D	10. A	11. C	12. B
13. C	14. C	15. A	16. A	17. B	18. A
19. D	20. C				

项目 4

1. C	2. B	3. A	4. D	5. C	6. B
7. A	8. D	9. C	10. D	11. A	12. A
13. D	14. B	15. C	16. A	17. D	18. B
19. D	20. A				

项目 5

1. B	2. A	3. D	4. C	5. B	6. A
7. C	8. D	9. A	10. B	11. D	12. C

13. A　　14. D　　15. B　　16. C　　17. A　　18. D
19. B　　20. C

项目 6

1. A　　2. C　　3. D　　4. D　　5. A　　6. B
7. B　　8. B　　9. C　　10. B　　11. C　　12. D
13. A　　14. B　　15. D　　16. C　　17. C　　18. A
19. C　　20. D

项目 7

1. A　　2. A　　3. C　　4. D　　5. B　　6. C
7. C　　8. D　　9. B　　10. C　　11. A　　12. D
13. B　　14. C　　15. B　　16. D　　17. A　　18. B
19. C　　20. A

项目 8

1. B　　2. D　　3. A　　4. C　　5. B　　6. D
7. A　　8. C　　9. D　　10. C　　11. A　　12. D
13. B　　14. A　　15. D　　16. C　　17. B　　18. D
19. A　　20. C

项目 9

1. D　　2. C　　3. B　　4. A　　5. C　　6. B
7. D　　8. A　　9. C　　10. A　　11. C　　12. B
13. D　　14. A　　15. C　　16. D　　17. C　　18. B
19. D　　20. B

项目 10

1. A　　2. D　　3. C　　4. B　　5. D　　6. A
7. C　　8. B　　9. D　　10. A　　11. C　　12. B
13. D　　14. A　　15. C　　16. B　　17. D　　18. C
19. A　　20. B

项目 11

1. B　　2. A　　3. D　　4. B　　5. C　　6. B
7. A　　8. D　　9. B　　10. A　　11. D　　12. B
13. A　　14. A　　15. B　　16. C　　17. D　　18. A
19. B　　20. C

项目 12

1. D	2. B	3. A	4. D	5. C	6. A
7. C	8. D	9. A	10. C	11. B	12. D
13. A	14. B	15. D	16. B	17. C	18. D
19. A	20. B				

项目 13

1. A	2. C	3. D	4. B	5. A	6. C
7. D	8. A	9. C	10. D	11. A	12. B
13. A	14. D	15. C	16. B	17. A	18. D
19. B	20. C				

项目 14

1. D	2. B	3. A	4. C	5. D	6. B
7. A	8. C	9. B	10. D	11. B	12. A
13. C	14. D	15. B	16. A	17. C	18. D
19. C	20. A				

参 考 文 献

[1] 凌锋，周苏. 人工智能导论[M]. 2 版. 北京：机械工业出版社，2025.

[2] 赵建勇，周苏. 大语言模型通识[M]. 北京：机械工业出版社，2024.

[3] 周苏，万亮斌，胡相勇. AIGC 通识课[M]. 北京：机械工业出版社，2025.

[4] 杨武剑，周苏. 大数据分析与实践：社会研究与数字治理[M]. 北京：机械工业出版社，2024.

[5] 周苏. 大数据导论：微课版[M]. 2 版. 北京：清华大学出版社，2022.

[6] 姚云，周苏. 机器学习技术与应用[M]. 北京：中国铁道出版社，2024.

[7] 周斌斌，周苏. 工业机器人技术与应用[M]. 北京：中国铁道出版社，2024.

[8] 周斌斌，周苏. 智能机器人技术与应用[M]. 北京：中国铁道出版社，2022.

[9] 孟广斐，周苏. 智能制造技术与应用[M]. 北京：中国铁道出版社，2022.

[10] 周苏. 创新思维与 TRIZ 创新方法：创新工程师版[M]. 北京：清华大学出版社，2023.